物联网工程实践系列教程

典型物联网应用项目设计与实施

主　编 ◎ 孟奕峰　窦　瑶　杜　培

副主编 ◎ 鲜昊宏　杨　达　张　钊

参　编 ◎ 李红军　粟学林　凌建华

西南交通大学出版社

·成　都·

图书在版编目（CIP）数据

典型物联网应用项目设计与实施 / 孟奕峰，窦瑶，杜培主编. —成都：西南交通大学出版社，2023.4
ISBN 978-7-5643-9241-3

Ⅰ. ①典… Ⅱ. ①孟… ②窦… ③杜… Ⅲ. ①物联网–应用–系统设计 Ⅳ. ①TP393.4②TP18

中国国家版本馆 CIP 数据核字（2023）第 058737 号

Dianxing Wulianwang Yingyong Xiangmu Sheji yu Shishi

典型物联网应用项目设计与实施

主　编　孟奕峰　窦　瑶　杜　培

责任编辑 / 李华宇
特邀编辑 / 袁　圆
封面设计 / 原谋书装

西南交通大学出版社出版发行
（四川省成都市金牛区二环路北一段 111 号西南交通大学创新大厦 21 楼　610031）
发行部电话：028-87600564　028-87600533
网址：http://www.xnjdcbs.com
印刷：四川玖艺呈现印刷有限公司

成品尺寸　185 mm × 260 mm
印张　18.5　　字数　464 千
版次　2023 年 4 月第 1 版　　印次　2023 年 4 月第 1 次

书号　ISBN 978-7-5643-9241-3
定价　55.00 元

课件咨询电话：028-81435775
图书如有印装质量问题　本社负责退换

前言

PREFACE

背景

物联网是指通过感知层传感设备，按照一定的协议，将相关的物品通过不同的网络连接起来，再通过传输层将数据收集汇总，上传到应用层，应用层分析解析数据以进行数据的交互与通信，实现智能监测、智能传输、智能控制、智能跟踪和智能管理的网络。物联网具有全面感知、可靠传输和智能处理的特点。

物联网系统是指利用物联网技术进行数据感知、信息传输和应用管理提供有效信息，有效地进行资产管理、远程监测、远程控制的系统，旨在提高城市服务质量、提高人民生活水平、降低生产管理成本、改善环境等。

随着时代的进步和科学技术的发展，人们对于生活质量的需求不断提高，构建一个智能、稳定、可靠的社会、城市、家庭环境成为刚需，各种物联网感知设备和物联网传输技术不断涌现，以智慧生活、智慧城市、智慧农业、智慧交通、智慧物流等一系列场景为代表，物联网技术正处于一个史无前例的迅速发展时期。

2020 年 9 月，教育部等九部门印发《职业教育提质培优行动计划（2020—2023 年）》（以下简称《计划》）。《计划》指出，应办好公平有质量、类型特色突出的职业教育，加快推进职业教育现代化，把发展专科高职教育作为优化高等教育结构和培养大国工匠、能工巧匠的重要方式。2020 年 10 月，中共中央、国务院印发《深化新时代教育评价改革总体方案》（以下简称《总体方案》）。《总体方案》提出，要探索具有中国特色的高层次学徒制，完善与职业教育发展相适应的学位授予标准和评价机制。2021 年 3 月 31 日，国务院新闻办公室召开新闻发布会，提出在“十四五”时期，要大力发展职业教育，为国家培养更多适合经济社会发展需要的技术技能人才。简言之，高等职业教育深化改革成为“十四五”时期教育发展的必由之路。推动高等职业教育深化改革不仅能满足国家的重大战略需求，也对建设文化强国具有深远的时代意义和价值。

本书针对高等职业院校物联网相关专业，以几个典型的物联网应用项目为案例，通过项目—任务的方式，引导学生熟悉和学习物联网应用系统的各种项目场景，以及一般项目的方案设计、项目实施、系统部署等的方法与步骤。

架构

本书包含 5 个项目和公共实训模块。5 个项目分别为项目 1 城市扬尘监测系统项目设计与实施、项目 2 智慧大棚监测系统项目设计与实施、项目 3 水产养殖系统项目设计与实施、项目 4 智能电网应用系统开发与实施、项目 5 家庭安防系统项目设计与实施。公共实训模块包含：模块 1 Wi-Fi 数据终端配置与测试、模块 2 物联网网关配置与连接、模块 3 智能采集终端工程模板使用、模块 4 OneNET 云平台部署及应用、模块 5 传感器配置与测试、模块 6 常用设备和工具介绍。

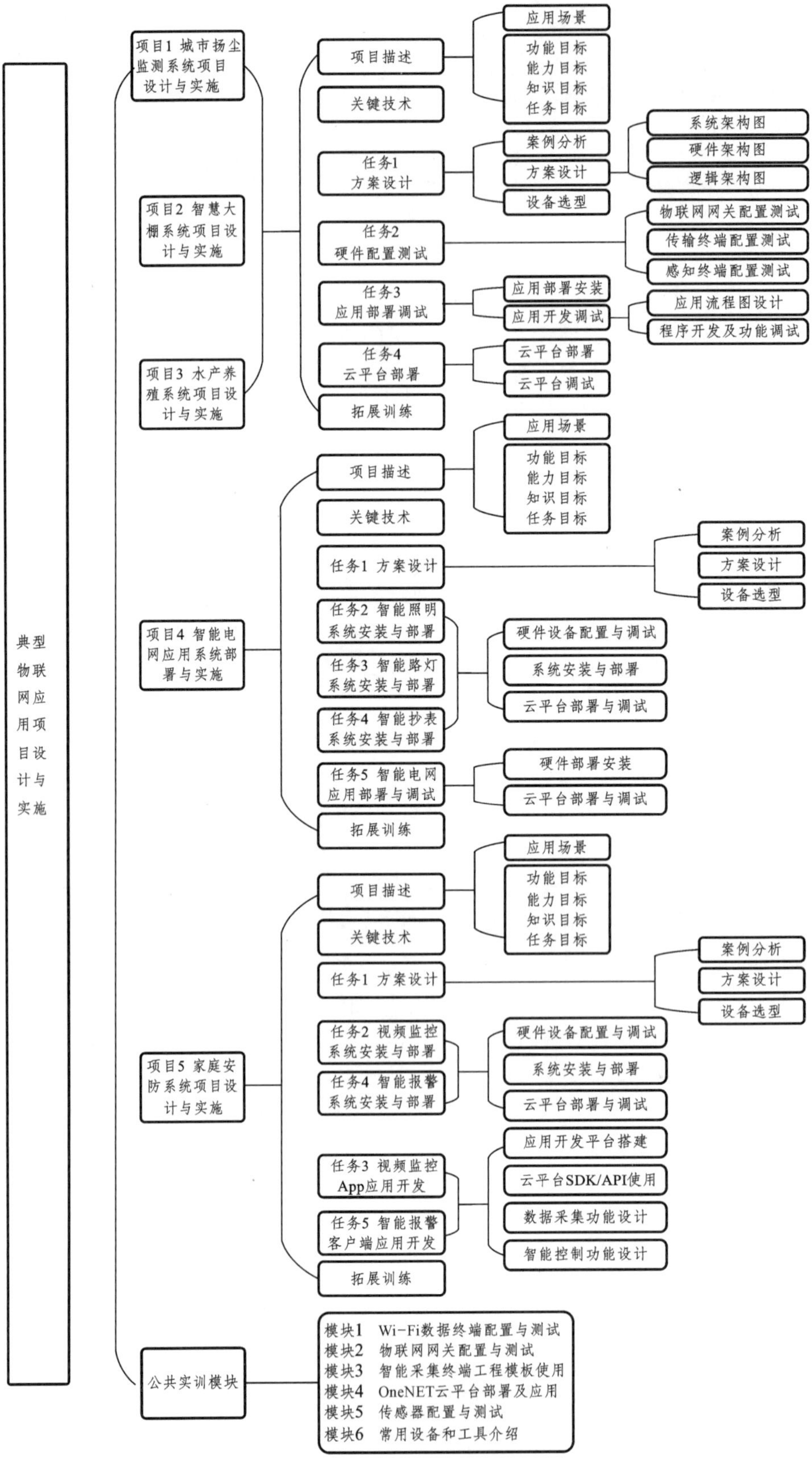
典型物联网应用项目设计与实施
项目1 城市扬尘监测系统项目设计与实施
项目2 智慧大棚系统项目设计与实施
项目3 水产养殖系统项目设计与实施
项目描述
应用场景
功能目标
能力目标
知识目标
任务目标
关键技术
任务1 方案设计
案例分析
方案设计
设备选型
系统架构图
硬件架构图
逻辑架构图
任务2 硬件配置测试
物联网网关配置测试
传输终端配置测试
感知终端配置测试
任务3 应用部署调试
应用部署安装
应用开发调试
应用流程图设计
程序开发及功能调试
任务4 云平台部署
云平台部署
云平台调试
拓展训练
项目4 智能电网应用系统部署与实施
项目描述
应用场景
功能目标
能力目标
知识目标
任务目标
关键技术
任务1 方案设计
案例分析
方案设计
设备选型
任务2 智能照明系统安装与部署
任务3 智能路灯系统安装与部署
任务4 智能抄表系统安装与部署
硬件设备配置与调试
系统安装与部署
云平台部署与调试
任务5 智能电网应用部署与调试
硬件部署安装
云平台部署与调试
拓展训练
项目5 家庭安防系统项目设计与实施
项目描述
应用场景
功能目标
能力目标
知识目标
任务目标
关键技术
任务1 方案设计
案例分析
方案设计
设备选型
任务2 视频监控系统安装与部署
任务4 智能报警系统安装与部署
硬件设备配置与调试
系统安装与部署
云平台部署与调试
任务3 视频监控App应用开发
任务5 智能报警客户端应用开发
应用开发平台搭建
云平台SDK/API使用
数据采集功能设计
智能控制功能设计
拓展训练
公共实训模块
模块1 Wi-Fi数据终端配置与测试
模块2 物联网网关配置与测试
模块3 智能采集终端工程模板使用
模块4 OneNET云平台部署及应用
模块5 传感器配置与测试
模块6 常用设备和工具介绍

项目 1、项目 2 与项目 3 的基本架构一致，分为项目描述、关键技术、4 个任务以及项目拓展训练。4 个任务分别为系统方案设计、系统硬件配置与测试、系统应用部署与调试、云平台远程实时监控系统部署。其中，任务 1 系统方案设计包含案例分析、方案设计（系统架构设计、硬件架构设计、系统运行逻辑架构设计）、关键设备选型；任务 2 系统硬件配置与测试包含物联网网关配置与测试、传输终端配置与测试、感知终端配置与测试；任务 3 系统应用部署与调试包含系统应用部署安装、系统应用开发调试（软件流程图设计、功能程序编写与调试）；任务 4 为云平台系统部署与调试。

项目 4 与项目 5 的基本架构一致，每个项目分为几个不同的子系统。项目架构包含项目描述、关键技术、系统方案设计、子系统部署和项目拓展训练。其中，系统方案设计包含案例分析、关键设备选型、方案设计；子系统分别为项目 4 子系统（智慧照明系统、智能路灯系统、智能抄表系统）和项目 5 子系统（视频监控系统、智能报警系统、视频监控 App 应用开发、报警系统客户端应用开发）。其中，项目 4 的子系统中前 3 个子系统相互独立，包含硬件设备配置与调试、系统安装与部署以及云平台部署与调试；最后一个子系统综合了该项目的前 3 个子系统，包含硬件部署与安装、云平台部署与调试两个部分。项目 5 的子系统分为系统安装部署与应用开发两部分，系统安装部署包含硬件设备配置与调试、系统安装与部署以及云平台部署与调试；应用开发包含平台搭建、SDK/API 使用、数据采集功能设计以及智能控制功能设计。

公共实训模块部分为本书各项目支撑部分，共分为 6 个模块，每个模块相互独立，在使用本书时建议先学习和了解这个部分。

使用

本书可满足电子信息大类物联网相关专业（方向）的工程实训课程教学需要，也适合相关企业员工培训和物联网工程兴趣爱好者查阅。

本书配套使用物联网应用工程实训系统——“卓物”第Ⅲ代工程实训架，所有项目中使用的相关传感器设备、无线传输设备等均已在实训架中集成，并配备有相关项目的实训资源，包括脚本源代码、软件工具、嵌入式软件源代码等，在教学时可按照实际需求在此基础上增删，以满足不同课程教学的需求。

课程教学安排建议 64 学时，院校和相关专业在安排学习时，可按照实际教学情况适当进行项目拓展，拓展思路已在本书中介绍。

在使用本书前，教师需要完全了解本书的整体结构、关键技术、相关任务，并充分熟悉配套实训架中的设备，便于灵活使用实训系统资源，结合本书进行教学。

在课程教学中，建议采用分组教学方式，每组分配成员 3～4 人，每组配备实训系统，组内分工实现项目知识学习和动手实训任务。

课程考核部分建议采用分组项目报告的方式，为不同小组选配不同课题，学生在完成课题时应当进行分工合作，完成 PPT 汇报、程序编写、项目任务书等，按照课题的完成度进行评分。

致谢

本书由成都职业技术学院和成都卓物科技有限公司组织编写。孟奕峰、窦瑶、杜培任主编并统稿，其中项目 1 和项目 2 由孟奕峰编写，项目 3 由杜培编写，项目 4 由窦瑶编写，项目 5 的任务 1、任务 2、任务 3 由鲜昊宏编写，项目 5 的任务 4 和任务 5 由杨达编写，公共实训模块的模块 1、模块 2、模块 4 由张钊编写，公共实训模块的模块 3、模块 5、模块 6 由粟学林、李红军、凌建华共同编写。

本书在编写过程中，中移物联网有限公司、重庆电子工程职业学院电子与物联网学院、成都卡德智能科技有限公司、重庆市荣昌区职业教育中心等企业和兄弟院校提供了许多宝贵的意见和建议，并给予了大力支持、鼓励及指导，在此一并致谢。

由于编者水平有限，书中难免有疏漏、不恰当甚至错误之处，恳请广大读者批评指正。

编者

2023 年 1 月

目录
CONTENTS

第1篇　物联网应用项目

项目1　城市扬尘监测系统项目设计与实施……003
任务1　城市扬尘监测系统方案设计……010
任务2　城市扬尘监测系统硬件配置与测试……017
任务3　城市扬尘监测系统应用部署与调试……020
任务4　城市扬尘监测系统云平台系统部署……029

项目2　智慧大棚系统项目设计与实施……035
任务1　智慧大棚系统方案设计……041
任务2　智慧大棚系统硬件配置与测试……048
任务3　智慧大棚系统应用部署与调试……056
任务4　智慧大棚系统云平台系统部署……067

项目3　水产养殖系统项目设计与实施……073
任务1　水产养殖系统方案设计……080
任务2　水产养殖系统硬件配置与测试……086
任务3　水产养殖系统应用部署与调试……093
任务4　水产养殖系统云平台系统部署……103

项目4　智能电网应用系统部署与实施……110
任务1　智能电网系统方案设计……117
任务2　基于 Wi-Fi 网络室内智慧照明系统部署……123
任务3　基于 NB-IoT 的智能路灯控制系统部署……133
任务4　基于 4G 的智能抄表系统部署……141
任务5　智能电网系统应用部署与调试……154

项目 5　家庭安防系统项目设计与实施 ………… 166
任务 1　家庭安防系统方案设计 ………… 170
任务 2　视频监控系统应用部署 ………… 177
任务 3　视频监控 App 应用开发 ………… 183
任务 4　智能报警系统应用部署 ………… 194
任务 5　报警系统客户端应用开发 ………… 209

第 2 篇　公共实训模块

模块 1　Wi-Fi 数据终端配置与测试 ………… 227
模块 2　物联网网关配置与测试 ………… 238
模块 3　智能采集终端工程模板使用 ………… 249
模块 4　OneNET 云平台部署及应用 ………… 266
模块 5　传感器配置与测试 ………… 277
模块 6　常用设备和工具介绍 ………… 283
参考文献 ………… 288

第1篇

物联网应用项目

项目 1　城市扬尘监测系统项目设计与实施

项目描述

【应用场景引导】

场景：城市道路

城市扬尘来源主要是城市道路中的扬尘和建筑、拆迁、道路施工及堆料等施工过程产生的建筑尘土，在不利气候条件下，这些颗粒物就会从地表进入空气中，造成空气质量下降。

城市扬尘监测系统能实时监测城市大气环境中空气质量，通过云平台收集数据汇总分析，提供给工程人员数据支持，并能根据数据自动调节大气环境质量。

【功能目标】

（1）实现云端实时监测环境空气质量（PM2.5、CO_2等）数据。

（2）实现云端远程实时控制扬尘监测系统。

（3）实现扬尘监测系统根据室内空气质量情况自动控制。

【能力目标】

（1）了解常用空气质量监测传感器的种类、外形、接口及应用环境等。

（2）掌握 PM2.5、CO_2、SO_2、NO_2等传感器的安装、配置、测试、应用部署等。

（3）掌握物联网网关的安装、配置、测试、应用部署等。

（4）掌握基于嵌入式终端的传感器数据采集编程、继电器控制编程等。

（5）掌握物联网 OneNET 云平台基本使用方法（注册、登录、产品/设备添加等）。

【知识目标】

（1）了解 ModBus 传感器及数据采集和数据计算方法。

（2）掌握以太网技术、TCP（传输控制协议）数据传输等。

（3）掌握智能采集终端单片机进行 ModBus 传感器数据采集、继电器控制编程等。

（4）掌握物联网云平台 TCP 数据传输、脚本撰写及上传、数据流展示等。

【任务目标】

（1）城市扬尘监测系统方案设计。

（2）城市扬尘监测系统硬件配置与测试。

（3）城市扬尘监测系统应用部署与调试。

（4）城市扬尘监测系统远程实时监控系统部署。

关键技术

一、网络数据传输技术

（一）TCP/IP 概述

传输控制协议/因特网互联协议（Transmission Control Protocol/Internet Protocol，TCP/IP）是 Internet 最基本的协议，由网络层的 IP 和传输层的 TCP 组成。

具体来说，IP 或 ICMP、TCP 或 UDP、TELNET 或 FTP 以及 HTTP 等都属于 TCP/IP。它们与 TCP 或 IP 的关系紧密，是互联网必不可少的组成部分。TCP/IP 一词泛指这些协议，因此，有时也称 TCP/IP 为网际协议群。

（二）包、帧、数据包、段及消息

包、帧、数据包、段及消息 5 个术语都用来表述数据的单位，大致区分如下：

（1）包：可以理解为全能性术语。

（2）帧：用于表示数据链路层中包的单位。

（3）数据包：是 IP 和 UDP 等网络层以上的分层中包的单位。

（4）段：表示 TCP 数据流中的信息。

（5）消息：是指应用协议中数据的单位。

如图 1.1.1 所示，每个分层中，都会对所发送的数据附加一个首部，在这个首部中包含该层必要的信息，如发送的目标地址以及协议等相关信息。通常，为协议提供的信息作为包首部，所要发送的内容为数据。在下一层的视角看，从上一层收到的包全部都被认为是本层的数据。

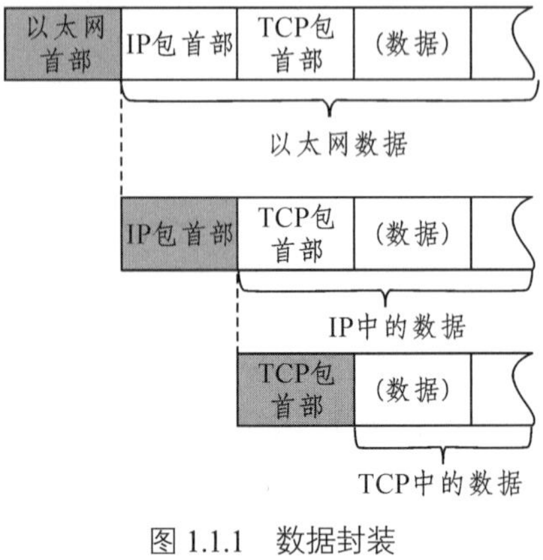

图 1.1.1　数据封装

（三）数据处理流程

图 1.1.2 以用户 A 向用户 B 发送邮件为例子。

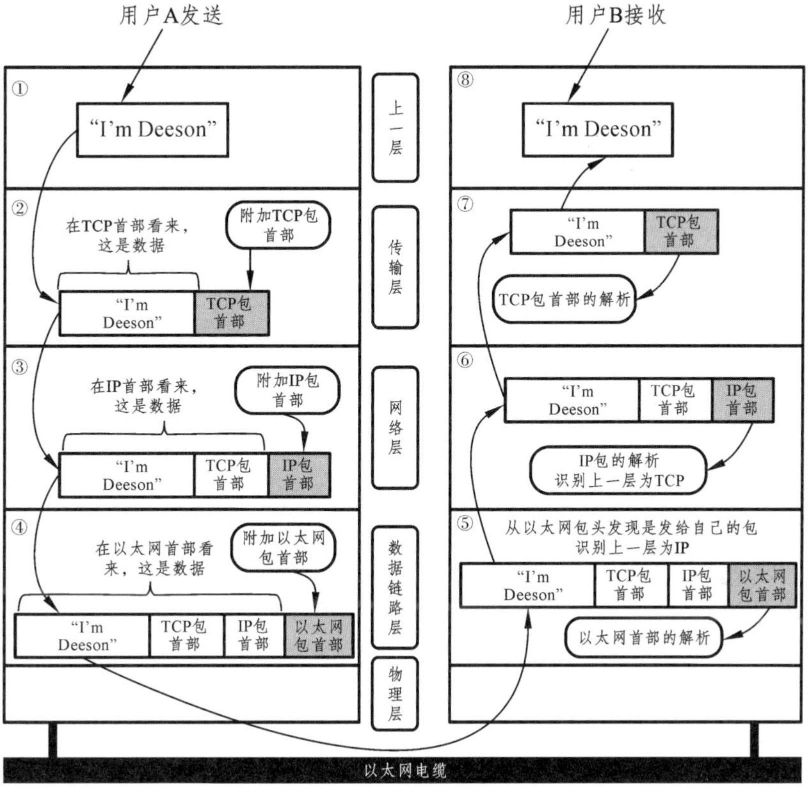

图 1.1.2　数据处理流程

图 1.1.2 中各流程的含义如下：

① 应用程序处理：首先应用程序会进行编码处理，这些编码相当于 OSI 的表示层功能。

② TCP 模块处理：TCP 根据应用的指示，负责建立连接、发送数据以及断开连接。为了实现这一功能，需要在应用层数据的前端附加一个 TCP 首部。

③ IP 模块处理：IP 将 TCP 传过来的 TCP 首部和 TCP 数据合起来当作自己的数据，并在 TCP 首部的前端加上自己的 IP 首部。

④ 发送端网络接口（以太网驱动）处理：从 IP 传过来的 IP 包对于以太网来说就是数据。给这些数据附加上以太网首部并进行发送处理，生成的以太网数据包将通过物理层传输给接收端。

⑤ 接收端网络接口（以太网驱动）处理：主机收到以太网包后，首先从以太网包首部找到 MAC 地址判断是否为发送给自己的包，若不是则丢弃数据。如果是发送给自己的包，则从以太网包首部中的类型确定数据类型，再传给相应的模块，如 IP、ARP 等。这里的例子则是 IP。

⑥ IP 模块处理：IP 模块接收到数据后也做类似的处理。从包首部中判断此 IP 地址是否与自己的 IP 地址匹配，如果匹配则根据首部的协议类型将数据发送给对应的模块，如 TCP、UDP。

⑦ TCP 模块处理：在 TCP 模块中，首先会计算一下校验和，判断数据是否被破坏。然后检查是否在按照序号接收数据。检查端口号，确定具体的应用程序。数据被完整地接收以后，会传给由端口号识别的应用程序。

⑧ 应用程序处理：接收端应用程序会直接接收发送端发送的数据。通过解析数据，展示相应的内容。

（四）传输层中的 TCP 和 UDP

TCP/IP 中有两个具有代表性的传输层协议，分别是 TCP 和 UDP。

TCP 是面向连接的、可靠的流协议。当应用程序采用 TCP 发送消息时，虽然可以保证发送的顺序，但还是没有任何间隔的数据流发送给接收端。TCP 为提供可靠性传输，实行“顺序控制”或“重发控制”机制。此外还具备流控制（流量控制）、拥塞控制、提高网络利用率等众多功能。

UDP 是不具有可靠性的数据报协议。在 UDP 的情况下，虽然可以确保发送消息的大小，却不能保证消息一定会到达。因此，应用有时会根据自己的需要进行重发处理。

TCP 和 UDP 的优缺点无法简单地、绝对地去做比较：TCP 用于在传输层有必要实现可靠传输的情况；UDP 主要用于那些对高速传输和实时性有较高要求的通信或广播通信。TCP 和 UDP 应该根据应用的目的按需使用。

（五）网络层中的 IP

IP（IPv4、IPv6）相当于 OSI 参考模型中的第 3 层——网络层。网络层的主要作用是实现终端节点之间的通信。

IP 大致分为三大作用模块，它们是 IP 寻址、路由（最终节点为止的转发）以及 IP 分包与组包。

1. IP 地址

在计算机通信中，为了识别通信对端，必须要有一个类似于地址的识别码进行标识。

IP 地址（IPv4 地址）由 32 位正整数来表示。IP 地址在计算机内部以二进制方式被处理。我们将 32 位的 IP 地址以每 8 位为一组，分成 4 组，每组以“.”隔开，再将每组数转换成十进制数，如表 1.1.1 所示。

表 1.1.1　二进制机器码与十进制 IP 地址转换示例

10100101	00100011	00000001	00000001	二进制机器码
165.	35.	1.	1	十进制 IP 地址

IP 地址由网络和主机两部分标识组成，如图 1.1.3 所示，网络标识在数据链路的每个段配置不同的值。网络标识必须保证相互连接的每个段的地址不相重复。而相同段内相连的主机必须有相同的网络地址。IP 地址的“主机标识”则不允许在同一个网段内重复出现。由此，可以通过设置网络地址和主机地址，在相互连接的整个网络中保证每台主机的 IP 地址都不会相互重叠，即 IP 地址具有了唯一性。

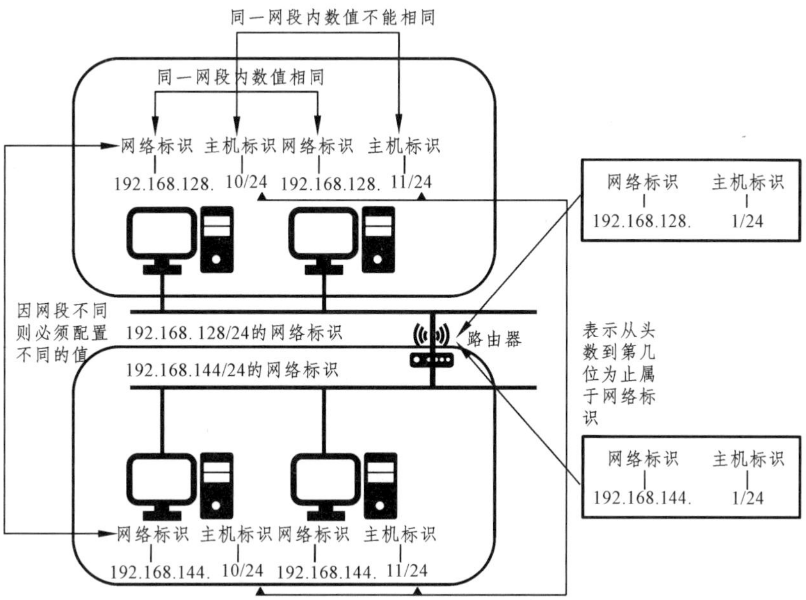

图 1.1.3　IP 地址寻址示意图

图 1.1.4 所示为 IP 地址寻址示意图，IP 包被转发到途中某个路由器时，正是利用目标 IP 地址的网络标识进行路由。因为即使不看主机标识，只要一见到网络标识就能判断出是否为该网段内的主机。

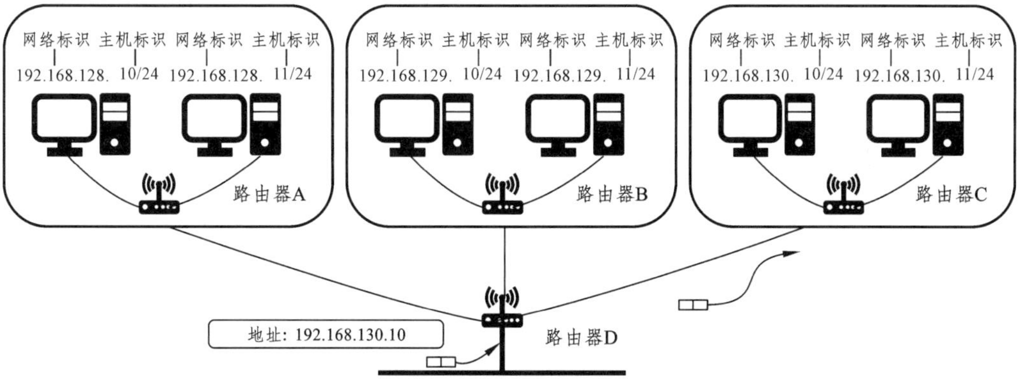

图 1.1.4　IP 地址路由

2. 子网掩码

由于 Internet 的每台主机都需要分配一个唯一的 IP 地址，因此分配的 IP 地址很多，这将使路由器的路由表变得很大，进而影响了路由器在进行路由选择时的工作效率。解决这个问题的方法就是将一个大的网络划分为几个较小的网络，每个小的网络成为一个子网。

现在一个 IP 地址的网络标识和主机标识已不再受限于该地址的类别，而是由一个叫作“子网掩码”的识别码通过子网网络地址细分出比 A 类、B 类、C 类更小粒度的网络。

子网掩码采用二进制方式表示，也是一串 32 位的数字。它对应 IP 地址网络标识部分的位全部为“1”，对应 IP 地址主机标识的部分则全部为“0”。

对于子网掩码，目前有两种表示方式。一种是，将 IP 地址与子网掩码的地址分别用两行来表示。以 172.20.100.52 的前 26 位是网络地址的情况为例，如表 1.1.2 所示。

表 1.1.2　子网掩码的表示方法（一）

IP 地址	172.	20.	100.	52
子网掩码	255.	255.	255.	192
网络地址	172.	20.	100.	0

第二种表示方式是，在每个 IP 地址后面追加网络地址的位数用“/”隔开，如表 1.1.3 所示。

表 1.1.3　子网掩码的表示方法（二）

IP 地址	172.	20.	100.	52	/26
网络地址	172.	20.	100.	0	/26

二、ModBus 传感器数据采集方式及数据计算方法

（一）ModBus 协议简介

ModBus 是一种串行通信协议，是 Modicon 公司（现施耐德电气有限公司，Schneider Electric，SA）于 1979 年为使用可编程逻辑控制器（PLC）通信而发表。ModBus 已经成为工业领域通信协议的业界标准，且现在是工业电子设备之间常用的连接方式。

（二）ModBus 通信数据的类型和格式

1. ModBus RTU 报文的基本格式

ModBus RTU 报文的基本格式见表 1.1.4。

表 1.1.4　ModBus RTU 报文的基本格式

起始应有不小于 3.5 个字符的报文间隔	目标站号	功能码	数据	CRC 校验码
	1 字节	1 字节	N 字节	2 字节

2. ModBus 命令

信息传输过程：当通信命令由发送设备（主机）发送至接收设备（从机）时，符合相应地址码的从机接收通信命令，并根据功能码及相关要求读取信息。如果 CRC 校验无误，则执行相应的任务。

1）地址码

地址码是每次通信信息帧的第一字节（8 位），从 0 到 255。每个从机都必须有唯一的地址码。

2）功能码

表 1.1.5 所示为 ModBus 部分功能码含义，功能码是每次通信信息帧传送的第二个字节。ModBus 通信规约可定义的功能码为 1 到 127。作为主机请求发送，通过功能码告诉从机应执行什么动作。

表 1.1.5　ModBus 功能码（部分）含义

功能码	定义	操作（二进制）
01	读开关量输出	读取一路或多路开关量输出状态数据
02	读开关量输入	读取一路或多路开关量输入状态数据
03	读寄存器数据	读取一个或多个寄存器的数据
05	写开关量输出	控制一路继电器“合/分”输出
06	写单路寄存器	把一组二进制数据写入单个寄存器
10	写多路寄存器	把多组二进制数据写入多个寄存器

3）数据区

数据区包括需要由从机返送何种信息或执行什么动作。这些信息可以是数据（如开关量输入/输出、模拟量输入/输出、寄存器等）、参考地址等。

4）CRC 校验码

在发送节点，根据要传送的 m 位二进制码序列，以一定的规则（CRC 校验有不同的规则，在差错控制理论中称为“生成多项式”）产生一个校验用的 n 位校验码（CRC 码），附在原始报文中（一般在报文的最后位置），构成一个新的二进制码序列数共 $m+n$ 位，然后发送出去。在接收节点，根据报文信息和 CRC 码之间遵循的规则（即与发送时生成 CRC 校验码相同的规则）进行检验。

表 1.1.6 所示为 ModBus 数据请求和应答帧的正确格式，在 ModBus 协议数据传输时，应严格按照帧格式进行通信。

表 1.1.6　ModBus 数据请求和正确应答帧格式

请求命令格式	地址码	功能码	起始地址高字节	起始地址低字节	读取个数高字节	读取个数低字节	CRC
	1 字节	0x03	1 字节	1 字节	1 字节	1 字节	2 字节
正确应答格式	地址码	功能码	返回数据字节数	寄存器 1 高字节	寄存器 1 低字节	……	CRC
	1 字节	0x03	1 字节	1 字节	1 字节	……	2 字节

（三）ModBus 传感器数据采集方式及数据处理

图 1.1.5 和图 1.1.6 展示了一般 ModBus 传感器的数据采集方式，首先在硬件连接上，将传感器与 RS-485 总线连接，可以多个传感器组合在一条 RS-485 总线使用，理论上一条总线可以接 16 个以上的 RS-485 传感器，如果需要接更多的 RS-485 传感器，可以使用 RS-485 中继器扩充更多的 RS-485 设备，另一端通过 RS-485 接口芯片连接单片机，或者使用 USB 转 RS-485 与计算机连接，再将传感器接上 12～24 V 直流电源即可完成硬件连接部分。

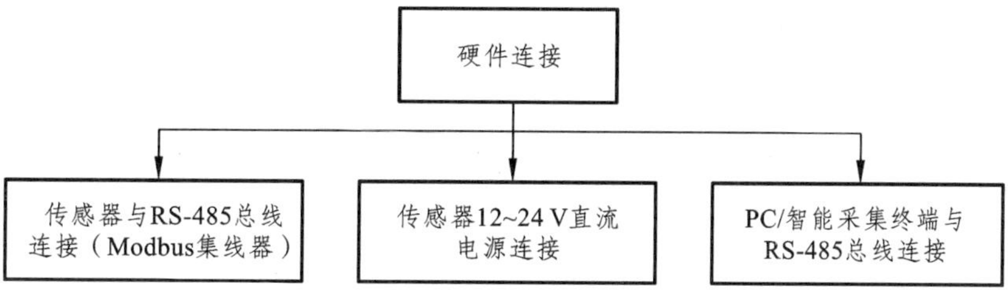

图 1.1.5　ModBus 传感器的硬件连接

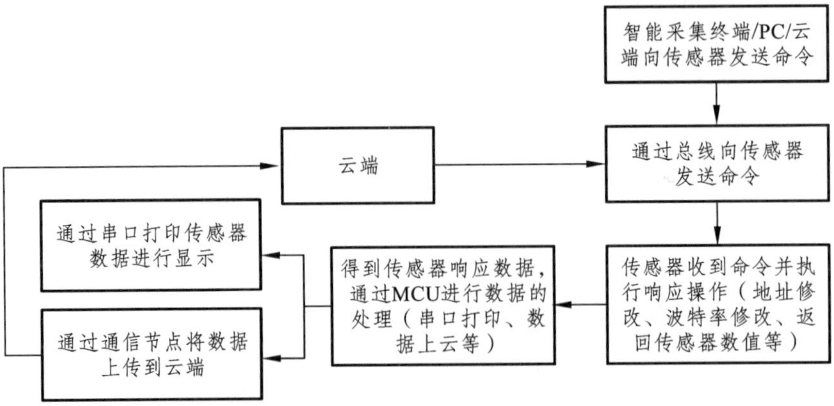

图 1.1.6　ModBus 传感器的数据采集及处理

在传感器的数据采集和数据处理上，可以通过智能采集终端、PC、云端等方式下发命令，命令通过 RS-485 总线传输到传感器上，传感器收到命令后执行相应的响应操作，如修改当前传感器地址、修改传感器波特率、读取传感器寄存器数据等。

得到传感器的响应数据后，通过 RS-485 总线将数据传输到智能采集终端，智能采集终端进行数据的处理，例如打印显示传感器当前数据，也可以通过通信节点设备将实时数据传输到云端，让操作人员不必在现场也可实时监测传感器状态和获取传感器数据。

任务实施

任务 1　城市扬尘监测系统方案设计

【任务描述】

本任务为系统总体方案设计，包含案例分析、关键产品介绍、软硬件方案设计三大部分，通过完成本任务，让读者对扬尘监测系统的设计与实施有一个整体的认知，并养成良好的方案设计习惯。

【任务目标】

（1）了解扬尘监测系统市场环境。

（2）了解扬尘监测系统工程中的关键产品设备。

（3）掌握扬尘监测系统应用方案设计方法。

一、案例分析

如图 1.1.7 所示案例，某市一地块扬尘污染严重，需要分区在东南西北各设置一个扬尘监控点，24 h 实时在线监控扬尘污染。若发现扬尘污染超标，则马上采取相关喷淋治理措施。设备通过物联网以及云计算技术，实现实时、远程、自动监控颗粒物浓度，现场数据通过网络传输，及时传递到云平台便于管控，并通过集中远程数据管理平台进行大数据分析，生成质量趋势图。

图 1.1.7　案例分析

二、方案设计

（一）系统架构设计

项目系统架构如图 1.1.8 所示，物联网网关通过 RS-485 采集空气质量传感器数据，并通过互联网上传到云平台。

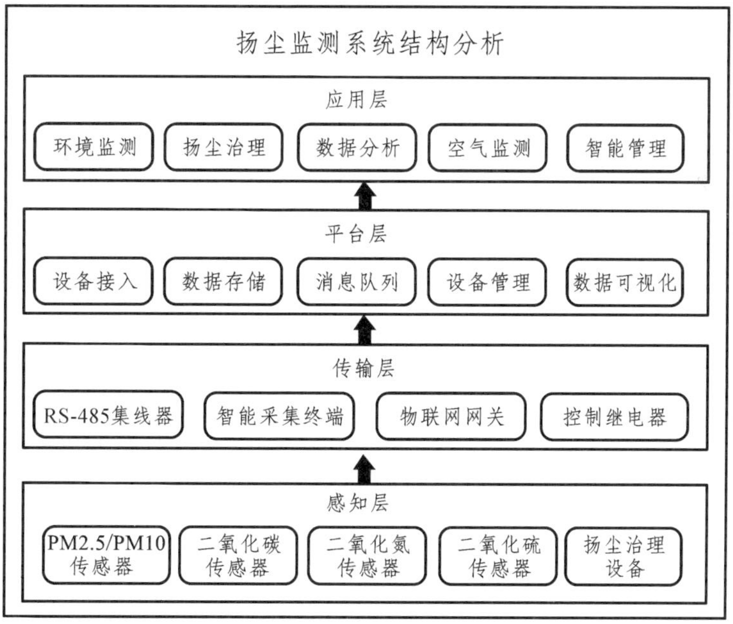

图 1.1.8　扬尘监测系统结构

云平台根据感知到的数据，通过物联网网关对连接到其上的继电器下发命令，进而控制执行设备，即扬尘治理设备清理扬尘。

（二）硬件方案设计

在硬件方案设计时应考虑电源问题、接口问题、尺寸问题等。

参考硬件方案设计如图 1.1.9 所示。

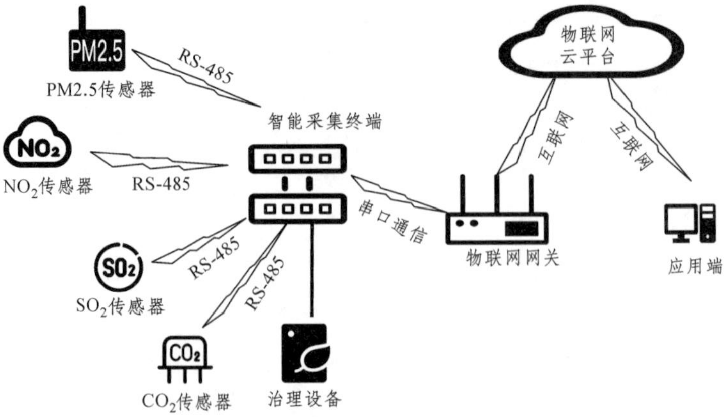

图 1.1.9　扬尘监测系统硬件方案设计

如图 1.1.9 所示，在扬尘监测系统硬件方案设计中，采用物联网网关与智能采集终端分离方案，即智能采集终端用于采集传感器数据和控制执行设备，物联网网关用于协议转换与数据传输；各个空气质量传感器通过 RS-485 总线与智能采集终端连接；执行设备，即治理设备通过继电器连接到智能采集终端；智能采集终端与物联网网关间采用串口通信。

（三）系统运行逻辑方案

在硬件方案设计完成后进行软件方案设计。

参考系统运行逻辑方案设计如图 1.1.10 所示。

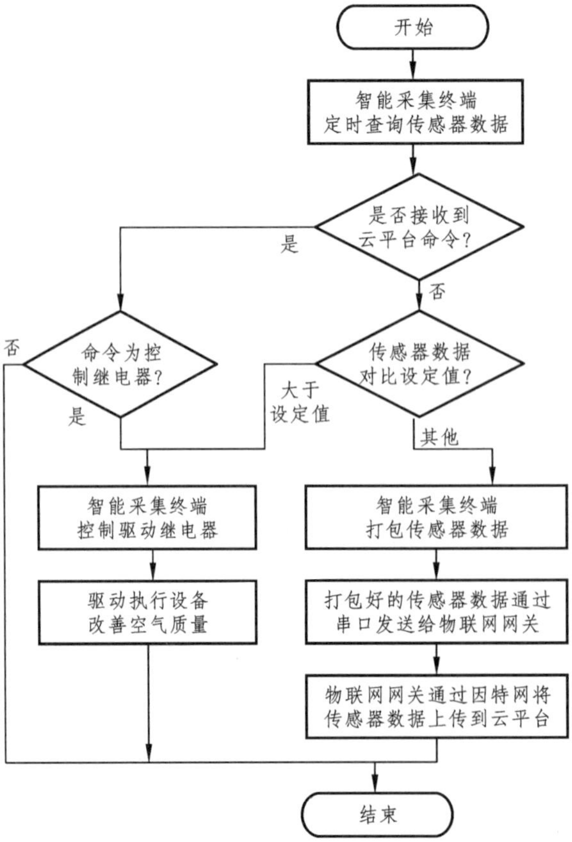

图 1.1.10　扬尘监测系统运行逻辑方案设计

其中，扬尘监测系统通过智能采集终端对扬尘监测传感器数据定时查询，智能采集终端判断是否接收到云平台命令，若未接收到命令，且接收到传感器数据后，与设定值进行比对，通过算法确定是否启动或关闭扬尘治理设备；若接收到命令，则判断命令是否为控制继电器，若是，则控制继电器驱动执行设备；若不是，则结束。

智能采集终端将查询到的传感器数据打包后通过串口上传物联网网关，物联网网关通过因特网将传感器数据上传到云端，我们便可以通过移动设备访问云端的方式随时随地查看当前传感器数据，随时随地可以监测环境空气质量状况；可以根据当前状态在云端下发命令，智能采集终端借助网关接收到命令后，通过解析命令内容，确定是否启动或关闭扬尘治理设备。

三、关键设备选型

（一）空气质量探测传感器

气体传感器主要有半导体传感器（电阻型和非电阻型）、绝缘体传感器（接触燃烧式和电容式）、电化学式（恒电位电解式、伽伐尼电池式），还有红外吸收型、石英振荡型、光纤型、热传导型、声表面波型、气体色谱法等。

空气质量传感器通过上述各种探测方式将空气中的对应气体含量转换为电信号。

下面以粉尘（PM2.5/PM10）传感器为例，介绍空气质量探测传感器设备选型方法。

粉尘（PM2.5/PM10）传感器是用来检测空气中 PM2.5/PM10 浓度含量的传感器，单位为 $\mu g/m^3$。

1. 选型要求

（1）传感器电源供电为 DC 12 V 电源；

（2）通信协议为 ModBus 通信协议传输；

（3）传感器量程为 1000 $\mu g/m^3$，传感器精度<读数 ± 10%（25 °C），传感器响应时间<120 s。

2. 设备选型表

请参照选型要求，查阅相关资料，完成设备选型表（表 1.1.7）。

表 1.1.7　粉尘传感器设备选型表

粉尘传感器选型表			日期：	
注意	1. 除以下选型参数外，还应考虑安装尺寸和供电； 2. 通常大量程精度稍低，小量程精度较高			
型号	检测原理	传感器技术参数	应用场合	价格
SDS011	激光散射检测	供电：5 V 通信协议：RS-232 串口通信 量程：1 000 $\mu g/m^3$ 精度：读数 ± 10%（25 °C） 响应时间：1 s	检测仪、净化器、空气质量监控	价格较贵

续表

型号	检测原理	传感器技术参数	应用场合	价格
PMS5003ST	激光散射检测	供电：5 V 通信协议：RS-232 串口通信 量程：1 000 μg/m^3 精度：读数 ± 10%（25 °C） 响应时间：1 s	工业生产车间、普通室外大气环境检测	价格便宜
JXBS-3001-PM2.5/10	激光散射检测 泵吸式探头	供电：12 ~ 24 V 通信协议：RS-485 通信 量程：1 000 μg/m^3 精度：读数 ± 10%（25 °C） 响应时间：100 s	工业厂房、室外尘土检测、汽车尾气检测、城市雾霾检测	价格适中
选择传感器型号为：JXBS-3001-PM2.5/10。 选型理由：传感器技术参数符合选型要求，价格适中，品牌知名				

经过选型，最终选择传感器型号为 JXBS-3001-PM2.5/10。下面介绍该传感器的具体参数。

传感器电源供电推荐使用 DC 12 V 电源供电，传感器数据使用 RS-485 总线传输，传输协议采用 ModBus 通信协议，可直接读取出传感器数据。

图 1.1.11 为 JXBS-3001-PM2.5/10 型粉尘传感器外观，粉尘传感器侧面的条形孔是让空气流通到传感器里面，为了保证测量的准度，应将传感器安装在通风较好的位置。表 1.1.8 所列为 JXBS-3001-PM2.5/10 型粉尘传感器参数，介绍了 JXBS-3001-PM2.5/10 型粉尘传感器的相关技术参数。

图 1.1.11　JXBS-3001-PM2.5/10 型粉尘传感器外观

表 1.1.8　JXBS-3001-PM2.5/10 型粉尘传感器参数表

参数	技术指标
供电电源	DC 12 ~ 24 V
平均电流	<85 mA
PM2.5/10 测量范围	0 ~ 1 000 μg/m^3
PM2.5/10 精度	<读数的 ± 10%（25 °C）
温度测量范围	− 40 ~ + 80 °C（可定制）
温度精度	± 0.5 °C
湿度测量范围	0 ~ 100%RH
湿度精度	± 3%RH
稳定性	<2%F · S
非线性	<1%F · S
响应时间	≤120 s
预热时间	2 min（可用）10 min（最大精度）
输出信号	RS-485
耗电	≤1.2 W（DC 12 V，25 °C）
工作压力范围	0.9 ~ 1.1 atm①

① 1 atm = 101 325 Pa。

其他空气质量传感器设备选型按照表 1.1.9 的设备选型参数要求，参照粉尘（PM2.5/PM10）传感器的选型步骤和选型方法完成设备选型表。

表 1.1.9　空气质量传感器设备选型参数要求表

序号	传感器名称	传感器技术参数	其他说明
1	二氧化碳（CO_2）传感器	1）传感器电源供电为 DC 12 V 电源； 2）通信协议为 ModBus 通信协议传输； 3）传感器量程为 5 000 ppm[①]，传感器精度为±0.5 ppm（25 °C），传感器响应时间<10 s	二氧化碳传感器是用来检测空气中二氧化碳浓度含量的传感器，单位为 ppm
2	粉尘（PM2.5/PM10）传感器	1）传感器电源供电为 DC 12 V 电源； 2）通信协议为 ModBus 通信协议传输； 3）传感器量程为 1 000 μg/m^3，传感器精度为<读数±10%（25 °C），传感器响应时间<120 s	粉尘传感器是用来检测空气中 PM2.5/PM10 浓度含量的传感器，单位为 μg/m^3
3	二氧化硫（SO_2）传感器	1）传感器电源供电为 DC 12 V 电源； 2）通信协议为 ModBus 通信协议传输； 3）传感器量程为 2 000 μg/m^3，传感器精度为±3%（25 °C），传感器响应时间<30 s	二氧化硫传感器是用来检测空气中二氧化硫浓度含量的传感器，单位为 ppm
4	二氧化氮（NO_2）传感器	1）传感器电源供电为 DC 12 V 电源； 2）通信协议为 ModBus 通信协议传输； 3）传感器量程为 2 000 μg/m^3，传感器精度为±3%（25 °C），传感器响应时间<30 s	二氧化氮传感器是用来检测空气中二氧化硫浓度含量的传感器，单位为 ppm。

（二）物联网网关

物联网网关设备选型参数要求如表 1.1.10 所示。请参照选型要求，查阅相关资料，完成设备选型表。

表 1.1.10　物联网网关设备选型参数表

序号	名称	技术参数	其他说明
1	物联网网关	1）电源供电为 DC 12 V 电源； 2）拥有至少 1 组 RS-485 接口、1 组 RJ45 接口、1 组 RS-232 接口； 3）要求支持 OneNET 云平台	物联网网关拥有多种接口，可连接不同协议的数据采集设备，在配置好网关后，将采集设备传输的数据转换为 TCP/IP 数据包上传到指定云平台服务器

四、任务考核

（一）任务报告要求

（1）设计系统架构；写明系统架构所有设备名称，并说明其作用；绘制经过实验验证、完善后的系统框架图。

（2）设计硬件方案；写明硬件方案所有硬件设备名称，并说明其作用；绘制经过实验验证、完善后的硬件方案图；列出设计参考资料。

（3）设计系统运行逻辑方案；绘制经过实验验证、完善后的系统运行逻辑方案流程图；编写设计说明、使用说明。

---

① 1 ppm = 0.000 1%。

（4）关键设备选型；绘制所用提及设备选型表；列出选型参考资料。

（二）任务报告评价标准

任务报告评价标准见表 1.1.11。

表 1.1.11 评价标准

项目名称	城市扬尘监测系统项目设计与实施				
任务名称	城市扬尘监测系统方案设计				
考核方式	任务报告单				
说明	主要评价学生在任务学习过程中的理论知识、操作方式、学习态度、课堂表现、学习能力等				
考核内容与评价标准					
序号	内容	评价标准			评价比例/%
		优秀	良好	合格	
1	基本理论	能完全掌握该任务中所用到的基本理论知识；具有较强的发散思维	能较好掌握该任务中所用到的基本理论知识；具有良好的发散思维	能基本掌握该任务中所用到的基本理论知识；具有较好的发散思维	30
2	实践操作	能独立完成系统架构设计，且设计完整、合理；能够根据需求完成全部功能设计。硬件方案设计合理，电气、线路等设计无错误。系统运行逻辑方案设计完整，无明显逻辑错误。设备选型参数对比，选型理由充分合理	能完成系统架构设计，且设计完整、合理；能够根据需求完成全部功能设计。硬件方案设计合理，电气、线路等设计无错误。系统运行逻辑方案设计完整，无明显逻辑错误。设备选型参数对比，选型理由充分合理	能配合小组完成系统架构设计，且设计完整、合理；能够根据需求完成功能设计。硬件方案设计合理，电气、线路等设计无错误。系统运行逻辑方案设计完整，无明显逻辑错误。设备选型参数对比，选型理由充分合理	30
3	核心能力	具有良好的项目方案设计思维；具有严谨的科学态度	具有较好的项目方案设计思维；具有良好的科学态度	具有较好的项目方案设计思维和较好的科学态度	10
4	学习态度	具有良好的自主学习能力，能主动分析解决问题，勤学好问	具有较好的学习能力，具有一定分析解决问题的能力	能主动学习，能配合小组分析和解决问题	10
5	小组评价	具有良好的团队合作能力和团队沟通交流能力，热心帮助小组成员解决问题	具有较好的团队合作能力和团队沟通交流能力，能帮助小组成员解决问题	具有一定的团队合作能力和团队沟通交流能力，能配合小组成员完成任务	10
6	教师评价	涵盖以上所有内容	涵盖以上所有内容	涵盖以上所有内容	10
合计					100

任务 2 城市扬尘监测系统硬件配置与测试

【任务描述】

本任务主要通过对物联网网关、空气质量传感器的安装、配置、功能测试等操作，实现以太网网络部署和 TCP 数据传输，以及实现对空气指标进行实时数据采集，为后续扬尘监测系统应用部署和扬尘监测系统云平台部署提供数据保障。

【任务目标】

（1）了解以太网网络技术的发展和应用场景。
（2）掌握物联网网关的部署和功能测试方法。
（3）掌握 TCP 网络数据传输方式及测试方法。
（4）了解空气质量指标、空气质量传感器相关概念知识。
（5）掌握传感器安装部署、配置修改、数据采集及测试方法。
（6）学会使用通过串口工具或者传感器专门测试工具对传感器进行配置及测试。

一、物联网网关配置与测试

（一）网络传输结构分析

简单的网络传输是由服务端和客户端组成，如图 1.1.12 所示。

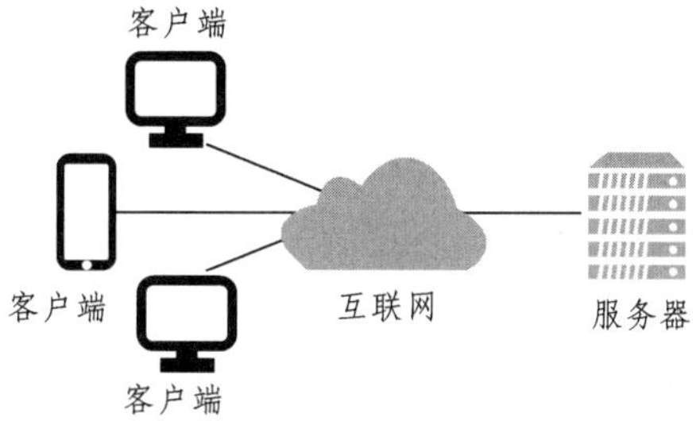

图 1.1.12 网络传输结构分析

为简单测试物联网网关的网络传输特性，将物联网网关作为客户端，在通局域网内任一计算机使用 TCP/UDP 工具创建一个服务端即可完成通信测试，如图 1.1.13 所示。

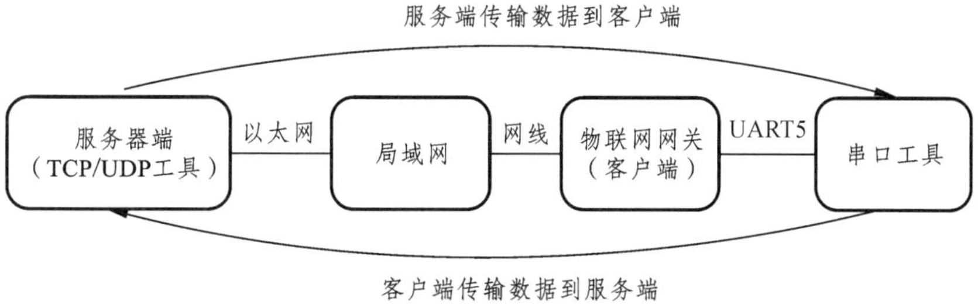

图 1.1.13 物联网网关通信测试示意图

从图 1.1.13 可以看出，搭建完网络连接后，最终实现服务端的 TCP/UDP 工具与客户端串口进行数据通信。

备注：如果条件允许，也可以在云服务器端进行测试。

（二）物联网网关配置与测试操作

参照模块 2 物联网网关配置与测试，记录并完成表 1.1.12。

表 1.1.12　物联网网关配置参数表

序号	名称	参数
1	服务器 IP	
2	服务器端口号	
3	服务器别名	

注：① 服务器 IP 表示网络服务器 IP（默认为 OneNET 云平台 TCP 透传服务器 IP：183.230.40.40）。
② 服务器端口号表示网络服务器端口号（默认为 OneNET 云平台 TCP 透传服务器端口号：1811）。
③ 服务器别名表示设置服务器别名。

测试结果：

物联网网关与服务器通信测试结果	服务器与物联网网关通信测试结果

说明：关于物联网网关更多的操作详见模块 2 物联网网关配置与测试。

二、空气质量传感器部署与测试

（一）空气质量指标

请在生态环境部网站查阅 GB/T 18883—2002、GB/T 3095—2012 文档资料，并完成表 1.1.13。

表 1.1.13　空气质量指标

序号	参数	单位	标准值	备注
1	粉尘（PM2.5/P10）传感器			
2	二氧化碳（CO_2）			
3	二氧化硫（SO_2）			
4	二氧化氮（NO_2）			

空气指标对于设计本系统有着明确的参考意义，得到指标后在软件编写中设定空气判定标准。

（二）空气质量传感器配置与测试

本项目涉及 4 个传感器，粉尘（PM2.5/P10）传感器、二氧化碳（CO_2）传感器、二氧化硫（SO_2）传感器、二氧化氮（NO_2）传感器。

1. 空气质量传感器配置

参照模块 5 传感器配置与测试，完成本系统传感器的配置与测试，并完成表 1.1.14。

表 1.1.14　空气质量传感器配置参数表

序号	类型	名称	原地址	原波特率	配置后地址	配置后波特率
1						
2						
3						
4						

2. 空气质量传感器数据读取

读取传感器数据，完成表 1.1.15。

表 1.1.15　空气质量数据读取

粉尘（PM2.5/P10）传感器	二氧化碳（CO_2）传感器	二氧化硫（SO_2）传感器	二氧化氮（NO_2）传感器

三、任务报告

（一）任务报告要求

（1）详细记录物联网网关配置与测试过程、结论；绘制物联网网关配置参数表，撰写物联网网关配置与测试详细步骤和测试结果。

（2）详细记录空气质量传感器配置与测试过程、结论；绘制空气质量传感器配置参数表，撰写空气质量传感器配置与测试详细步骤和测试结果。

（二）任务报告评价标准

任务报告评价标准见表 1.1.16。

表 1.1.16　评价标准

项目名称	城市扬尘监测系统项目设计与实施				
任务名称	城市扬尘监测系统硬件配置与测试				
考核方式	过程考核				
说明	主要评价学生在任务学习过程中的理论知识、操作方式、学习态度、课堂表现、学习能力等				
考核内容与评价标准					
序号	内容	评价标准			评价比例/%
		优秀	良好	合格	
1	基本理论	能完全掌握该任务中所用到的基本理论知识；具有较强的发散思维	能较好掌握该任务中所用到的基本理论知识；具有良好的发散思维	能基本掌握该任务中所用到的基本理论知识；具有较好的发散思维	30
2	实践操作	能熟练使用设备配置和测试软件，完成系统硬件设备配置与测试。物联网网关配置与测试过程完整清晰，有明确结论（数据）。空气质量传感器配置与测试过程完整清晰，有明确结论（数据）	能较熟练使用设备配置和测试软件，完成系统硬件设备配置与测试。物联网网关配置与测试过程完整，有明确结论（数据）。空气质量传感器配置与测试过程完整，有明确结论（数据）	能正确使用设备配置和测试软件，完成系统硬件设备配置与测试。物联网网关配置与测试过程完整，有明确结论（数据）。空气质量传感器配置与测试过程完整，有明确结论（数据）	30
3	核心能力	具有良好的项目方案设计思维；具有严谨的科学态度	具有较好的项目方案设计思维；具有良好的科学态度	具有较好的项目方案设计思维和较好的科学态度	10
4	学习态度	具有良好的自主学习能力，能主动分析解决问题，勤学好问	具有较好的学习能力，具有一定分析解决问题的能力	能主动学习，能配合小组分析和解决问题	10
5	小组评价	具有良好的团队合作能力和团队沟通交流能力，热心帮助小组成员解决问题	具有较好的团队合作能力和团队沟通交流能力，能帮助小组成员解决问题	具有一定的团队合作能力和团队沟通交流能力，能配合小组成员完成任务	10
6	教师评价	涵盖以上所有内容	涵盖以上所有内容	涵盖以上所有内容	10
合计					100

任务 3　城市扬尘监测系统应用部署与调试

【任务描述】

本任务在任务 2 的基础上，完成扬尘监测系统框架设计、设备部署及工程安装实施等；根据用户功能需要进行本地数据采集和控制应用程序设计，实现本地扬尘监测系统智能化运行。

【任务目标】

（1）了解本地扬尘监测系统组成、基本框架、关键设备及工程实施方法。

（2）掌握硬件设备部署安装、综合布线、功能测试及系统调试方法。

（3）学会通过嵌入式开发平台编程实现传感器数据采集、继电器设备控制等功能。

一、扬尘监测系统设备部署

扬尘监测系统设备部署图如图 1.1.14 所示。

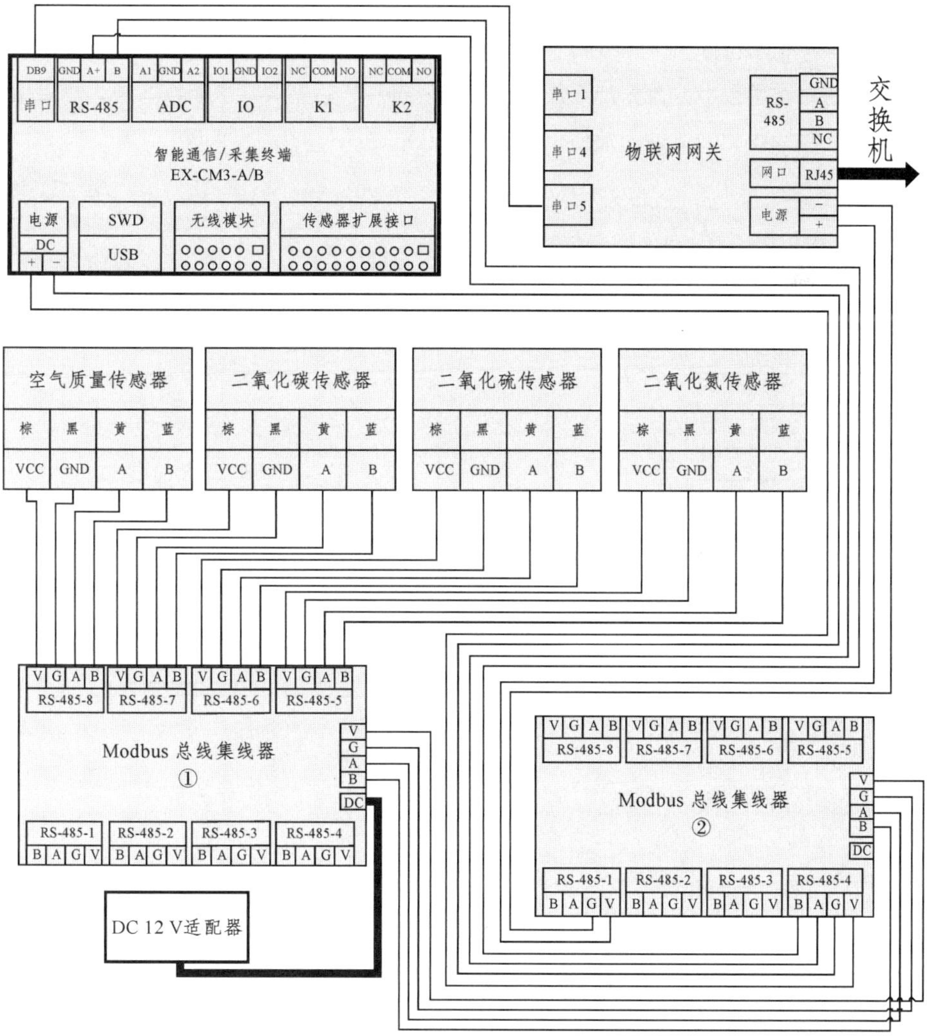

图 1.1.14　扬尘监测系统设备部署图

（1）此处采用了 ModBus 总线集线器来进行 RS-485 总线连接；

（2）智能采集终端、温湿度传感器、物联网网关 3 个设备通过 ModBus 总线集线器统一供电；

（3）每个设备在 ModBus 总线集线器连接的端口序号与实训系统不一致，此处只表示功能逻辑，连哪个序号的端口功能都一样。

注意：不要带电接线，确认接线无误后才可上电，以防电源接反导致设备损坏。

二、扬尘监测系统应用开发与调试

下面介绍扬尘监测系统的软件开发部分，采用智能采集终端为主控芯片，配合卓物智能采集终端外围接口，实现接收传感器数据并发送命令、上传数据和控制继电器等功能。

（一）软件流程图设计

如图 1.1.15 所示，在主程序中，对系统的硬件进行初始化，并进入主任务循环中。如图 1.1.16 所示，在主任务中，变量初始化后执行传感器处理函数。如图 1.1.17 所示，在传感器处理函数中，先查询传感器数据，并将获取到的数据与设定值比对，决定是否驱动继电器，然后将数据传送到串口发出，并控制 LED 进行状态显示，完成后进行延时等待。如图 1.1.18 所示，在中断处理函数中，首先判断是否接收到中断，然后先清除中断标志位，接着接收串口数据，并判断接收到的数据，最后根据接收到的数据执行对应的程序。

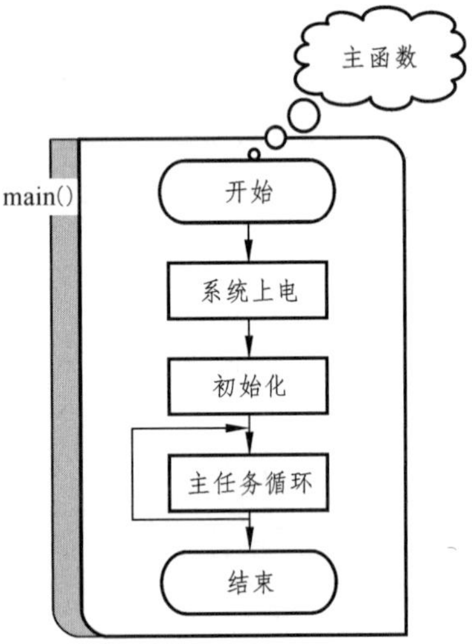

图 1.1.15　主函数流程图

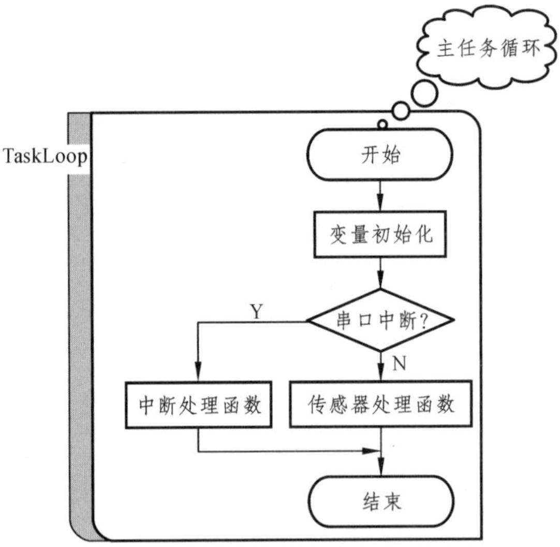

图 1.1.16　主任务循环函数流程图

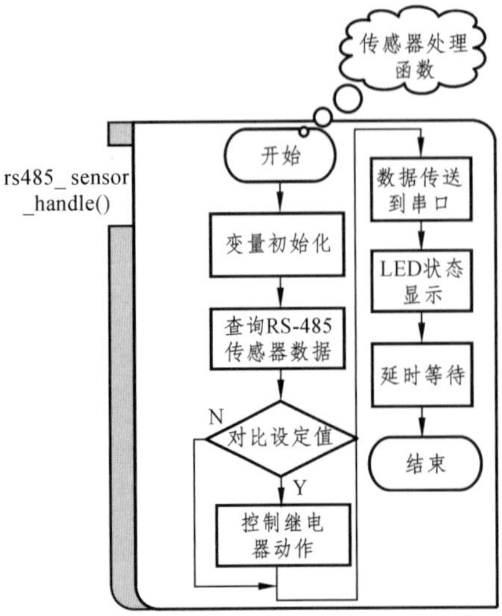

图 1.1.17　传感器处理函数流程图

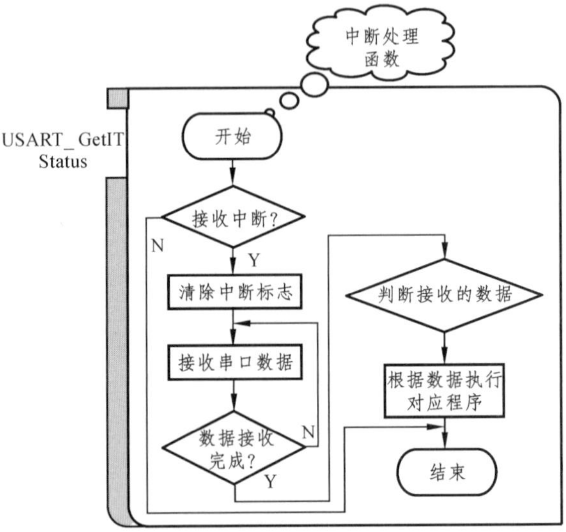

图 1.1.18　中断处理函数流程图

（二）程序编写与调试

1. 编程要点

（1）上电后进行系统初始化，包括延时函数初始化、LED 初始化、继电器初始化、串口 USART1 初始化和 RS-485 初始化；

（2）编写传感器处理函数，根据 ModBus 协议获取传感器数据，设定传感器数据阈值，编写判断逻辑；

（3）使用 USART 相关函数实现数据接收和发送。

2. 代码分析

下面分析核心代码，外设初始化函数详见模块 4 智能采集终端工程模板。

1）主函数

```
int main()
{
    delay_init();              //延时函数初始化
    LED_Init();                //LED 初始化
    RELAY_Init();              //继电器初始化
    USART1_init(115200);       //串口 1 初始化，波特率 115200
    RS485_init(9600);          //RS-485 初始化，波特率 9600
    for(u8 i = 0;i < 50; i++)sensor_data[i]=0xff;      //初始化传感器数组
    while(1)
    {
        RS485_sensor_handle();          //传感器处理函数
    }
}
```

在主函数中，先将系统所用到的外设硬件初始化，包括 LED、继电器、串口、RS-485 的初始化，然后进行传感器的扫描，并将传感器数据发送到串口 1。

2）传感器处理函数

该函数首先定义 PM2.5 变量，用于接收传感器获取的数据并计算，以反映当前 PM2.5 水平，然后执行读取传感器数据函数，并将获取到的传感器数据通过串口 1 发出，LED 用于显示当前状态，再计算获取的 PM2.5 的值，此时将获取到的值与设定值进行比对，若高于设定值，则驱动继电器闭合，直到获取到的 PM2.5 的值低于设定值之后，驱动继电器断开。完成本地对 PM2.5 值的监测和调节。

```
//传感器处理函数
void RS485_sensor_handle(void)
{
    u16 value_PM25;
    do
```

```
    {
        //变量初始化
        value_PM25 = 0x0000;
        //读取 PM2.5 传感器数据 参数：type，addr
        scan_RS485_sensor(PM25,0x05);
        //LED 显示状态
        GPIO_TogglePin(GPIOB, GPIO_Pin_3);
        //PM2.5 传感器数据数值
        value_PM25 = (sensor_data[12] << 8) + sensor_data[13];
        delay_ms(1000);
        Relay_Control(RELAY1,BREAK);          //控制继电器断开
        UART1Send(sensor_data,50);            //串口 1 打包上传传感器数据
    }
    //对比当前值与设定值
    while(value_PM25 >= set_value_PM25);
    //控制继电器闭合
    Relay_Control(RELAY1,CLOSE);
    delay_ms(1000);
}
```

3）读取传感器数据函数

定义传感器类型列表，其中地址根据实际传感器地址进行修改，在读取传感器数据函数中，首先通过传感器采集函数循环向传感器发送读取数据命令，然后将得到的数据进行处理，存储在 sensor_data[ ]中。

```
//RS485 传感器列表
struct RS485_sensor_type RS485_sensor[] =
{
    … …
    {PM25,5},                         //PM2.5 传感器、地址 5
    … …
};
void scan_RS485_sensor(u8 type,u8 addr)
{
    u8 sensor_number，i;
    u8 rxnum = 0;
    u8 rxtime = 10;
    sensor_number = sizeof(RS485_sensor)/2;
    for(i = 0;i<sensor_number;i++)
```

```
    {
    //循环查询读取传感器数据
        read_RS485_sensor(type,addr);
        delay_ms(50);
        rxtime = 10;
        while(1)
        {
            if(RS485_RX_STA == 1)
            {
                switch(type)
                {
                    … …
                //PM2.5 传感器、空气质量传感器
                    case PM25：
                        sensor_data[12] = RS485_RX_BUF[3];//单位 μg/m3
                        sensor_data[13] = RS485_RX_BUF[4];
                        break;
                        … …
                }
                //GPIO_TogglePin(GPIOB，  GPIO_Pin_3);
                RS485_RX_STA = 0;
                rxnum = rxtime;
            }
            else
                rxnum++;
            if(rxnum == rxtime)
            {
                rxnum = 0;
                break;
            }
            delay_ms(50);
        }
        delay_ms(50);        //传感器之间间隔 50 ms
    }
}
```

4）传感器数据采集函数

函数 read_RS485_sensor(u8 type，u8 addr)完成了 RS-485 传感器的数据读取，其中 PM2.5 传感器采集代码部分如下：

```
void read_RS485_sensor(u8 type,u8 addr)
{
    u8 read_cmd[8];
    u16 crc_value;
    read_cmd[0] = addr;                //地址码
    read_cmd[1] = 0x03;                //功能码
    switch(type)
    {
        … …
    //PM2.5 传感器
        case PM25:
            read_cmd[2] = 0x00;            //起始地址
            read_cmd[3] = 0x04;
        read_cmd[4] = 0x00;                //数据长度
        read_cmd[5] = 0x01;
            break;
        … …
    }
    crc_value = crc16(read_cmd, 6);        //计算 CRC
    read_cmd[6] = crc_value;
    read_cmd[7] = crc_value>> 8;           //
    RS485_Send_BUF((u8*)read_cmd,8);
}
```

读取之后，将数据保存到传感器数据包对应位置即可。

5）串口 1 接收中断函数

```
char JDQCMD1[] = "+++>SJDQx.0";    //继电器断开命令
char JDQCMD2[] = "+++>SJDQx.1";     //继电器闭合命令
void USART1_IRQHandler(void)                    //串口 1 中断服务程序
{
  if( USART_GetITStatus( USART1,   USART_IT_RXNE ) != RESET ) //接收中断
  {
USART_ClearITPendingBit( USART1, USART_IT_RXNE ); //清除中断标志位
//读取接收到的数据
      USART1_RX_BUF[USART1_RX_counter] = USART_ReceiveData(USART1);
      USART1_RX_counter++;
  }
```

```
    if(USART_GetITStatus(USART1, USART_IT_IDLE) != RESET)  //空闲总线中断
    {
        USART1_RX_LEN = USART1_RX_counter;
        UART1Send(USART1_RX_BUF, USART1_RX_LEN);
        USART1->SR;
        USART1->DR;
        USART1_RX_STA = 1;//正确接收到一包数据
        USART1_RX_counter = 0;
    }
    if(USART1_RX_STA == 1)
    {
        //判断接收到的命令是否与本地存储的字符串一致
            if(!strcmp((char*)USART1_RX_BUF, JDQCMD1))
            {
                Relay_Control(RELAY1, BREAK);          //控制继电器 1 断开
            }
            if(!strcmp((char*)USART1_RX_BUF, JDQCMD2))
            {
                Relay_Control(RELAY1, CLOSE);          //控制继电器 1 闭合
            }
            USART1_RX_STA = 0;
    }
}
```

在该函数中，首先判断是否有接收中断，若有，则清除中断标志位，并接收读取到的数据存储在 USART1_RX_BUF[ ]中，若总线空闲中断触发，表明数据接收完成，此时清除中断标志位，并将接收完成标志置 1，然后判断接收的数据与本地存储的数据命令是否一致，一致则执行继电器动作，并将数据接收完成标志置 0。

3. 下载验证

第一步：打开工程（工程路径：\典型物联网应用项目设计与实施\01 项目一 城市扬尘监测系统项目设计与实施\02 程序源码）。

第二步：编译工程。

第三步：下载程序。

第四步：打开卓物串口助手。

如图 1.1.19 所示，可以看到卓物智能采集终端一直在将从传感器获取的数据通过串口发送出来，此处只连接了一只 PM2.5 传感器，通过解析传感器数据包结构，得到 PM2.5 值为 0x00 0x0D，转换成十进制为 13 $\mu g/m^3$。

```
16进制:
FF FF FF FF FF FF FF FF FF FF FF FF
00 0D FF FF FF FF FF FF FF FF FF FF
FF FF FF FF FF FF FF FF FF FF FF FF
FF FF FF FF FF FF FF FF FF FF FF FF
FF FF
```

图 1.1.19　PM2.5 传感器数据

如图 1.1.20 所示，通过设定 PM2.5 阈值，可观察到继电器动。

```
//定义PM25的设定值
#define set_value_PM25 0x0014  //20ug/m3
```

图 1.1.20　PM2.5 阈值

至此，扬尘监测系统的程序编写和调试完成。

三、任务报告

（一）任务报告要求

（1）硬件布线照片。

（2）绘制经过实验验证、完善后的扬尘监测系统应用开发与调试软件流程图。

（3）按照设计的软件流程图编写扬尘监测系统应用开发与调试软件程序，列出编写程序过程中遇到的问题和解决方案，并思考改进办法。

（4）完成扬尘监测系统应用开发与调试软件调试与验证，提出调试与验证结论，列出在程序调试与验证中出现的问题或 BUG，说明如何解决问题，列出未解决的问题，并思考解决思路，及时反思。

（二）任务报告评价标准

任务报告评价标准见表 1.1.17。

表 1.1.17　评价标准

项目名称	城市扬尘监测系统项目设计与实施				
任务名称	城市扬尘监测系统应用部署与调试				
考核方式	过程考核				
说明	主要评价学生在任务学习过程中的理论知识、操作方式、学习态度、课堂表现、学习能力等				
考核内容与评价标准					
序号	内容	评价标准			评价比例/%
		优秀	良好	合格	
1	基本理论	能完全掌握该任务中所用到的基本理论知识；具有较强的发散思维	能较好掌握该任务中所用到的基本理论知识；具有良好的发散思维	能基本掌握该任务中所用到的基本理论知识；具有较好的发散思维	30

续表

序号	内容	评价标准			评价比例/%
		优秀	良好	合格	
2	实践操作	能熟练使用各种工具，能熟练进行程序编写和调试；能够按照布线图完成布线，且电气逻辑正确无误，有布线完成后照片。软件流程图设计合理、完整，无明显逻辑错误。软件程序编写语言规范，程序调试过程清晰，过程记录完整。软件功能调试过程清晰，记录完整，功能实现，无明显 BUG	能较熟练使用各种工具，能较熟练进行程序编写和调试；能够按照布线图完成布线，且电气逻辑正确无误，有布线完成后照片。软件流程图设计合理、完整，无明显逻辑错误。软件程序编写语言规范，程序调试过程清晰，过程记录完整。软件功能调试过程清晰，记录完整，功能实现	能正确使用各种工具，能正确进行程序编写和调试；能够按照布线图完成布线，且电气逻辑正确无误，有布线完成后照片。软件流程图设计合理、完整，无明显逻辑错误。软件程序编写语言规范，程序调试过程清晰，过程记录完整。软件功能调试过程清晰，记录完整，功能实现	30
3	核心能力	具有良好的项目方案设计思维；具有严谨的科学态度	具有较好的项目方案设计思维；具有良好的科学态度	具有较好的项目方案设计思维；具有较好的科学态度	10
4	学习态度	具有良好的自主学习能力，能主动分析解决问题，勤学好问	具有较好的学习能力，具有一定分析解决问题的能力	能主动学习，能配合小组分析和解决问题	10
5	小组评价	具有良好的团队合作能力和团队沟通交流能力，热心帮助小组成员解决问题	具有较好的团队合作能力和团队沟通交流能力，能帮助小组成员解决问题	具有一定的团队合作能力和团队沟通交流能力，能配合小组成员完成任务	10
6	教师评价	涵盖以上所有内容	涵盖以上所有内容	涵盖以上所有内容	10
合计					100

任务 4　城市扬尘监测系统云平台系统部署

【任务描述】

本任务通过对物联网云平台注册、产品及设备添加、设备数据接入、脚本数据解析、脚本上传等实训操作，实现扬尘监测系统云端实时数据展示、云端远程控制等功能。

【任务目标】

（1）了解物联网云平台的基本使用方法。

（2）掌握物联网云平台设备的接入步骤和脚本编写方法。

（3）掌握物联网云平台远程控制操作方法。

（4）学会物联网云平台数据流展示的常用方法。

一、远程系统结构分析与部署

图 1.1.21 所示为远程系统结构，按照数据的传输途径分析该系统。首先，ModBus 传感器采集城市扬尘环境数据，通过 ModBus 集线器传送给智能采集终端；然后，智能采集终端将打包好的数据传送给物联网网关；接着，数据通过以太网上传到云平台；最后，在云平台可以实时监测和分析城市扬尘环境数据，并且能下发控制命令，命令通过因特网传送给物联网网关，物联网网关通过串口传送给智能采集终端，智能采集终端最终根据命令控制继电器动作。

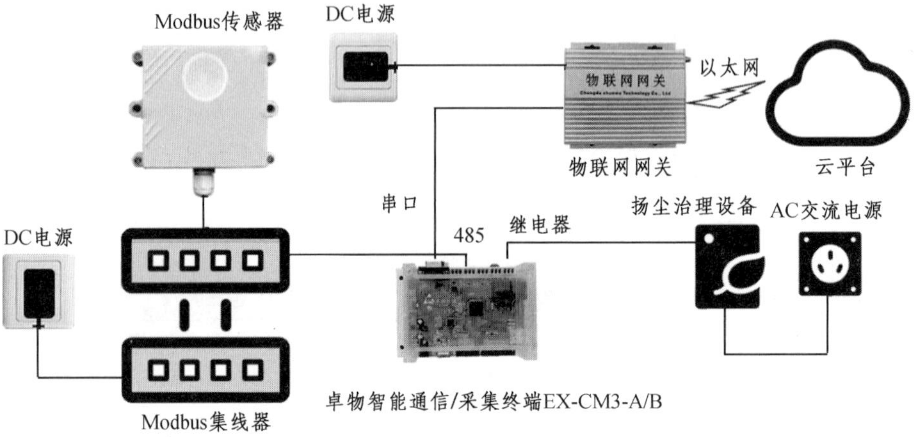

图 1.1.21　远程系统结构

二、云平台部署与调试

1. OneNET 云平台注册

如果没有在 OneNET 云平台注册的读者（用户）请先注册，注册方式详见模块 4 OneNET 云平台应用部署。已经在 OneNET 云平台注册的读者（用户）可以直接登录。

2. 云平台添加产品及设备

添加产品及设备的方法详见模块 4 OneNET 云平台应用部署。

这里需要添加 1 个产品，以及在该产品下需要添加 1 个设备，建好之后完成表 1.1.18。

注意：如果有产品可以在该产品下直接添加设备。

表 1.1.18　OneNET 云平台参数表

产品 ID					
工位号	设备名称	设备 ID	Lua 名称	鉴权信息（auth_info）	APIKEY
	物联网网关				

注：① 产品 ID 和设备 ID 是添加产品和设备时云平台自动生成的编号。
② Lua 名称是上传脚本用户自定义名称，在第三步完成后填写。
③ 鉴权信息（auth_info）是用户添加设备自定义的关键参数。
④ APIKEY 是设备添加后用户可以自定义一组或多组设备参数，一般是访问云平台数据流时使用（App 或客户端获取云平台设备数据时使用）。

3. 云平台脚本撰写

按照下面代码在脚本 device_data_analyze 函数中修改用户自定义代码。

```
function device_data_analyze(dev)
local t={}
local a=0
-- 添加用户自定义代码 --
-- 例如： --
local s = dev：size()
        --提取 PM2.5 数值
if to_shi(dev:bytes(13,2))~="255255" then
        add_val(t,"PM25",a,to_shi1(dev:bytes(13,2)))
end
dev：response()
-- return $1，$2 --
-- 例如： --
return s，to_json(t)
end
```

按照传感器数据包结构，提取 PM2.5 传感器数值，即提取 dev:bytes（13，2），并将数据转换为十进制，添加到数据流中。

4. 云平台脚本上传

进入 OneNET 云平台产品的设备列表中，点击“上传脚本”，脚本名称自定义，选择编辑好的脚本文件，点击“上传”即可。

注意：上传之后应完成第 2 步中的“OneNET 云平台设备参数表”中的 Lua 名称一列。

5. 物联网网关云平台参数配置

首先明确各个设备的关键参数，如表 1.1.19 所示。

表 1.1.19　物联网网关配置关键参数

参数名称	参数值	说明
服务器 IP	183.230.40.40（默认）	网络服务器 IP（默认为 OneNet 云平台 TCP 透传服务器 IP：183.230.40.40） 注意：如要修改，在工具中输入：183.230.040.040
服务器端口号	1811	网络服务器端口号(默认为 OneNet 云平台 TCP 透传服务器端口号：1811)
产品 ID		OneNe 云平台中对应产品 ID（Product ID）
产品密码		OneNe 云平台中对应设备的鉴权信息
LUA		OneNe 云平台中对应设备的脚本名称

按照第 2 步中的 OneNET 云平台设备参数表对物联网网关进行配置。

设备配置完之后应核实每个参数，如图 1.1.22 所示，核实无误后断电重启。

```
[10:59:14.134]收←◆请输入密码
MAC:34.39.13.56.09.57
Sever IP:183.230.40.40
Port:1811
PrucID:376200
DeviceKEY:test
DeviceLUA:test
```

图 1.1.22　物联网网关参数配置示意图

物联网网关云参数配置方法详见模块 2 物联网网关配置与测试。

6. 功能调试

（1）配置完后重启设备，保证测试场地移动信号良好。

（2）打开云平台，可以看到设备此时已经在线。

（3）可以观察到云平台接收到传感器上传的实时数据，如图 1.1.23 所示。

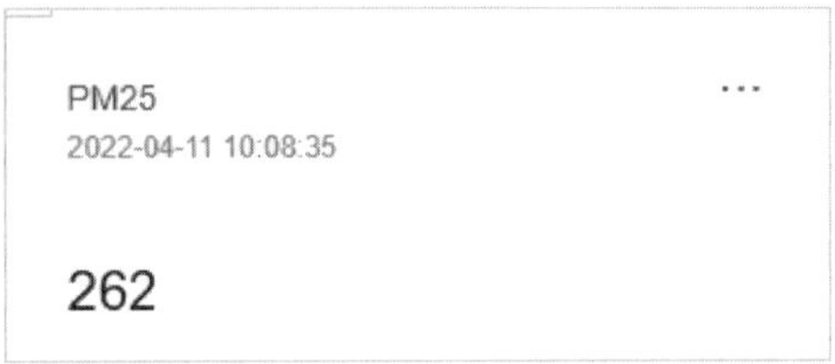

图 1.1.23　云平台 PM2.5 数据

（4）然后在“更多操作”处选择下发命令，如图 1.1.24 所示，进行远程控制路灯功能调试。

图 1.1.24　下发命令

继电器控制命令：

+++>SJDQx.0：继电器断开。

+++>SJDQx.1：继电器闭合。

如图 1.1.25 所示，发送命令后，能够在智能采集终端上听到继电器吸合与断开的声音。

图 1.1.25　继电器命令下发

三、任务报告

（一）任务报告要求

（1）详细分析远程系统结构，将所用到的全部设备和工具绘制成设备/工具表，部署远程系统，列出部署过程中遇到的所有问题及其解决办法。

（2）详细记录云平台部署与调试过程，列出部署与调试过程中遇到的问题以及解决方案，思考优化方案。

（二）任务报告评价标准

任务报告评价标准见表 1.1.20。

表 1.1.20　评价标准

项目名称	城市扬尘监测系统项目设计与实施				
任务名称	城市扬尘监测系统应用部署与调试				
考核方式	过程考核与任务报告单				
说明	主要评价学生在任务学习过程中的理论知识、操作方式、学习态度、课堂表现、学习能力等				
考核内容与评价标准					
序号	内容	评价标准			评价比例/%
		优秀	良好	合格	
1	基本理论	能完全掌握该任务中所用到的基本理论知识；具有较强的发散思维	能较好掌握该任务中所用到的基本理论知识；具有良好的发散思维	能基本掌握该任务中所用到的基本理论知识；具有较好的发散思维	30
2	实践操作	能熟练使用各种工具查询和收集相关资料，能将系统结构分析清晰，并且提出分析结论；能够按照分析结论进行系统部署。部署过程记录清晰，云平台设备参数记录完整；调试过程记录清晰，有最终调试结果与功能演示	能较熟练使用各种工具查询和收集相关资料，能将系统结构分析清晰；能够按照分析结论进行系统部署。有部署记录和云平台设备参数记录；调试过程记录清晰，有最终调试结果与功能演示	能将系统结构分析清晰；能够按照分析结论进行系统部署。有部署记录和云平台设备参数记录；调试过程记录清晰，有最终调试结果与功能演示	30
3	核心能力	具有良好的项目方案设计思维；具有严谨的科学态度	具有较好的项目方案设计思维；具有良好的科学态度	具有较好的项目方案设计思维；具有较好的科学态度	10
4	学习态度	具有良好的自主学习能力，能主动分析解决问题，勤学好问	具有较好的学习能力，具有一定分析解决问题的能力	能主动学习，能配合小组分析和解决问题	10
5	小组评价	具有良好的团队合作能力和团队沟通交流能力，热心帮助小组成员解决问题	具有较好的团队合作能力和团队沟通交流能力，能帮助小组成员解决问题	具有一定的团队合作能力和团队沟通交流能力，能配合小组成员完成任务	10
6	教师评价	涵盖以上所有内容	涵盖以上所有内容	涵盖以上所有内容	10
合计					100

项目拓展训练

本任务通过在前面任务基础上自行增加 NO_2 和 SO_2 传感器终端，实现更为完善的扬尘监测控制系统。任务只提供系统设备结构图，学生自行完成设备部署安装、综合布线、功能测试等；只提供数据采集流程图，学生自行完成传感器数据采集并上传至云端，自行增加传感器数据解析脚本进行数据流展示。最后，对项目进行总结。

【任务目标】

（1）掌握如何在原有项目中进行扩展的基本思路及方法。

（2）进一步巩固嵌入式编程进行数据采集的方法。

（3）对相关知识及技能进行巩固。

一、拓展方向与目标

1. 添加 CO_2、NO_2、SO_2 等传感器

（1）将 CO_2、NO_2、SO_2 等传感器连接到 RS-485 集线器，接入系统。

（2）需在传感器处理函数中计算新的传感器数值，并判断。

（3）按照传感器类型列表，增加传感器读取命令。

2. 传感器数据警报

（1）获取传感器数据。

（2）设定一定的传感器阈值。

（3）根据设定的阈值制定算法，控制闪灯警报或响铃警报，并打印报警信息。

二、项目思考与总结

巩固训练：

（1）简述 RS-232 接口与 RS-485 接口的定义及区别。

（2）简述 ModBus 与 RS-485 的定义及区别。

（3）简述 PM2.5 传感器的主要应用场景及意义。

（4）简述 PM2.5 传感器配置及测试流程。

（5）简述扬尘监测系统的应用场景。

（6）简述扬尘监测系统的工作流程。

项目 2　智慧大棚系统项目设计与实施

项目描述

【应用场景引导】

场景：大棚种植

农业是一个国家经济向好发展、社会稳定的命脉。提高作物单位面积的产量，以及生产优质农产品是现代农业向前发展的迫切需求。

智慧大棚系统可实时监测大棚内各种环境参数的变化，根据设定的参数自动调节大棚内环境，并将本地环境参数数据上传至云平台，技术人员能够远程查询参数数据和远程调节大棚环境。

【功能目标】

（1）实现云端实时监测大棚内部环境数据（温度、湿度、光照等）。

（2）实现云端远程实时控制温控、湿度调节、遮阳和补光等设备。

（3）实现大棚内环境温湿度、光照度自动调节、通风自动控制等功能。

【能力目标】

（1）了解常用农业环境监测传感器的种类、外形、接口及应用环境等。

（2）掌握温湿度、光照度、风速、风向等设备的安装、配置、测试、应用部署等。

（3）了解 ZigBee 无线自组网及其基本部署方法。

（4）掌握 ZigBee 数据终端的安装、配置、测试、应用部署等。

（5）掌握基于嵌入式终端的传感器数据采集编程、继电器控制编程等。

（6）了解物联网云平台在应用中的作用及意义。

（7）掌握物联网 OneNET 云平台基本使用方法（注册、登录、产品/设备添加等）。

【知识目标】

（1）了解农业监测传感器及数据采集和数据计算方法。

（2）掌握 ZigBee 网络技术、ZigBee 网络数据传输等。

（3）掌握智能采集终端单片机进行传感器数据采集、继电器控制编程等。

（4）掌握物联网云平台 TCP 数据传输、脚本撰写及上传、数据流展示等。

【任务目标】

（1）智慧大棚系统方案设计。

（2）智慧大棚系统硬件配置与测试。

（3）智慧大棚系统应用部署与调试。

（4）智慧大棚系统远程实时监控系统部署。

关键技术

一、ZigBee 网络技术

（一）ZigBee 技术概述

1. ZigBee 的概念

ZigBee 一词源自蜜蜂群在发现花粉位置时，通过跳 ZigZag 形舞蹈来告知同伴，以达到交换信息的目的这一现象。该现象被人们借来称呼一种专注于低功耗、低成本、低复杂度、低速率的近程无线网络通信技术。

2. ZigBee 技术特点

ZigBee 是一种新兴的短距离、低功耗、低数据速率、低成本、低复杂度的无线网络技术。它具有 IEEE 802.15.4 强有力的无线物理层所规定的全部优点——省电、简单、成本低，同时又增加了逻辑网络、网络安全和应用层。

3. ZigBee 模块通信距离

ZigBee 模块是一个由可多到 65 000 个无线数传模块组成的无线数传网络平台，每个网络节点间的距离可以从标准的 75 m 到扩展后的几百米，甚至几千米。另外，整个 ZigBee 模块网络还可以与现有的其他各种网络连接。

4. ZigBee 频带和数据传输率

ZigBee 无线可使用的频段有 3 个，分别是 2.4 GHz 的 ISM 频段、欧洲的 868 MHz 频段，以及美国的 915 MHz 频段，而不同频段可使用的信道分别是 16 个、1 个、10 个。

ZigBee 在我国采用 2.4 GHz 的 ISM 频段，是免申请和免费使用的频率，在 2.4 GHz 的频段上具有 16 个信道，带宽为 250 kb/s。

5. 无线网络标准的比较

如表 1.2.1 所示，ZigBee 无线网络的传输带宽在 20 ~ 250 Kb/s 范围内，适合传感器数据采集和控制数据传输；ZigBee 技术可以组建大规模网络，网络节点容量达到 65 535 个，具有非常强大的组网优势；ZigBee 技术特有的低功耗设计，能确保电池长时间工作。

表 1.2.1　无线网络标准对比

标准名称	GPRS/GSM 1xRTT/CDMA	Wi-Fi 802.11b	Bluetooth 802.15.1	ZigBee 802.15.4
应用重点	广阔范围、声音、数据	Web、Email、图像	电缆替代品	监测、控制
系统资源	>16 MB	>1 MB	>250 KB	4 ~ 32 KB
电池寿命/天	1 ~ 7	0.5 ~ 5	1 ~ 7	100 ~ 1 000
网络大小	1	32	7	255/6 500
带宽/（Kb/s）	64 ~ 128	>11 000	720	20 ~ 250
传输距离/m	>1 000	1 ~ 100	1 ~ 10	1 ~ 100
优势	覆盖面大、质量好	速度快、灵活性好	价格便宜、方便	可靠、低功耗、价格便宜

（二）ZigBee 系统组成

如图 1.2.1 所示，IEEE（电气与电子工程师协会）其实只确定了 ZigBee 的物理层和 MAC（介质访问控制层），即只定义了物理通信上会使用到的通信协议和通信频段。剩余部分都是由 ZigBee 联盟来确定的。

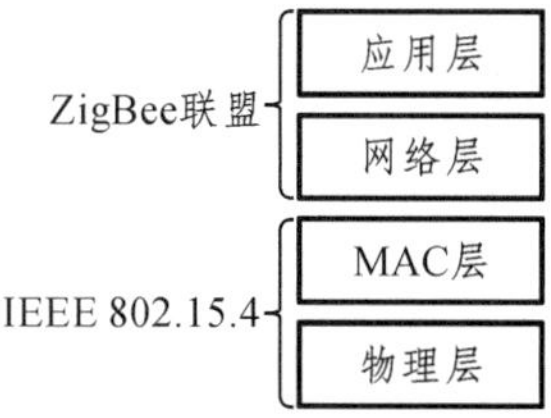

图 1.2.1　ZigBee 协议组成

如图 1.2.2 所示，在分层的通信协议中，层与层之间是通过服务接入点（Service Access Point，SAP）进行连接的。每一层都可以通过本层与下一层的 SAP 来调用下一层所提供的服务，同时通过本层与上一层的 SAP 为上层提供相应服务。SAP 是层与层之间的唯一接口，而具体的服务是以通信原语的形式供上层调用。

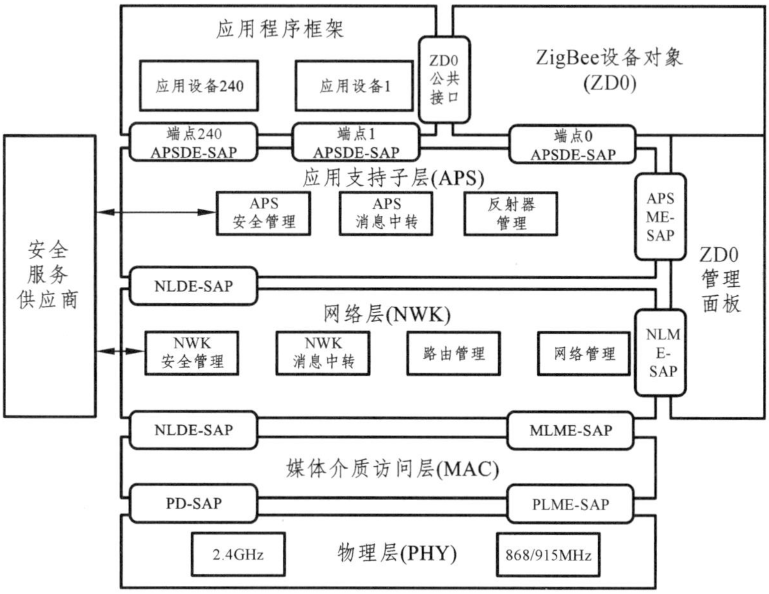

图 1.2.2　ZigBee 协议架构

1. 物理层

物理层的作用主要是利用物理介质为数据链路层提供物理连接，负责处理数据传输率并降低数据出错率，以便透明地传送比特流。

ZigBee 协议的物理层主要负责以下任务：

（1）启动和关闭 RF 收发。

（2）信道能量检测。

（3）对接收到的数据包进行链路质量指示（Link Quality Indication，LQI）。

（4）为 CSMA/CA 算法提供空闲信道评估（Clear Channel Assessment，CCA）。

（5）对通信信道进行选择。

（6）数据包的传输和接收。

2. MAC 层（媒体接入控制层）

IEEE 802.15.4 媒体介入控制层沿用了传统无线局域网中的带有冲突避免的载波多路侦听访问技术（Carrier Sense Multiple Access with Collision Avoid，CSMA/CA），以实现系统兼容性的提高。

MAC 层完成的具体任务如下：

（1）协调器产生并发送信标帧（Beacon）。

（2）普通设备根据协调器的信标帧与协调器同步。

（3）支持 PAN 网络的关联（Association）和取消关联（Disassociation）操作。

（4）为设备的安全性提供支持。

（5）使用 CSMA-CA 机制共享物理信道。

（6）处理和维护时隙保障（Guaranteed Time Slot，GTS）机制。

（7）在两个对等的 MAC 实体之间提供一个可靠的数据链路。

3. 网络层

网络层负责拓扑结构的建立和维护，以及命名和绑定服务，从而协同完成寻址、路由、传送数据以及安全等不可或缺的任务，所以网络层是 ZigBee 的核心部分。

在 ZigBee 中担任三种角色：协调器、路由器和末端节点。

协调器（Coordinator）：每个 ZigBee 网络只允许有一个协调器，是整个网络的维护者，保持网络其他设备的通信。

路由器（Router）：是一种支持关联的设备，能够实现其他节点的消息转发功能。

终端（End Device）：终端节点是具体执行数据采集传输的设备，它不能转发其他节点的消息。

网络层实现的主要功能如下：

（1）产生网络层的数据包。

（2）网络拓扑的路由功能。

（3）配置新的器件参数。

（4）建立 PAN 网络。

（5）连入或脱离 PAN 网络。

（6）分配网络地址。

（7）邻居节点的发现。

（8）建立路由。

（9）控制接收。

4. 应用层

ZigBee 应用层有三个组成部分：应用支持子层（Application Support Sub-Layer，APS）、应用框架（Application Framework，AF）和 ZigBee 设备对象（ZigBee Device Object，ZDO），它们共同为各应用开发者提供统一的接口。

1）应用支持子层（APS）

APS 的主要作用包括：

（1）APS 层协议数据单元 APDU 的处理；

（2）APSDE（应用支持子层数据实体）提供在同一网络中的应用实体之间的数据传输机制；

（3）APSME（应用支持子层管理实体）提供多种服务给应用对象，这些服务包括安全服务和绑定设备，并维护管理对象的数据库，也就是我们常说的 AIB。

2）应用框架（AF）

应用框架为各个用户自定义的应用对象提供了模板式的活动空间，为每个应用对象提供了键值对（KVP）服务和报文（MSG）服务供应用对象的数据传输使用。

3）ZigBee 设备对象（ZDO）

ZDO 其实就是高度抽象的网络端点，主要功能集中在网络管理和维护上，里面包含整个端点，网络的全部信息可供查询。它主要提供的功能如下：

（1）初始化应用支持子层、网络层。

（2）发现节点和节点功能。

（3）安全加密管理。

（4）网络维护功能。

（5）绑定管理。

（6）节点管理。

（三）ZigBee 网络的拓扑结构

ZigBee 网络拓扑结构分为星形、树形和网状三种。

1. 星形拓扑

星形拓扑是最简单的一种拓扑形式，如图 1.2.3 所示，它包含一个协调器（Coordinator）节点和一系列的终端（End Device）节点。每一个终端节点只能和协调器节点进行通信。如果需要在两个终端节点之间进行通信必须通过协调器节点进行信息的转发。

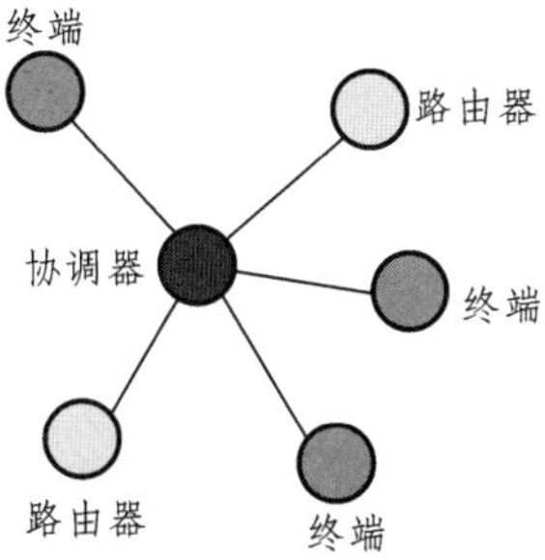

图 1.2.3　星形拓扑结构

星形拓扑结构的缺点是节点之间的数据路由只有唯一的一个路径。协调器有可能成为整个网络的瓶颈。实现星形网络拓扑不需要使用 ZigBee 的网络层协议，因为本身 IEEE 802.15.4 的协议层就已经实现了星形拓扑形式，但这需要开发者在应用层做更多的工作，例如自行处理信息的转发。

2. 树形拓扑

树形拓扑包括一个协调器以及一系列的路由器和终端节点。协调器连接一系列的路由器和终端，它的子节点的路由器也可以连接一系列的路由器和终端，这样可以重复多个层级。树形拓扑的结构如图 1.2.4 所示。

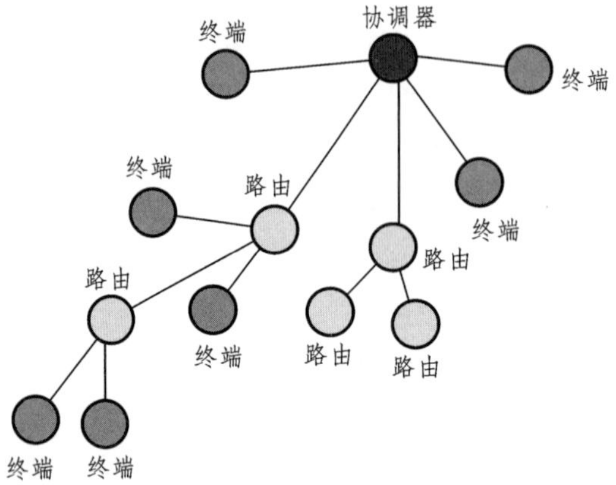

图 1.2.4　树形拓扑结构

需要注意的是：

（1）协调器和路由节点可以包含自己的子节点。

（2）终端不能有自己的子节点。

（3）树形拓扑中的通信规则：每一个节点都只能与它的父节点和子节点通信。

3. 网状拓扑

网状拓扑包含一个协调器及一系列的路由和终端。这种网络拓扑形式和树形拓扑类似。但是，网状网络拓扑具有更灵活的信息路由规则，在可能的情况下，路由节点之间可以直接进行通信。这种路由机制使得信息的通信变得更有效率，也意味着一旦某个路由的路径出现了问题，信息可以自动地沿着其他的路由路径进行传输。网状拓扑如图 1.2.5 所示。

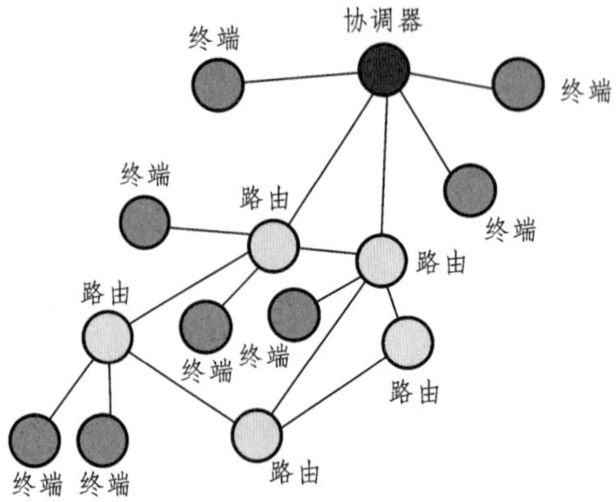

图 1.2.5　网状拓扑结构

通常在支持网状网络的实现上，网络层会提供相应的路由探索功能，这一特性使得网络层可以找到信息传输的最优路径。需要注意的是，以上所提到的特性都是由网络层来实现，应用层不参与。

二、ZigBee 数据传输

ZigBee 有两种数据传输方法：透明传输（不会改变数据，模块之间相当于串口线）和点对点传输。

1. 透明传输

（1）协调器从串口收到的数据，会原封不动地发送到所有的路由器，并从路由器串口输出。

（2）路由器从串口收到的数据，会原封不动地发送到协调器，并从协调器串口输出。

2. 点对点传输

点对点传输可在一个 ZigBee 网络内点对点发送到任何节点；可使用短地址作为目标地址，可使用自定义地址作为目标地址，或在 ZigBee 网络内广播发送到所有节点。

任务实施

任务 1　智慧大棚系统方案设计

【任务描述】

本任务为系统总体方案设计，包含案例分析、关键产品介绍、软硬件方案设计三大部分。通过完成本任务，让读者对智慧大棚监测系统的设计与实施有一个整体的认知，并养成良好方案设计习惯。

【任务目标】

（1）了解大棚产业市场和智慧大棚系统市场环境。

（2）了解智慧大棚系统工程中的关键产品设备。

（3）掌握智慧大棚系统应用方案设计方法。

一、案例分析

温室大棚内温度、湿度、光照强弱以及土壤的温度和含水量等因素，对温室的作物生长起着关键性作用。

为给农业生产提供翔实的数据支撑和信息服务，如图 1.2.6 所示，某大棚基地部署了智慧大棚系统，通过传感器监测大棚内光照度、温湿度、PM2.5 含量、CO_2 含量、风速风向等参数，实时监控大棚内环境状况，及时发布生产指导、预警信息，指导基地农业生产。

图 1.2.6　案例分析

二、方案设计

（一）系统架构设计

项目系统架构如图 1.2.7 所示，大棚环境传感器连接到 ZigBee 设备组成 ZigBee 无线网络，传感器数据通过 ZigBee 网络上传到物联网网关，物联网网关通过互联网上传到云平台。

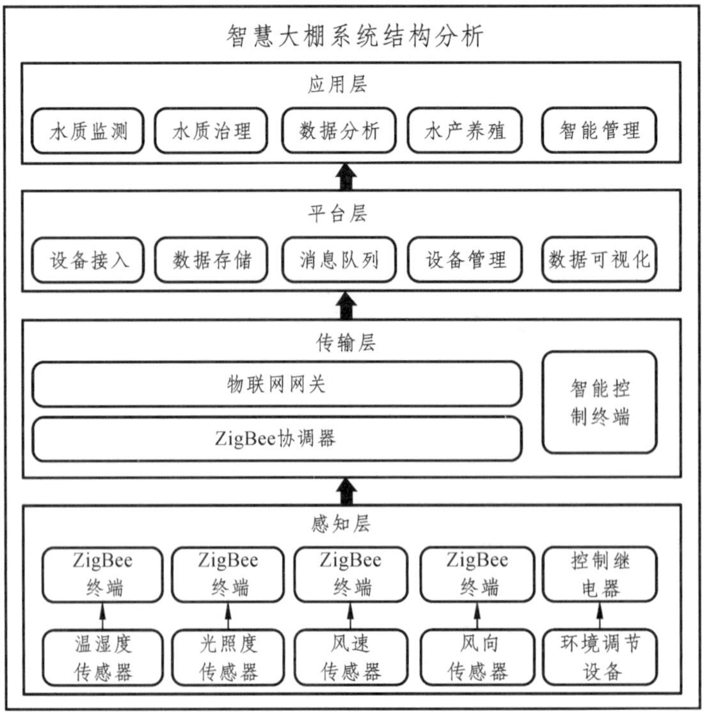

图 1.2.7　智慧大棚系统架构

云平台根据感知到的数据，通过物联网网关对连接到其上的继电器下发命令，进而控制执行设备，即大棚环境调节执行设备及时调节大棚内环境参数。

（二）硬件方案设计

在硬件方案设计过程中应考虑电源问题、接口问题、尺寸问题等。

参考硬件方案设计如图 1.2.8 所示。

如图 1.2.8 所示，在智慧大棚系统硬件方案设计中，采用物联网网关与智能采集终端分离的方案，即智能采集终端用于采集传感器数据和控制执行设备，物联网网关用于协议转换与数据传输；各个大棚环境传感器通过 RS-485 总线与 ZigBee 终端节点连接，ZigBee 终端节点与 ZigBee 协调器组成 ZigBee 网络；ZigBee 协调器与智能采集终端通过 RS-485 连接；执行设备，即治理设备通过继电器连接到智能采集终端；智能采集终端与物联网网关间采用串口通信。

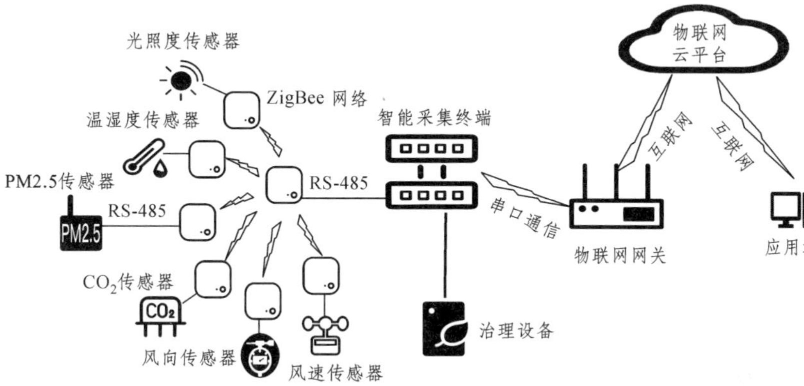

图 1.2.8　智慧大棚系统硬件方案

（三）系统运行逻辑方案

在硬件方案设计完成后进行软件方案设计。

参考系统运行逻辑方案如图 1.2.9 所示。

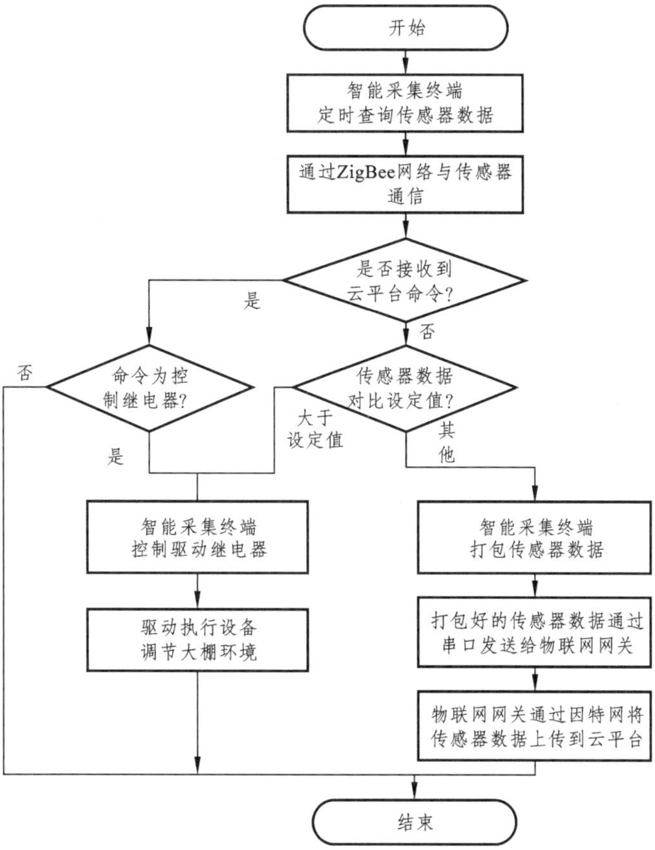

图 1.2.9　智慧大棚系统运行逻辑方案

其中，智慧大棚系统通过智能采集终端对大棚环境传感器数据定时查询，查询命令和接收传感器数据均通过 ZigBee 网络完成；智能采集终端判断是否接收到云平台命令，若未接收到命令，且接收到传感器数据后，与设定值进行比对，通过算法确定是否启动或关闭大棚环境调节设备；若接收到命令，则判断命令是否为控制继电器，若是，则控制继电器驱动执行设备；若不是，则结束。

智能采集终端将查询到的传感器数据打包后通过串口上传物联网网关，物联网网关通过因特网将传感器数据上传到云端，我们便可以通过移动设备访问云端的方式随时随地查看当前传感器数据，随时随地可以监测大棚环境状况；可以根据当前状态在云端下发命令，智能采集终端借助网关接收到命令后，通过解析命令内容，确定是否启动或关闭大棚环境执行设备。

三、关键设备选型

（一）大棚环境监测传感器

环境监测的项目主要针对影响农产品生长的要素开展，现阶段智慧大棚环境监测的环境要素主要包括土壤温湿度、空气湿度、室内温度、光照度、CO_2 浓度、作物病虫害情况等。以上项目的监测实施主要有以下两种模式。

（1）实时监测：即对温室内部的环境实施 24 h 的连续监测。

（2）定时监测：即通过控制系统设置的时间间隔，按照特定的时间周期进行数据监测。

下面以温湿度传感器为例，介绍大棚环境监测传感器设备选型方法。

温湿度传感器是用来检测环境温湿度的传感器，温度单位为摄氏度（℃），湿度单位为%RH。

1. 选型要求

（1）传感器电源供电为 DC 12 V 电源。

（2）通信协议为 ModBus 通信协议。

（3）传感器量程：温度为 –30 ～ +70 ℃；湿度为 0～100%RH。

（4）传感器分辨率：温度为 0.1 ℃；湿度为 0.1%RH。

（5）传感器响应时间：<15 s。

2. 设备选型表

参照选型要求，查阅相关资料，完成表 1.2.2 设备选型。

表 1.2.2　温湿度传感器设备选型表

温湿度传感器选型表			日期：	
注意	1. 除以下选型参数外，还应考虑安装尺寸和供电； 2. 通常大量程精度稍低，小量程精度较高			
型号	检测原理	传感器技术参数	应用领域	价格
FK-TH800	湿敏电容、热敏电阻	供电：24 V。 通信协议：RS-485 串口通信。 量程：温度为 −30～+60℃；湿度为 0～100%RH。 精度：温度为 ±0.3 ℃（0～60 ℃）；湿度为 ±3%RH（20%～80%RH，25 ℃）。 响应时间：≤15 s	食品加工厂、烘干箱、配电机房	价格较贵

续表

型号	检测原理	传感器技术参数	应用领域	价格
CR-TH	湿敏电容、热敏电阻	供电：9～24 V。 通信协议：RS-485 串口通信。 量程：温度为－40～＋85 ℃；湿度为 0～100%RH。 精度：温度为±0.3 ℃；湿度为±2%RH（25 ℃）。 响应时间：≤15 s	医药车间、蔬菜大棚、配电机房、烘干车间	价格便宜
JXBS-3001-TH	SHT20 高灵敏度数字传感器芯片	供电：12～24 V。 通信协议：RS-485 串口通信。 量程：温度为−40～+80 ℃；湿度为 0～100%RH。 精度：温度为±0.1 ℃；湿度为±1%RH（25 ℃）。 响应时间：≤15 s	农业环境监测、室内环境监测、工业环境	价格适中
选择传感器型号为：JXBS-3001-TH 选型理由：传感器技术参数符合选型要求，价格适中，品牌知名				

经过选型，最终选择传感器型号为 JXBS-3001-TH。下面介绍该传感器的具体参数。

图 1.2.10 所示为 JXBS-3001-TH 温湿度传感器外观，该传感器采用壁挂式安装，安装孔位于设备两侧中部位置，安装孔径小于 4 mm，孔距 105 mm，可使用 3 mm 的自攻螺丝安装。表 1.2.3 为该传感器技术参数表。

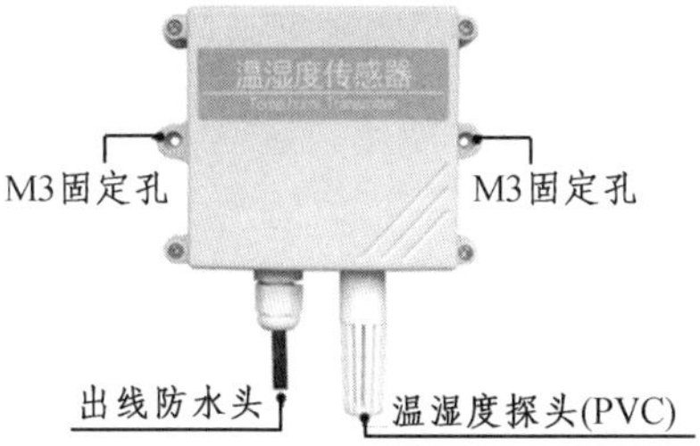

图 1.2.10　JXBS-3001-TH 温湿度传感器外观图

表 1.2.3　JXBS-3001-TH 温湿度传感器参数表

参数名称	参数内容
直流供电	DC 12～24 V
最大功耗	0.4 W
输出信号	RS-485 输出
响应时间	≤15 s（1 m/s 风速）
温度长期稳定性	≤0.1 ℃/年
湿度长期稳定性	≤1%/年
温度范围	－40～＋80 ℃（可定制）
湿度范围	0～100%RH
温度分辨率	0.1 ℃
湿度分辨率	0.1%RH
耗电	≤0.15 W（DC 12 V，25 ℃）
工作压力范围	0.9～1.1 atm

其他大棚环境监测传感器设备选型按照表 1.2.4 的设备选型参数要求，参照温湿度传感器的选型步骤和选型方法完成设备选型表。

表 1.2.4　大棚环境监测传感器设备选型参数要求

序号	传感器名称	传感器技术参数	其他说明
1	光照度传感器	1）传感器电源供电为 DC 12 V 电源。 2）通信协议为 ModBus 通信协议。 3）传感器量程：0～20 万 Lux。 4）传感器精度：±5%（25 °C）。 5）传感器响应时间：<10 s	光照度传感器是用来检测环境光照度的传感器，单位为 Lux
2	风速传感器	1）传感器电源供电为 DC 12 V 电源。 2）通信协议为 ModBus 通信协议。 3）传感器量程：0～20 m/s。 4）传感器精度：±1 m/s。 5）传感器响应时间：<5 s	风速传感器是用来检测风速的传感器，单位为 m/s
3	风向传感器	1）传感器电源供电为 DC 12 V 电源。 2）通信协议为 ModBus 通信协议。 3）传感器量程：0～360°。 4）传感器精度：±3°。 5）传感器响应时间：<5 s	风向传感器是用来检测风向的传感器，单位为°

（二）ZigBee 数据终端

ZigBee 设备选型参数要求如表 1.2.5 所示，请参照选型要求，查阅相关资料，完成设备选型表。

表 1.2.5　ZigBee 设备选型参数表

序号	名称	技术参数	其他说明
1	ZigBee 设备	1）传感器电源供电为 DC 12 V 电源。 2）支持 ZigBee 协议转 ModBus 协议。 3）支持自动组网，支持自定义 PANID、信道等参数配置。 4）工作运行环境：温度为 −30～+80 °C，湿度为 0～100%RH	ZigBee 设备是指一类采用 ZigBee 技术的无线 SoC，ZigBee 技术使无线 SoC 方便构建无线传输网络。ZigBee 数据终端是以 ZigBee 技术为基础的无线电台，具有透传、协议传输、AT 指令配置等多种功能

（三）网关设备

物联网网关设备选型参数要求如表 1.2.6 所示，请参照选型要求，查阅相关资料，完成设备选型表。

表 1.2.6　物联网网关设备选型参数表

序号	名称	技术参数	其他说明
1	物联网网关	1）电源供电为 DC 12 V 电源。 2）拥有至少 1 组 RS-485 接口、1 组 RJ45 接口、1 组 RS-232 接口。 3）要求支持 OneNET 云平台	物联网网关拥有多种接口，可连接不同协议的数据采集设备，在配置好网关后，将采集设备传输的数据转换为 TCP/IP 数据包上传到指定云平台服务器

四、任务报告

（一）任务报告要求

（1）设计系统架构；写明系统架构所有设备名称，并说明其作用；绘制经过实验验证、完善后的系统框架图。

（2）设计硬件方案；写明硬件方案所有硬件设备名称，并说明其作用；绘制经过实验验证、完善后的硬件方案图；列出设计参考资料。

（3）设计系统运行逻辑方案；绘制经过实验验证、完善后的系统运行逻辑方案流程图；编写设计说明、使用说明。

（4）关键设备选型；绘制所用提及设备选型表；列出选型参考资料。

（二）任务报告评价标准

任务报告评价标准见表 1.2.7。

表 1.2.7　评价标准

<table>
<tr><td>项目名称</td><td colspan="5">智慧大棚系统项目设计与实施</td></tr>
<tr><td>任务名称</td><td colspan="5">智慧大棚系统方案设计</td></tr>
<tr><td>考核方式</td><td colspan="5">任务报告单</td></tr>
<tr><td>说明</td><td colspan="5">主要评价学生在任务学习过程中的理论知识、操作方式、学习态度、课堂表现、学习能力等</td></tr>
<tr><td colspan="6">考核内容与评价标准</td></tr>
<tr><td rowspan="2">序号</td><td rowspan="2">内容</td><td colspan="3">评价标准</td><td rowspan="2">评价比例/%</td></tr>
<tr><td>优秀</td><td>良好</td><td>合格</td></tr>
<tr><td>1</td><td>基本理论</td><td>能完全掌握该任务中所用到的基本理论知识；具有较强的发散思维</td><td>能较好掌握该任务中所用到的基本理论知识；具有良好的发散思维</td><td>能基本掌握该任务中所用到的基本理论知识；具有较好的发散思维</td><td>30</td></tr>
<tr><td>2</td><td>实践操作</td><td>能独立完成系统架构设计，且设计完整、合理；能够根据需求完成全部功能设计。硬件方案设计合理，电气、线路等设计无误。系统运行逻辑方案设计完整，无明显逻辑错误。设备选型参数对比，选型理由充分合理</td><td>能完成系统架构设计，且设计完整、合理；能够根据需求完成全部功能设计。硬件方案设计合理，电气、线路等设计无误。系统运行逻辑方案设计完整，无明显逻辑错误。设备选型参数对比，选型理由充分合理</td><td>能配合小组完成系统架构设计，且设计完整、合理；能够根据需求完成功能设计。硬件方案设计合理，电气、线路等设计无误。系统运行逻辑方案设计完整，无明显逻辑错误。设备选型参数对比，选型理由充分合理</td><td>30</td></tr>
<tr><td>3</td><td>核心能力</td><td>具有良好的项目方案设计思维；具有严谨的科学态度</td><td>具有较好的项目方案设计思维；具有良好的科学态度</td><td>具有较好的项目方案设计思维；具有较好的科学态度</td><td>10</td></tr>
<tr><td>4</td><td>学习态度</td><td>具有良好的自主学习能力，能主动分析解决问题，勤学好问</td><td>具有较好的学习能力，具有一定分析解决问题的能力</td><td>能主动学习，能配合小组分析和解决问题</td><td>10</td></tr>
<tr><td>5</td><td>小组评价</td><td>具有良好的团队合作能力和团队沟通交流能力，热心帮助小组成员解决问题</td><td>具有较好的团队合作能力和团队沟通交流能力，能帮助小组成员解决问题</td><td>具有一定的团队合作能力和团队沟通交流能力，能配合小组成员完成任务</td><td>10</td></tr>
<tr><td>6</td><td>教师评价</td><td>涵盖以上所有内容</td><td>涵盖以上所有内容</td><td>涵盖以上所有内容</td><td>10</td></tr>
<tr><td colspan="5">合计</td><td>100</td></tr>
</table>

任务 2　智慧大棚系统硬件配置与测试

【任务描述】

本任务主要通过对 ZigBee 数据终端的安装、配置、功能测试等操作，实现 ZigBee 自组网络部署和数据传输。

通过对温湿度、光照度、风速、风向等传感器的安装、配置、测试等操作，实现对大棚环境数据进行实时采集，为后续智慧大棚系统应用部署和智慧大棚系统云平台部署提供数据支持。

【任务目标】

（1）了解 ZigBee 无线自组网网络拓扑结构及应用设计。

（2）掌握 ZigBee 数据终端的部署和功能测试方法。

（3）掌握 ZigBee 网络数据传输的调试方法。

（4）了解大棚环境指标、环境传感器相关概念。

（5）掌握传感器安装部署、配置修改、数据采集及测试方法。

（6）学会使用通过串口工具或者传感器专门测试工具对传感器进行配置及测试。

一、ZigBee 配置与测试

（一）网络传输结构分析

如图 1.2.11 所示，为了对大棚内空气质量、温湿度、光照度等环境质量进行集中监测，采用简单星形拓扑结构，包含一个协调器节点和一系列的终端节点。每一个终端节点只能和协调器节点进行通信。传感器探测的数据通过 ZigBee 终端节点传输到 ZigBee 协调器，ZigBee 协调器再将数据传输给网关，网关通过 Internet 上传到云平台，云平台对大棚内各项环境数据监测。

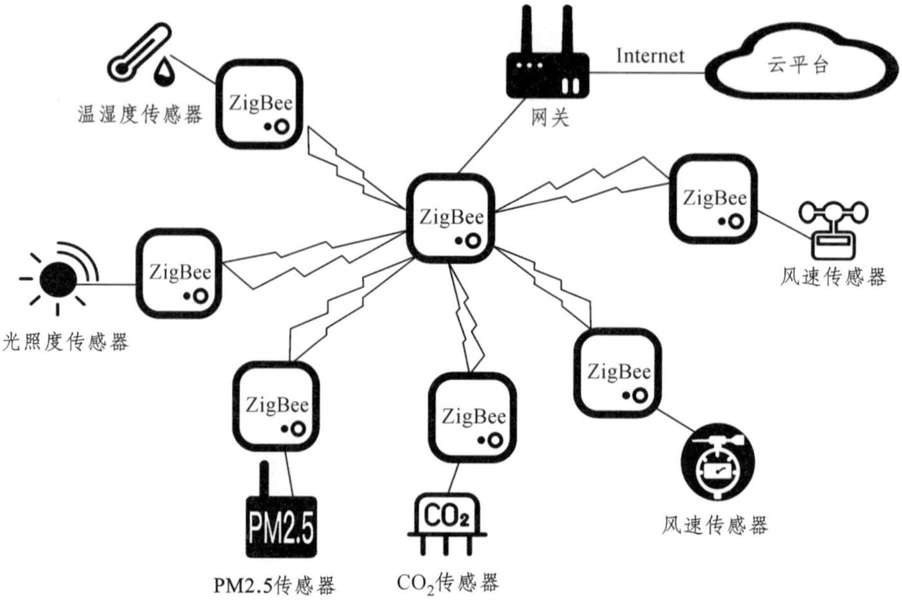

图 1.2.11　系统网络拓扑结构

（二）ZigBee 数据终端配置与测试操作

1. ZigBee 数据终端接口认知

如图 1.2.12 所示，ZigBee 数据终端共有 5 个接口，分别是 VCC、GND、AGND、RS-485-B、RS-485-A，用于采集 RS-485 接口类型传感器数据，通过 ZigBee 组网上传到上层。表 1.2.8 为 ZigBee 数据终端接口说明。

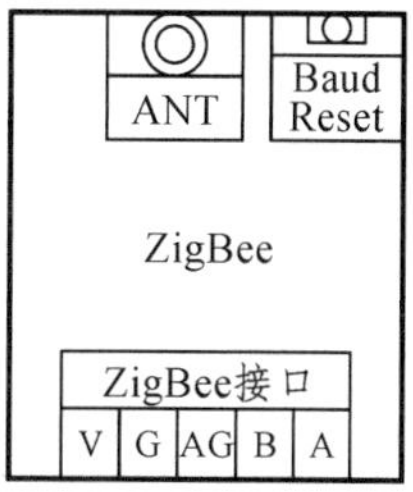

图 1.2.12　ZigBee 数据终端接口示意图

表 1.2.8　ZigBee 数据终端接口说明

脚号	标准定义	功能	说明
1	VCC	电源正	直流 8～28 V，推荐使用 12 V 或 24 V
2	GND	电源负	电源负极与系统地、外壳相连接
3	AGND	公共地	可与外部设备接地端连接，也可不处理
4	RS-485-B	串口端子	外接其他 RS-485 设备的 B 端
5	RS-485-A	串口端子	外接其他 RS-485 设备的 A 端

2. ZigBee 数据终端连接

如图 1.2.13 所示，DC 12 V 电源适配器连接 ZigBee 数据终端电源，RS-485 转串口线连接 ZigBee 数据终端 RS-485 接口，RS-485 转串口线连接计算机。

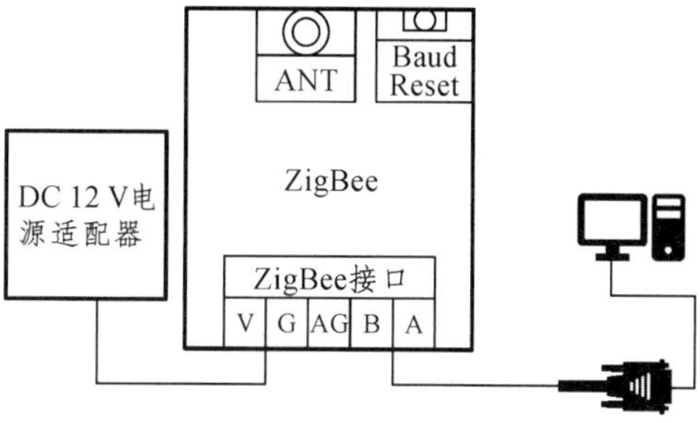

图 1.2.13　ZigBee 数据终端配置硬件连接示意图

3. ZigBee 数据终端配置

以第一套实训架为例，ZigBee 都要配置为以下参数：

（1）ZigBee 工作模式：透传模式。

（2）ZigBee 设备类型：协调器、终端（一个配置为协调器，另一个为终端）。

（3）ZigBee 通道：15（注意协调器和终端的通道号需一致）。

（4）ZigBee PANID：0x002F [注意：协调器和终端的局域网 ID（PANID）需一致]。

（5）波特率：115 200。

下面以配置一个 ZigBee 终端为例，介绍 ZigBee 数据设备的配置方法。

1）ZigBee DTU 进入 AT 模式

将设备连好线后，适用计算机打开串口助手，选择自己的串口号，选择下面所示的串口通信协议格式。

串口号：COM3； 波特率：115200； 校验位：无； 数据位：8； 停止位：1； RTS：true； DTR：true。

如图 1.2.14 所示，在“基本设置”一栏选择接收区和发送区的数据格式为 ASCII 码。输入“+++”，ZigBee 返回“+OK”，表示进入 AT 模式。

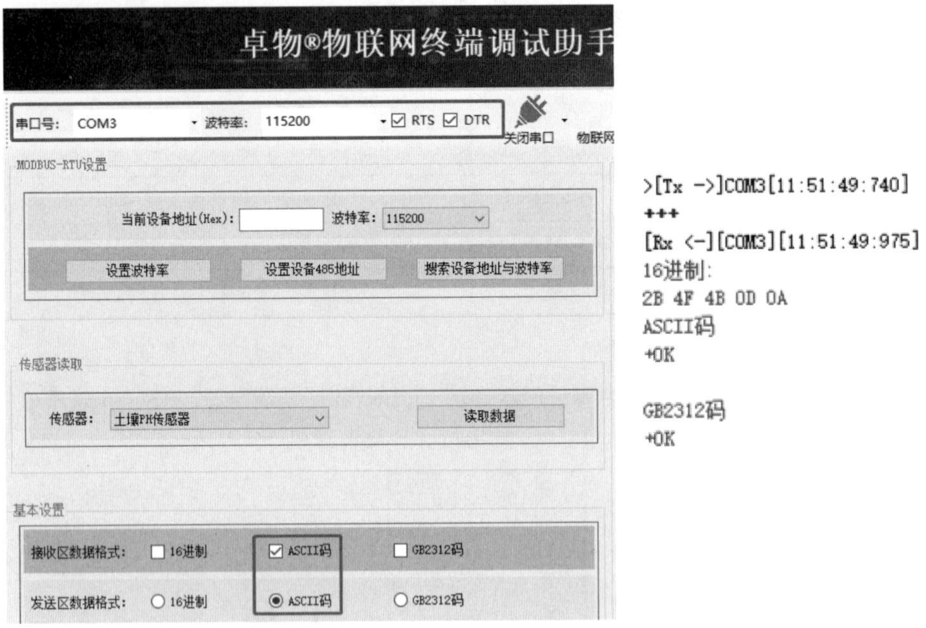

图 1.2.14 卓物物联网调试助手配置

2）查询/配置设备类型

表 1.2.9 为 ZigBeeDTU 查询/配置设备类型参数表。按照参数表，查询/配置 ZigBeeDTU 设备类型。

表 1.2.9 查询/配置设备类型

	发送	返回	参数
查询	AT + DEV = ?	+ OK<CR><LF>	
配置	AT + DEV = type	DEV = type<CR><LF>	type： C——协调器 R——路由器 E——终端

查询操作：

```
>[Tx ->]COM3[14:41:03:924]
AT+DEV=?
[Rx <-][COM3][14:41:04:158]
ASCII码
DEV=E
```

配置操作：

```
>[Tx ->]COM3[14:42:01:573]
AT+DEV=C
[Rx <-][COM3][14:42:01:823]
ASCII码
+OK
```

注意：此处配置一个协调器，其他配置为终端。

3）查询/配置工作模式

表 1.2.10 为 ZigBeeDTU 查询/配置工作模式参数表。按照参数表，查询/配置 ZigBeeDTU 工作模式。

表 1.2.10　查询/配置工作模式

	发送	返回	参数
查询	AT + MODE = ?	MODE = type<CR><LF>	
配置	AT + MODE = mode	+ OK<CR><LF>	mode： 1——模式 1（透传模式） 2——模式 2（半透传模式） 3——模式 3（协议模式）

查询操作：

```
>[Tx ->]COM3[14:45:49:842]
AT+MODE=?
[Rx <-][COM3][14:45:50:076]
ASCII码
MODE=1
```

配置操作：

```
>[Tx ->]COM3[14:46:59:865]
AT+MODE=1
[Rx <-][COM3][14:47:00:115]
ASCII码
+OK
```

注意：配置为透传模式。

4）查询/配置网络 PANID

表 1.2.11 为 ZigBeeDTU 查询/配置网络 PANID 参数表。按照参数表，查询/配置 ZigBeeDTU 网络 PANID。

表 1.2.11　查询/配置网络 PANID

	发送	返回	参数
查询	AT + PANID = ?	PANID = panid<CR><LF>	
配置	AT + PANID = mode	+ OK<CR><LF>	panid： 0000-FFFE-固定 PANID FFFF-随机 PANID

查询操作：

```
>[Tx ->]COM3[14:49:32:618]
AT+PANID=?
[Rx <-][COM3][14:49:32:853]
ASCII码
PANID=ED4F
```

配置操作：

```
>[Tx ->]COM3[14:50:23:364]
AT+PANID=002F
[Rx <-][COM3][14:50:23:645]
ASCII码
+OK
```

注意：PANID 此处配置为 002F，另外的 ZigBee 设备 PANID 也应配置为 002F。

5）查询/配置无线信道

表 1.2.12 为 ZigBeeDTU 查询/配置无线信道参数表。按照参数表，查询/配置 ZigBeeDTU 无线信道。

表 1.2.12　查询/配置无线信道

	发送	返回	参数
查询	AT + CH = ?	CH = ch<CR><LF>	
配置	AT + CH = ch	+ OK<CR><LF>	ch（11～26） 无线信道

查询操作：

```
>[Tx ->]COM4[15:13:41:328]
AT+CH=?
[Rx <-][COM4][15:13:41:593]
ASCII码
CH=13
```

配置操作：

```
>[Tx ->]COM4[15:15:44:071]
AT+CH=15
[Rx <-][COM4][15:15:44:337]
ASCII码
+OK
```

注意：此处为点对点传输模式，无线信道需要与协调器设置为一致。

6）查询/配置串口波特率

表 1.2.13 为 ZigBeeDTU 查询/配置串口波特率参数表，表 1.2.14 为波特率参数 baud 对照表。按照参数表，查询/配置 ZigBeeDTU 串口波特率。

表 1.2.13　查询/配置串口波特率

	发送	返回	参数
查询	AT + UART = ?	UART = baud<CR><LF>	
配置	AT + UART = baud	+ OK<CR><LF>	baud（0～15） 串口波特率（详情参数功率对照表）

表 1.2.14　波特率参数 baud 对照表

baud	波特率	baud	波特率
00	2 400	08	76 800
01	4 800	09	115 200（默认）
02	9 600	0A	128 000
03	14 400	0B	230 400
04	19 200	0C	256 000
05	38 400	0D	460 800
06	43 000	0E	921 600
07	57 600	0F	1 000 000

查询操作：

```
>[Tx ->]COM4[15:23:15:643]
AT+UART=?
[Rx <-][COM4][15:23:15:893]
ASCII码
UART=9
```

配置操作：

```
>[Tx ->]COM4[15:24:19:614]
AT+UART=9
[Rx <-][COM4][15:24:19:864]
ASCII码
+OK
```

注意：波特率需设置为相同的波特率。

7）设备重置

表 1.2.15 为 ZigBeeDTU 查询/配置设备重置参数表。按照参数表，重置 ZigBeeDTU。

表 1.2.15　设备重置

	发送	返回	参数
配置	AT＋RESET	＋OK<CR><LF>	

注意：在每次配置 ZigBee 设备时，最后都需要设备重置方可生效。

（三）ZigBee 数据终端通信测试

完成 ZigBee 数据终端配置后，进行 ZigBee 数据终端测试和数据传输。

1. ZigBee 数据终端连接

如图 1.2.15 所示，在两个 ZigBee 设备中，一个设备为协调器，一个设备为终端，DC 12 V 电源适配器为两个 ZigBee 设备提供电源，ZigBee 上的 RS-485 接口通过 RS-485 转串口线连接到计算机。

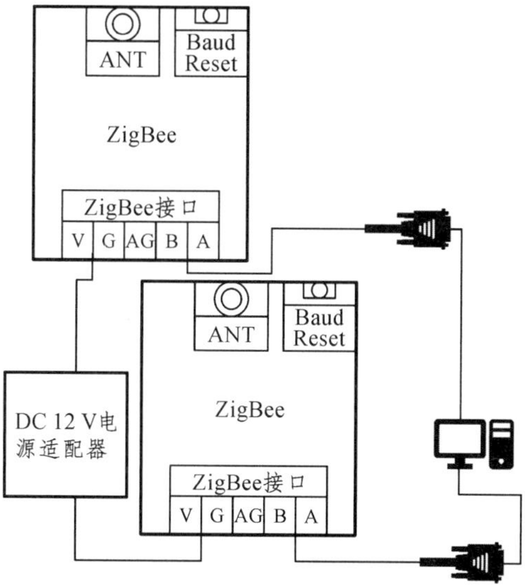

图 1.2.15　ZigBee 数据终端通信测试硬件连接示意图

2. ZigBee 数据终端通信测试

硬件连接好后，如图 1.2.16 所示，在计算机上分别打开两个串口助手，一个连接协调器，一个连接终端，将波特率都设为 115200，接收和发送格式都选择 ASCII，打开串口。

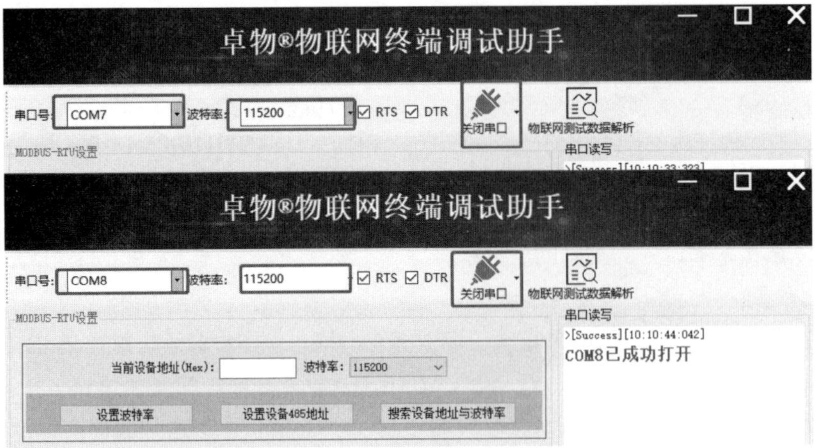

图 1.2.16　ZigBee 数据终端通信测试调试助手配置图

从协调器发往终端：

```
>[Tx ->]COM8[10:14:04:857]
Test data from Coordinator
[Rx <-][COM8][10:14:31:185]
ASCII码
Test data from End Device
```

从终端发往协调器：

```
[Rx <-][COM7][10:14:05:058]
ASCII码
Test data from Coordinator
>[Tx ->]COM7[10:14:30:977]
Test data from End Device
```

可以看到，ZigBee 完成自组网后，数据能够进行交互。

二、大棚环境传感器部署与测试

（一）大棚环境数据指标

请查阅相关资料，了解大棚环境数据指标，并完成表 1.2.16 大棚环境数据指标填写：

表 1.2.16　大棚环境数据指标

序号	参数	单位	标准值	备注
1	光照度传感器			
2	温湿度传感器			
3	二氧化碳传感器			
4	风速传感器			
5	风向传感器			

大棚环境数据指标对于设计本系统有着明确的参考意义，得到指标后在软件编写中设定判定标准。

（二）大棚环境传感器配置与测试

本项目涉及 5 个传感器，分别为光照度传感器、温湿度传感器、二氧化碳传感器、风速传感器、风向传感器。

1. 大棚环境传感器配置

参照模块 5 传感器配置与测试，完成本系统传感器的配置与测试，并完成表 1.2.17。

表 1.2.17　大棚环境传感器参数表

	类型	名称	原地址	原波特率	配置后地址	配置后波特率
1						
2						
3						
4						
5						

2. 大棚环境传感器数据读取

读取传感器数据，完成表 1.2.18。

表 1.2.18　大棚环境传感器数据读取

光照度传感器	温湿度传感器	二氧化碳传感器	风速传感器	风向传感器

三、任务报告

（一）任务报告要求

（1）详细记录 ZigBee 数据终端配置与测试过程、结论；绘制 ZigBee 数据终端配置参数表，撰写 ZigBee 数据终端配置与测试详细步骤和测试结果。

（2）详细记录大棚环境传感器配置与测试过程、结论；绘制大棚环境传感器配置参数表，撰写大棚环境传感器配置与测试详细步骤和测试结果。

（二）任务报告评价标准

任务报告评价标准见表 1.2.19。

表 1.2.19　评价标准

<table>
<tr><td>项目名称</td><td colspan="5">智慧大棚系统项目设计与实施</td></tr>
<tr><td>任务名称</td><td colspan="5">智慧大棚系统硬件配置与测试</td></tr>
<tr><td>考核方式</td><td colspan="5">过程考核</td></tr>
<tr><td>说明</td><td colspan="5">主要评价学生在任务学习过程中的理论知识、操作方式、学习态度、课堂表现、学习能力等</td></tr>
<tr><td colspan="6">考核内容与评价标准</td></tr>
<tr><td rowspan="2">序号</td><td rowspan="2">内容</td><td colspan="3">评价标准</td><td rowspan="2">评价比例/%</td></tr>
<tr><td>优秀</td><td>良好</td><td>合格</td></tr>
<tr><td>1</td><td>基本理论</td><td>能完全掌握该任务中所用到的基本理论知识；具有较强的发散思维</td><td>能较好掌握该任务中所用到的基本理论知识；具有良好的发散思维</td><td>能基本掌握该任务中所用到的基本理论知识；具有较好的发散思维</td><td>30</td></tr>
</table>

续表

序号	内容	评价标准			评价比例/%
		优秀	良好	合格	
2	实践操作	能熟练使用设备配置和测试软件，完成系统硬件设备配置与测试。ZigBee 设备配置与测试过程完整清晰，有明确结论（数据）。大棚环境传感器配置与测试过程完整清晰，有明确结论（数据）	能较熟练使用设备配置和测试软件，完成系统硬件设备配置与测试。ZigBee 设备配置与测试过程完整，有明确结论（数据）。大棚环境传感器配置与测试过程完整，有明确结论（数据）	能正确使用设备配置和测试软件，完成系统硬件设备配置与测试。ZigBee 设备配置与测试过程完整，有明确结论（数据）。大棚环境传感器配置与测试过程完整，有明确结论（数据）	30
3	核心能力	具有良好的项目方案设计思维；具有严谨的科学态度	具有较好的项目方案设计思维；具有良好的科学态度	具有较好的项目方案设计思维；具有较好的科学态度	10
4	学习态度	具有良好的自主学习能力，能主动分析解决问题，勤学好问	具有较好的学习能力，具有一定分析解决问题的能力	能主动学习，能配合小组分析和解决问题	10
5	小组评价	具有良好的团队合作能力和团队沟通交流能力，热心帮助小组成员解决问题	具有较好的团队合作能力和团队沟通交流能力，能帮助小组成员解决问题	具有一定的团队合作能力和团队沟通交流能力，能配合小组成员完成任务	10
6	教师评价	涵盖以上所有内容	涵盖以上所有内容	涵盖以上所有内容	10
合计					100

任务 3　智慧大棚系统应用部署与调试

【任务描述】

本任务在任务 1 和任务 2 的基础上，完成大棚系统框架设计、设备部署及工程安装实施等；根据功能需求进行本地数据采集和控制应用程序设计，实现本地大棚系统智能化运行。

【任务目标】

（1）了解本地智慧大棚系统组成、基本框架、关键设备及工程实施方法。

（2）掌握硬件设备部署安装、综合布线、功能测试及系统调试方法。

（3）学会通过嵌入式开发平台编程实现传感器数据采集、继电器设备控制等功能。

一、智慧大棚系统设备部署

本任务以物联网应用工程实训系统为例进行设备安装及布线连接，实际设备安装及布线连接应以工程现场为准。

图 1.2.17 所示为扬尘监测系统设备部署图。

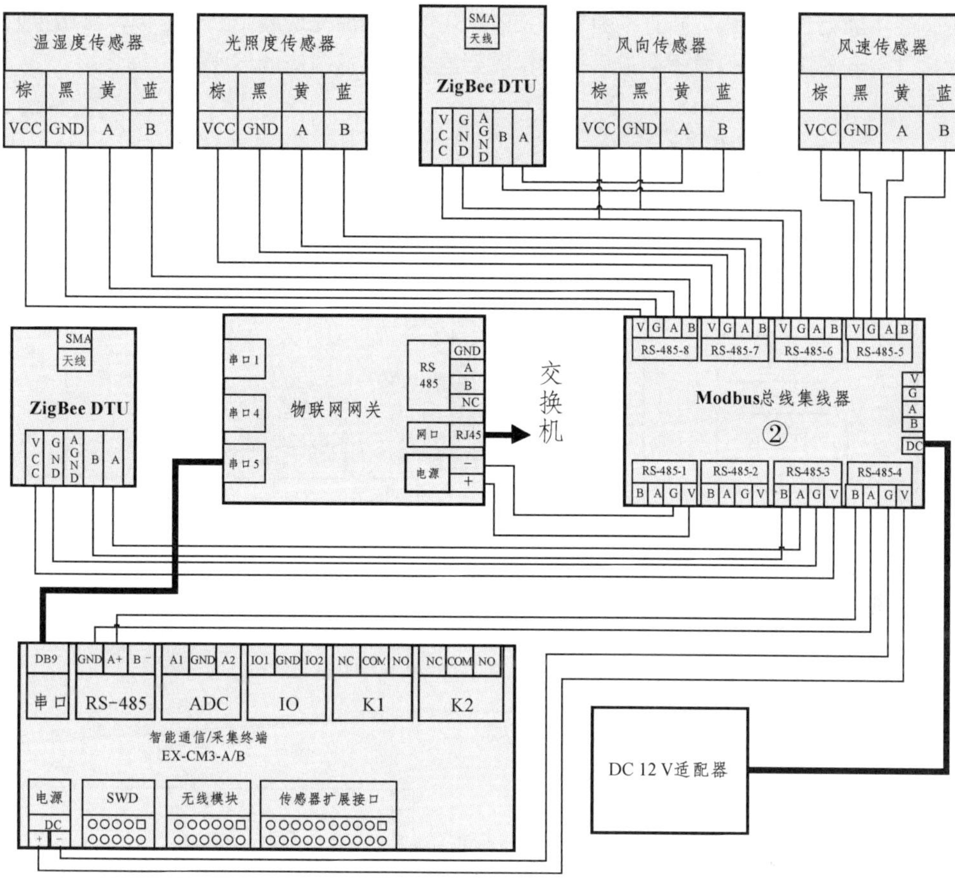

图 1.2.17　智慧大棚系统设备部署图

（1）此处采用了 ModBus 总线集线器来进行 RS-485 总线连接；

（2）智能采集终端、ZigBee 协调器设备通过 ModBus 总线集线器统一供电；

（3）ModBus 传感器和对应的 ZigBee 终端设备共用电源；

（4）以上布线为了实训方便，ZigBee 终端只连接了风向传感器，其他传感器通过 ModBus 总线集线器进行数据交换；

（5）每个设备在 ModBus 总线集线器连接的端口序号与实训系统不一致，此处只表示功能逻辑，连哪个序号的端口功能都一样。

注意：不要带电接线，确认接线无误后才可上电，以防电源接反导致设备损坏。

二、智慧大棚系统应用开发与调试

（一）软件流程图设计

下面介绍智慧大棚系统的软件开发部分，采用智能采集终端为主控芯片，配合卓物智能采集终端外围接口，实现接收传感器数据并发送命令、上传数据和控制继电器等功能。

如图 1.2.18 所示，在主程序中，对系统的硬件进行初始化，并进入主任务循环中。如图 1.2.19 所示，在主任务中，变量初始化后执行传感器处理函数。如图 1.2.20 所示，在传感器处理函数中，先查询传感器数据，并将获取到的数据与设定值比对，决定是否驱动继电器，然后将数据传送到串口发出，并控制 LED 进行状态显示，完成后进行延时等待。如图 1.2.21

所示，在中断处理函数中，首先判断是否接收到中断，然后先清除中断标志位，接着接收串口数据，并判断接收到的数据，最后根据接收到的数据执行对应的程序。

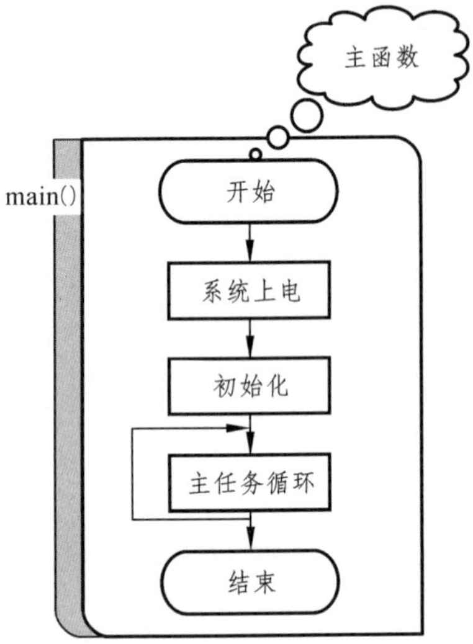

图 1.2.18　主函数流程图

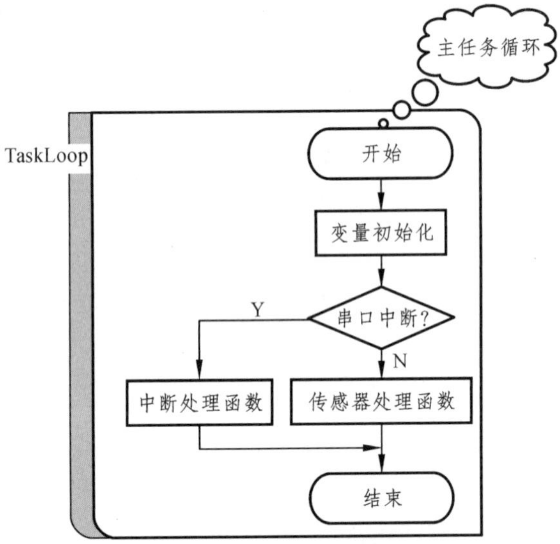

图 1.2.19　主任务循环函数流程图

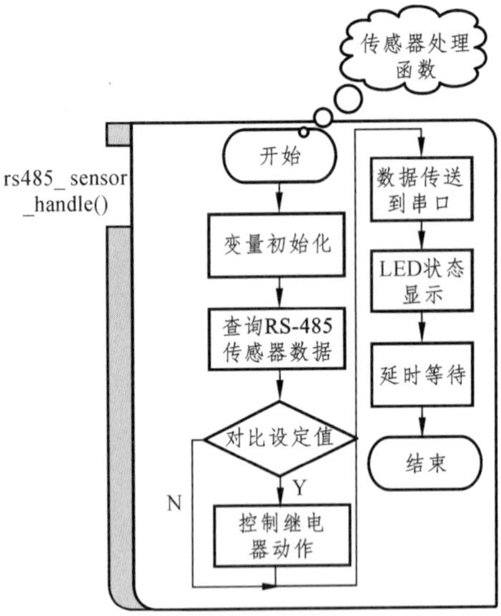

图 1.2.20　传感器处理函数流程图

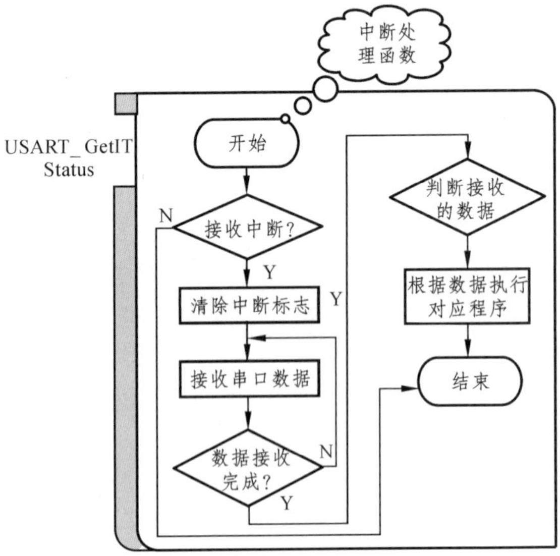

图 1.2.21　中断处理函数流程图

（二）程序编写与调试

1. 编程要点

（1）上电后进行系统初始化，包括延时函数初始化、LED 初始化、继电器初始化、串口 USART1 初始化和 RS-485 初始化。

（2）编写传感器处理函数，根据 ModBus 协议获取传感器数据，设定传感器数据阈值，编写判断逻辑。

（3）使用 USART 相关函数实现数据接收和发送。

（4）串口接收函数中判断接收的命令数据。

2. 代码分析

下面分析核心代码，外设初始化函数详见模块 4 智能采集终端工程模板。

1）主函数

```
int main()
{
    delay_init();      //延时函数初始化
     LED_Init();       //LED 初始化
     RELAY_Init(); //继电器初始化
    USART1_init(115200);      //串口 1 初始化，波特率 115200
RS485_init(9600);   //RS485 初始化，波特率 9600
for(u8 i = 0;i < 50; i++)sensor_data[i]=0xff;   //初始化传感器数组
while( 1 )
{
     RS485_sensor_handle(); //传感器处理函数
    }
}
```

在主函数中，先将系统所用到的外设硬件初始化，包括 LED、继电器、串口、RS-485 的初始化，然后进行传感器的扫描，并将传感器数据发送到串口 1。

2）串口 1 接收中断函数

```
char JDQCMD1[] = "+++>SJDQx.0";       //继电器断开命令
char JDQCMD2[] = "+++>SJDQx.1";       //继电器闭合命令
void USART1_IRQHandler(void)          //串口 1 中断服务程序
{
  if( USART_GetITStatus( USART1, USART_IT_RXNE ) != RESET ) //接收中断
  {
    USART_ClearITPendingBit( USART1,USART_IT_RXNE ); //清除中断标志位
     //读取接收到的数据
    USART1_RX_BUF[USART1_RX_counter] = USART_ReceiveData(USART1);
    USART1_RX_counter++;
  }
  if(USART_GetITStatus(USART1, USART_IT_IDLE) != RESET)   //空闲总线中断
  {
     USART1_RX_LEN = USART1_RX_counter;
     UART1Send(USART1_RX_BUF,USART1_RX_LEN);
     USART1->SR;
     USART1->DR;
     USART1_RX_STA = 1;//正确接收到一包数据
```

```
        USART1_RX_counter = 0;
      }
      if(USART1_RX_STA == 1)
    {
        //判断接收到的命令是否与本地存储的字符串一致
       if(!strcmp((char*)USART1_RX_BUF,JDQCMD1))
        {
            Relay_Control(RELAY1,BREAK);                //控制继电器 1 断开
        }
        if(!strcmp((char*)USART1_RX_BUF,JDQCMD2))
        {
            Relay_Control(RELAY1,CLOSE);            //控制继电器 1 闭合
        }
        USART1_RX_STA = 0;
        }
    }
}
```

在该函数中，首先判断是否有接收中断，如果有，就清除中断标志位，并接收读取到的数据存储在 USART1_RX_BUF[ ]中，若总线空闲中断触发，表明数据接收完成，此时清除中断标志位，并将接收完成标志置 1；然后判断接收的数据与本地存储的数据命令是否一致，一致则执行继电器动作，并将数据接收完成标志置 0。

3）传感器处理函数

```
void RS485_sensor_handle(void)
{
  //传感器变量初始化
  u16 value_CO2 = 0x0000;               //CO2
  u16 value_PM25 = 0x0000;              //PM2.5
  u16 value_Temperatur = 0x0000;        //温度
  u16 value_Humidity = 0x0000;          //湿度
  u16 value_Illuminance = 0x0000;       //光照度
  u16 value_WindSpeed = 0x0000;         //风速
  u16 value_WindDirection = 0x0000;     //风向
  do
 {
     scan_RS485_sensor();                          //读取传感器数据
     GPIO_TogglePin(GPIOB， GPIO_Pin_3);            //LED 显示状态
    //CO2 传感器数据数值
```

```
        value_CO2 = (sensor_data[10] << 8) + sensor_data[11]
        //PM2.5 传感器数据数值;
        value_PM25 = (sensor_data[12] << 8) + sensor_data[13];
        //温度传感器数值
        value_Temperatur = (sensor_data[0]<<8) + sensor_data[1];
        //湿度传感器数值
        value_Humidity = (sensor_data[2]<<8) + sensor_data[3];
        //光照度传感器数值
        value_Illuminance = (sensor_data[22]<<16) + (sensor_data[23]<<8) + sensor_data[24];
        //风速传感器数值
        value_WindSpeed = (sensor_data[6]<<8) + sensor_data[7];
        //风向传感器数值
        value_WindDirection = (sensor_data[8]<<8) + sensor_data[9];
        //串口打印传感器数值
        printf("CO2_Value = %d ppm\r\n", value_CO2);
        printf("PM2.5_Value = %d ppm\r\n", value_PM25);
        printf("Temperatur_Value = %d ppm\r\n", value_Temperatur);
        printf("Humidity_Value = %d ppm\r\n", value_Humidity);
        printf("Illuminance_Value = %d ppm\r\n", value_Illuminance);
        printf("WindSpeed_Value = %d ppm\r\n", value_WindSpeed);
        printf("WindDirection_Value = %d ppm\r\n", value_WindDirection);
        delay_ms(1000);
        //上传数据到云平台，串口 1 打包上传传感器数据
        UART1Send(sensor_data,50);
       //控制继电器闭合
        Relay_Control(RELAY1, CLOSE);
        }
       //对比当前值与设定值
    while(value_CO2>= set_value_CO2 || (value_PM25 >= set_value_PM25) || (value_Temperatur>=
set_value_Temperatur) ||

  (value_Humidity>= set_value_Humidity) || (value_Illuminance>= set_value_Illuminance) ||
(value_WindSpeed>=set_value_WindSpeed)
  || (value_WindDirection>= set_value_WindDirection));
    //控制继电器断开
    Relay_Control(RELAY1, BREAK);
  delay_ms(1000);
  }
```

在传感器处理函数中，首先进行传感器数据变量的初始化，完成之后，向各个传感器发送读取数据命令，在收到数据之后，将各个传感器的数据提取出来，并与设定值进行比对。若超过设定值，便控制继电器闭合，从而控制相关执行设备动作。当获取到的传感器数据小于设定值时，控制继电器断开，从而控制相关执行设备断开，达到大棚内各个环境参数的稳定。

4）读取传感器数据函数

定义传感器类型列表，其中地址根据实际传感器地址进行修改，在读取传感器数据函数中，首先通过传感器采集函数循环向传感器发送读取数据命令，然后将得到的数据进行处理，存储在 sensor_data[ ]中。此处因篇幅有限，以 CO_2 和 PM2.5 传感器为例进行介绍。

```
//RS485 传感器列表
struct RS485_sensor_type RS485_sensor[] =
{
    … …
{PM25，5}，          //PM2.5 传感器、地址 5
{CO2，6}，           //CO2 传感器、地址 6
    … …
};
void scan_RS485_sensor(void)
{
  u8 sensor_number，i;
  u8 rxnum = 0;
  u8 rxtime = 10;
  sensor_number = sizeof(RS485_sensor)/2;
  for(i = 0;i<sensor_number;i++)
  {
    //循环查询读取传感器数据
    read_RS485_sensor(RS485_sensor[i].sensor_type,RS485_sensor[i].sensor_addr);
     delay_ms(50);
     rxtime = 10;
     while(1)
     {
          if(RS485_RX_STA == 1)
          {
               switch(RS485_sensor[i].sensor_type)
               {
                        … …
                    //PM2.5 传感器、空气质量传感器
                    case PM25：
```

```
                    sensor_data[12] = RS485_RX_BUF[3];    //单位 μg/m3
                    sensor_data[13] = RS485_RX_BUF[4];
                    break;
                //CO2传感器
                case CO2:
                    sensor_data[10] = RS485_RX_BUF[3];    //单位 ppm
                    sensor_data[11] = RS485_RX_BUF[4];
                    break;
            }
            //GPIO_TogglePin(GPIOB， GPIO_Pin_3);
            RS485_RX_STA = 0;
               rxnum = rxtime;
        }
        else
            rxnum++;
        if(rxnum == rxtime)
        {
            rxnum = 0;
            break;
        }
        delay_ms(50);
    }
    delay_ms(50);        //传感器之间间隔 50 ms
}
}
```

5）传感器数据采集函数

函数 read_RS485_sensor（u8 type，u8 addr）完成了所有 RS485 传感器的数据读取，其中 CO_2、PM2.5、风速、风向、环境温湿度和环境光照度传感器采集代码部分如下：

```
void read_RS485_sensor(u8 type,u8 addr)
{
    u8 read_cmd[8];
    u16 crc_value;
    read_cmd[0] = addr;              //地址码
    read_cmd[1] = 0x03;              //功能码
    switch(type)
    {
        … …
```

```
//风速传感器
case WindSpeed:
    read_cmd[2] = 0x00;                //起始地址
    read_cmd[3] = 0x00;
    read_cmd[4] = 0x00;                //数据长度
    read_cmd[5] = 0x01;
    break;
//风向传感器
case WindDirection:
    read_cmd[2] = 0x00;                //起始地址
    read_cmd[3] = 0x00;
    read_cmd[4] = 0x00;                //数据长度
    read_cmd[5] = 0x02;
    break;
//环境温湿度传感器
case TemperaturHumidity:
    read_cmd[2] = 0x00;                //起始地址
    read_cmd[3] = 0x00;
    read_cmd[4] = 0x00;                //数据长度
    read_cmd[5] = 0x02;
    break;
//环境光照度传感器
case Illuminance:
    read_cmd[2] = 0x00;                //起始地址
    read_cmd[3] = 0x07;
    read_cmd[4] = 0x00;                //数据长度
    read_cmd[5] = 0x02;
    break;
//CO2传感器
case CO2:
    read_cmd[2] = 0x00;                //起始地址
    read_cmd[3] = 0x02;
    read_cmd[4] = 0x00;                //数据长度
    read_cmd[5] = 0x01;
break;
//PM2.5传感器
case PM25:
    read_cmd[2] = 0x00;                //起始地址
```

```
            read_cmd[3] = 0x04;
            read_cmd[4] = 0x00;                  //数据长度
            read_cmd[5] = 0x01;
            break;
        … …
    }
    crc_value = crc16(read_cmd, 6);              //计算 CRC
    read_cmd[6] = crc_value;
    read_cmd[7] = crc_value>> 8;
    RS485_Send_BUF((u8*)read_cmd,8);
}
```

读取之后，将温湿度数据保存到传感器数据包对应位置即可。

3. 下载验证

（1）打开工程（工程路径为：\典型物联网应用项目设计与实施\02 项目二 智慧大棚监测系统项目设计与实施\02 程序源码）。

（2）编译工程。

（3）下载程序。

如图 1.2.22 所示，可以看到卓物智能采集板一直在将从传感器获取的数据通过串口发送出来，此处只连接了一只温湿度传感器，通过解析传感器数据包结构，得到温度值为 0x01 0x40，转换成十进制为 32.0 °C；湿度值为 0x01 0xA1，转换成十进制为 41.6%。

如图 1.2.23 所示，通过设定温湿度阈值，可观察到继电器动作。

图 1.2.22　数据验证

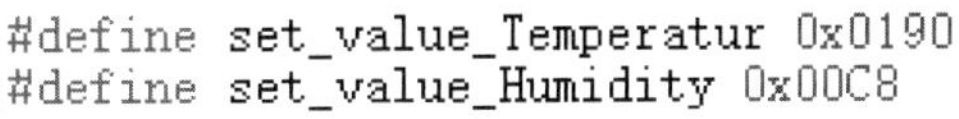

图 1.2.23　温湿度阈值

至此，大棚无线控制系统的程序编写和调试完成。

三、任务报告

（一）任务报告要求

（1）硬件布线照片。

（2）绘制经过实验验证、完善后的智慧大棚系统应用开发与调试软件流程图。

（3）按照设计的软件流程图编写智慧大棚系统应用开发与调试软件程序，列出编写程序过程中遇到的问题和解决方案，并思考改进办法。

（4）完成智慧大棚系统应用开发与调试软件调试和验证，提出调试与验证结论，列出在程序调试与验证中出现的问题或 BUG，说明如何解决问题，列出未解决的问题，并思考解决思路，及时反思。

（二）任务报告评价标准

任务报告评价标准见表 1.2.20。

表 1.2.20 评价标准

项目名称	智慧大棚系统项目设计与实施				
任务名称	智慧大棚系统应用部署与调试				
考核方式	过程考核				
说明	主要评价学生在任务学习过程中的理论知识、操作方式、学习态度、课堂表现、学习能力等				
考核内容与评价标准					
序号	内容	评价标准			评价比例/%
		优秀	良好	合格	
1	基本理论	能完全掌握该任务中所用到的基本理论知识；具有较强的发散思维	能较好掌握该任务中所用到的基本理论知识；具有良好的发散思维	能基本掌握该任务中所用到的基本理论知识；具有较好的发散思维	30
2	实践操作	能熟练使用各种工具，能熟练进行程序编写和调试；能够按照布线图完成布线，且电气逻辑正确无误，有布线完成后照片。软件流程图设计合理、完整，无明显逻辑错误。软件程序编写语言规范，程序调试过程清晰，过程记录完整。软件功能调试过程清晰，记录完整，功能实现，无明显 BUG	能较熟练使用各种工具，能较熟练进行程序编写和调试；能够按照布线图完成布线，且电气逻辑正确无误，有布线完成后照片。软件流程图设计合理、完整，无明显逻辑错误。软件程序编写语言规范，程序调试过程清晰，过程记录完整。软件功能调试过程清晰，记录完整，功能实现	能正确使用各种工具，能正确进行程序编写和调试；能够按照布线图完成布线，且电气逻辑正确无误，有布线完成后照片。软件流程图设计合理、完整，无明显逻辑错误。软件程序编写语言规范，程序调试过程清晰，过程记录完整。软件功能调试过程清晰，记录完整，功能实现	30
3	核心能力	具有良好的项目方案设计思维；具有严谨的科学态度。	具有较好的项目方案设计思维；具有良好的科学态度。	具有较好的项目方案设计思维；具有较好的科学态度。	10
4	学习态度	具有良好的自主学习能力，能主动分析解决问题，勤学好问	具有较好的学习能力，具有一定分析解决问题的能力	能主动学习，能配合小组分析和解决问题	10
5	小组评价	具有良好的团队合作能力和团队沟通交流能力，热心帮助小组成员解决问题	具有较好的团队合作能力和团队沟通交流能力，能帮助小组成员解决问题	具有一定的团队合作能力和团队沟通交流能力，能配合小组成员完成任务	10
6	教师评价	涵盖以上所有内容	涵盖以上所有内容	涵盖以上所有内容	10
合计					100

任务 4　智慧大棚系统云平台系统部署

【任务描述】

本任务通过对物联网云平台注册、产品及设备添加、设备数据接入、脚本数据解析、脚本上传等实训操作，实现大棚系统云端实时数据展示、云端远程控制等功能。

【任务目标】

（1）了解物联网云平台的基本使用方法。
（2）掌握物联网云平台设备的接入步骤和脚本编写方法。
（3）掌握物联网云平台远程控制操作方法。
（4）学会物联网云平台数据流展示的常用方法。

一、远程系统结构分析与部署

图 1.2.24 所示为远程系统结构，下面按照数据的传输途径分析该系统。首先，ModBus 传感器采集大棚环境数据，通过 ZigBee 网络传输给 ZigBee 协调器，ZigBee 协调器再将数据传送给 ModBus 集线器，再传送给智能采集终端；然后，智能采集终端将打包好的数据传送给物联网网关；接着，数据通过以太网上传到云平台；最后，在云平台可以实时监测和分析大棚环境数据，并且能下发控制命令，命令通过因特网传送给物联网网关，物联网网关通过串口传送给智能采集终端，智能采集终端最终根据命令控制继电器动作。

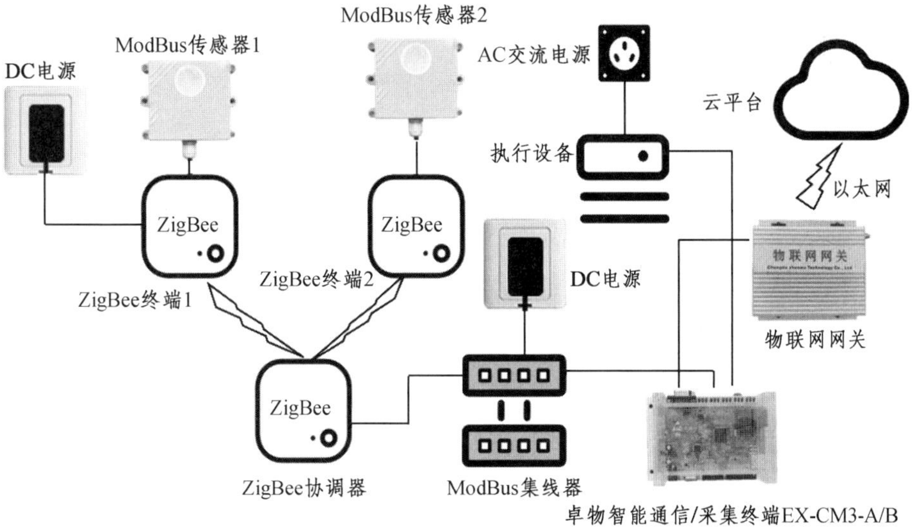

图 1.2.24　智慧大棚远程系统结构

二、云平台部署与调试

1. OneNET 云平台注册

如果没有在 OneNET 云平台注册的读者（用户）请先注册，注册方式详见模块 4 OneNET 云平台注册。已经在 OneNET 云平台注册的读者（用户）可以直接登录。

2. 云平台添加产品及设备

添加产品及设备的方法详见模块 4 OneNET 云平台应用部署。

这里需要添加 1 个产品，以及在该产品下需要添加 1 个设备，建好之后完成表 1.2.21 云平台设备参数表。

注意：如果有产品可以在该产品下直接添加设备。

表 1.2.21　OneNET 云平台设备参数表

产品 ID					
工位号	设备名称	设备 ID	Lua 名称	鉴权信息（auth_info）	APIKEY
	物联网网关				

注：① 产品 ID、设备 ID 是添加产品和设备时云平台自动生成的编号。
② Lua 名称是上传脚本用户自定义名称，在第 3 步完成后填写。
③ 鉴权信息（auth_info）是用户添加设备自定义的关键参数。
④ APIKEY 是设备添加后用户可以自定义一组或多组设备参数，一般是访问云平台数据流时使用（App 或客户端获取云平台设备数据时使用）。

3. 云平台脚本撰写

按照下面代码在脚本 device_data_analyze 函数中修改用户自定义代码。

```
function device_data_analyze(dev)
local t={}
local a=0
-- 添加用户自定义代码 --
-- 例如： --
local s = dev：size()
    add_val(t,"hex",a,to_hex(dev:bytes(1,s)))-- 16 进制数据直接显示
    if s >=44 then
    if to_shi(dev:bytes(1,2))~="255255" then
    -- 温度
    add_val(t,"Temperature",a,to_shi(dev:bytes(1,1)).."."..to_shi(dev:bytes(2,1)))
    end
    if to_shi(dev:bytes(3,2))~="255255" then
    -- 湿度
    add_val(t,"Humidity",a,to_shi(dev:bytes(3,1)).."."..to_shi(dev:bytes(4,1)))
    end
    if to_shi(dev:bytes(7,2))~="255255" then
    -- 风速
    add_val(t,"Wind_speed",a,to_shi(dev:bytes(7,1)).."."..to_shi(dev:bytes(8,1)))
    end
    if to_shi(dev:bytes(9,2))~="255255" then
    -- 风向
```

```
        add_val(t,"Wind_direction",a,to_shi1(dev:bytes(9,2)))
        end
        if to_shi(dev:bytes(11,2))~="255255" then
        -- 二氧化碳
        add_val(t,"Carbon_dioxide",a,to_shi1(dev:bytes(11,2)))
        end
        if to_shi(dev:bytes(13,2))~="255255" then
        -- PM2.5
        add_val(t,"PM25",a,to_shi1(dev:bytes(13,2)))
        end
        if to_shi(dev:bytes(23,3))~="255255255" then
        -- 光照度
        add_val(t,"Illuminance",a,to_shi1(dev:bytes(23,3)))
        end
    end
    dev: response()
    -- return $1,$2 --
    -- 例如：  --
    return s,to_json(t)
    end
```

按照传感器数据包结构，提取温度、湿度、风速、风向、二氧化碳、PM2.5、光照度传感器数值，并将数据转换为十进制，添加到数据流中。

4. 云平台脚本上传

进入 OneNET 云平台产品中的设备列表中，点击“上传脚本”，自定义脚本名称，选择编辑好的脚本文件，点击“上传”即可。

注意：上传之后应完成第 2 步中“OneNET 云平台设备参数表”中的 Lua 名称一列。

5. 物联网网关云平台参数配置

首先明确各个设备的关键参数，如表 1.2.22 所示。

表 1.2.22　物联网网关云平台参数

参数名称	参数值	说明
服务器 IP	183.230.40.40（默认）	网络服务器 IP（默认为 OneNet 云平台 TCP 透传服务器 IP：183.230.40.40） 注意：如要修改，在工具中输入：183.230.040.040
服务器端口号	1811	网络服务器端口号（默认为 OneNet 云平台 TCP 透传服务器端口号：1811）
产品 ID		OneNe 云平台中对应产品 ID（Product ID）
产品密码		OneNe 云平台中对应设备的鉴权信息
LUA		OneNe 云平台中对应设备的脚本名称

按照第 2 步中的 OneNET 云平台设备参数表对物联网网关进行配置。

设备配置完之后请核实每个参数，如图 1.2.25 所示，无误后断电重启。

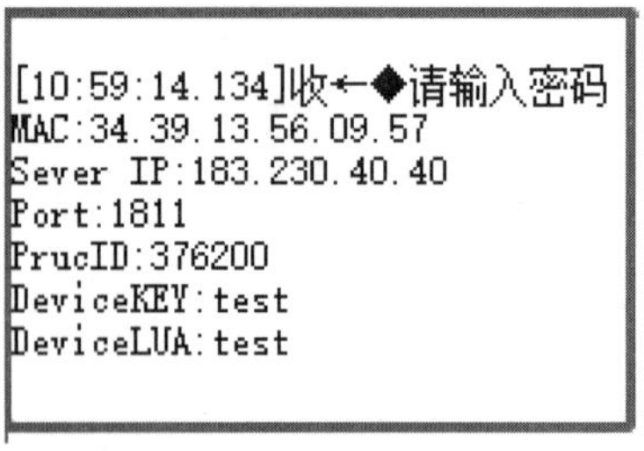

图 1.2.25 物联网网关参数配置示意图

6. 功能调试

配置完后重启设备，保证测试场地移动信号良好。打开云平台，可以看到各个设备此时已经在线。如图 1.2.26 所示，可以观察到云平台接收到传感器上传的实时数据。

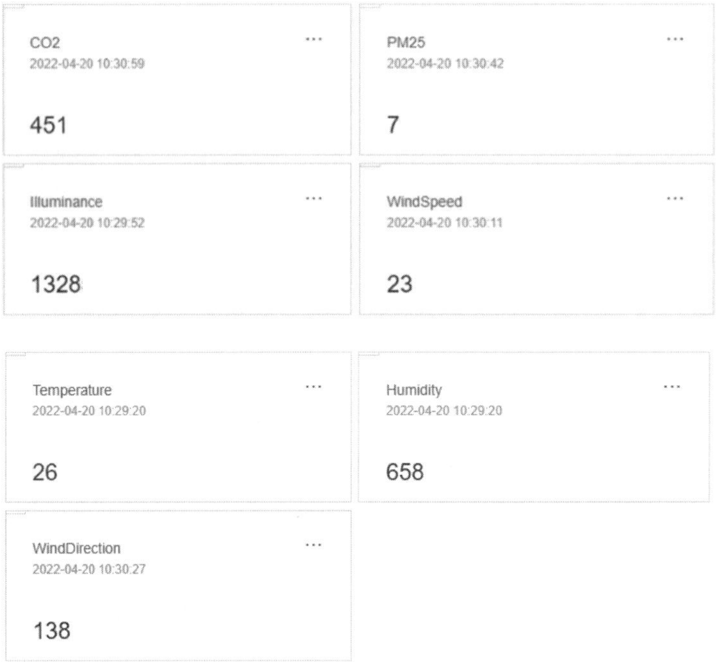

图 1.2.26 物联网云平台数据流

然后可以在“更多操作”处选择下发命令，如图 1.2.27 所示，进行继电器功能调试。

图 1.2.27 下发命令

继电器控制命令：

+++>SJDQx.0：继电器断开；

+++>SJDQx.1：继电器闭合；

如图 1.2.28 所示，发送命令后，能够在智能采集终端上听到继电器吸合与断开的声音。

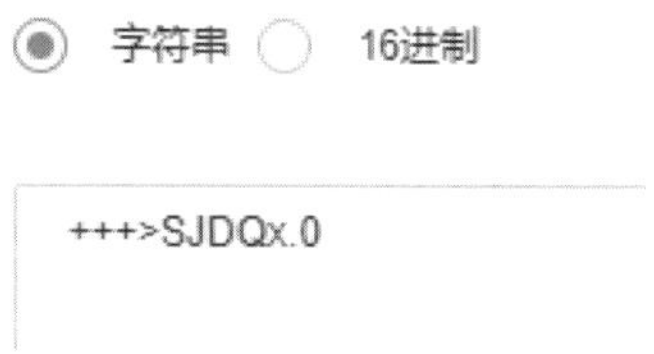

图 1.2.28　继电器控制命令下发

三、任务报告

（一）任务报告要求

（1）详细分析远程系统结构，将所用到的全部设备和工具绘制成设备/工具表，部署远程系统，列出部署过程中遇到的所有问题及其解决办法。

（2）详细记录云平台部署与调试过程，列出部署与调试过程中遇到的问题以及解决方案，思考优化方案；

（二）任务报告评价标准

任务报告评价标准见表 1.2.23。

表 1.2.23　评价标准

项目名称	智慧大棚系统项目设计与实施				
任务名称	智慧大棚系统应用部署与调试				
考核方式	过程考核与任务报告单				
说明	主要评价学生在任务学习过程中的理论知识、操作方式、学习态度、课堂表现、学习能力等				
考核内容与评价标准					
序号	内容	评价标准			评价比例/%
		优秀	良好	合格	
1	基本理论	能完全掌握该任务中所用到的基本理论知识；具有较强的发散思维	能较好掌握该任务中所用到的基本理论知识；具有良好的发散思维	能基本掌握该任务中所用到的基本理论知识；具有较好的发散思维	30
2	实践操作	能熟练使用各种工具查询和收集相关资料，能将系统结构分析清晰，并且提出分析结论；能够按照分析结论进行系统部署。部署过程记录清晰，云平台设备参数记录完整；调试过程记录清晰，有最终调试结果与功能演示	能较熟练使用各种工具查询和收集相关资料，能将系统结构分析清晰；能够按照分析结论进行系统部署。有部署记录和云平台设备参数记录；调试过程记录清晰，有最终调试结果与功能演示	能将系统结构分析清晰；能够按照分析结论进行系统部署。有部署记录和云平台设备参数记录；调试过程记录清晰，有最终调试结果与功能演示	30
3	核心能力	具有良好的项目方案设计思维；具有严谨的科学态度	具有较好的项目方案设计思维；具有良好的科学态度	具有较好的项目方案设计思维；具有较好的科学态度	10
4	学习态度	具有良好的自主学习能力，能主动分析解决问题，勤学好问	具有较好的学习能力，具有一定分析解决问题的能力	能主动学习，能配合小组分析和解决问题	10
5	小组评价	具有良好的团队合作能力和团队沟通交流能力，热心帮助小组成员解决问题	具有较好的团队合作能力和团队沟通交流能力，能帮助小组成员解决问题	具有一定的团队合作能力和团队沟通交流能力，能配合小组成员完成任务	10
6	教师评价	涵盖以上所有内容	涵盖以上所有内容	涵盖以上所有内容	10
合计					100

项目拓展训练

本任务通过在前面任务基础上自行增加其他环境监测传感器终端，实现更为完善的大棚控制系统。本任务只提供系统设备结构图，学生自行完成设备部署安装、综合布线、功能测试等工作；只提供数据采集流程图，学生自行完成传感器数据采集并上传至云端，自行增加传感器数据解析脚本进行数据流展示。最后对项目进行总结。

【任务目标】

（1）掌握如何在原有项目中进行扩展的基本思路及方法。

（2）进一步巩固嵌入式编程进行数据采集的方法。

（3）对相关知识及技能进行巩固。

一、拓展方向与目标

1. ZigBee 自组网网络拓扑结构改为树形结构

（1）针对多个 ZigBee 设备组网的情况。

（2）改为树形结构时，注意设置设备类型。

（3）改为树形结构时，注意 ZigBee 的地址设置。

2. 增加其他传感器

（1）可增加其他传感器，如项目 1 中的空气传感器等。

（2）多个传感器连接多个 ZigBee 终端设备。

（3）需在传感器处理函数中计算新的传感器数值，并判断。

（4）按照传感器类型列表，增加传感器读取命令。

二、项目思考与总结

巩固训练：

（1）简述 RS-232 接口与 RS-485 接口的定义及区别。

（2）简述 OneNET 云平台的添加设备方法和脚本解析方法。

（3）简述 ZigBee 的组网方式和配置方法。

（4）简述 ModBus 传感器配置及测试流程。

（5）简述大棚无线监测控制系统的应用场景。

（6）简述大棚无线监测控制系统的工作流程。

项目 3　水产养殖系统项目设计与实施

项目描述

【应用场景引导】

场景：水产养殖

水产养殖业是人类利用可供养殖（包括种植）的水域，按照养殖对象的生态习性和对水域环境条件的要求，运用水产养殖技术和设施，从事水生经济动、植物养殖等活动。

水产养殖系统能够实现实时水质环境的远程监测，并能够实现水温水位等养殖环境的自动控制，有利于提高生产质量和提高养殖对象的产量，能极大方便养殖人员对水产养殖中的养殖环境的监测与管理。

【功能目标】

（1）实现云端实时监测室内水环境数据（pH、电导率、水位、溶解氧等）。

（2）实现云端远程实时控制养殖系统。

（3）实现养殖系统根据水环境情况自动控制相关设备（水泵、增氧泵等）。

【能力目标】

（1）了解常用水环境监测传感器的种类、外形、接口及应用环境等。

（2）掌握水质 pH 值、水位、电导率、水温等传感器的安装、配置、测试和应用部署。

（3）了解 LoRa 低功耗无线网络及其基本部署方法。

（4）掌握 LoRa 数据终端的安装、配置、测试、应用部署等。

（5）掌握基于嵌入式终端的传感器数据采集编程、继电器控制编程等。

（6）了解物联网云平台在应用中的作用及意义。

（7）掌握物联网 OneNET 云平台基本使用方法（注册、登录、产品/设备添加等）。

【知识目标】

（1）了解模拟传感器及数据采集和数据计算方法。

（2）掌握 LoRa 低功耗无线通信技术、数据传输等。

（3）掌握智能采集终端单片机进行模拟型传感器数据采集、继电器控制编程等。

（4）掌握物联网云平台 TCP 数据传输、脚本撰写及上传、数据流展示等。

【任务目标】

（1）水产养殖系统方案设计。

（2）水产养殖系统硬件配置与测试。

（3）水产养殖系统应用部署与调试。

（4）水产养殖系统远程实时监控系统部署。

关键技术

一、LoRa 无线通信技术

（一）LoRa 无线通信技术概述

LoRa 的全称是远距离无线电（Long Range Radio），作为一种线性调频扩频的调制技术，最早由法国几位年轻人创立的一家创业公司 Cycleo 推出，2012 年 Semtech 收购了这家公司，并将这一调制技术封装到芯片中，基于 LoRa 技术开发出一整套 LoRa 通信芯片解决方案，包括用于网关和终端上不同款的 LoRa 芯片，开启了 LoRa 芯片产品化之路。

Smetech 公司在 2013 年发布了这种低功耗超远距离传输的新型无线通信技术。2015 年 3 月，由 Smetech 公司主导在巴塞罗那世界移动通信大会上成立了 LoRa 联盟，联盟成员共同推动 LoRa 技术和 LoRaWAN 协议发展。

在此后的发展历程中，由于多家厂商发起的 LoRa 联盟，以及推出不断迭代的 LoRaWAN 规范，催生出一个全球数百家厂商支持的广域组网标准体系，从而形成广泛的产业生态。

LoRa 是 LoRaWan 的一个子集，属于物理层的一种调制技术，采用线性调制扩频的方式，能显著提高接收灵敏度，实现了比其他调制方式更远的通信距离。

1. 工作频段

如图 1.3.1 所示，LoRa 工作在 433/470 ~ 510 MHz、868 MHz 和 902 ~ 928 MHz 频段。

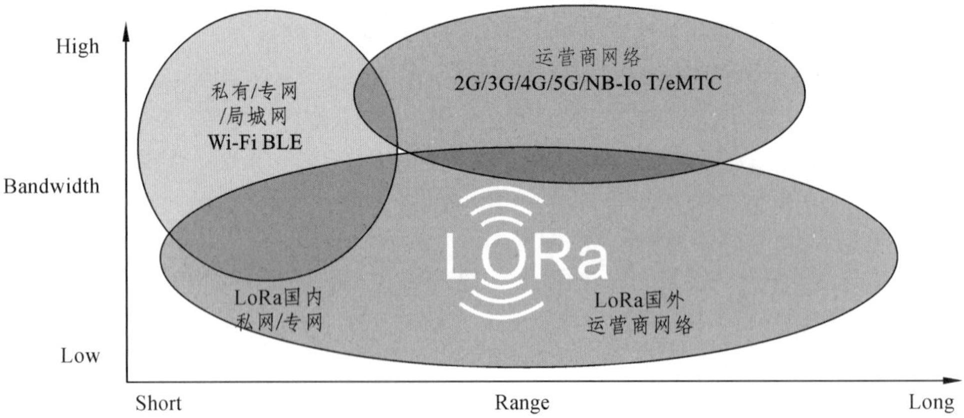

图 1.3.1　LoRa 技术带宽图

2. 传输距离

LoRa 采用基于线性广频的调制解调技术。链路预算高达 157 dB，可以实现超远距离传输。具体的传输距离由实际部署环境决定，郊区可以达到 15 ~ 22 km，城区可以达到 3 ~ 8 km。

3. 抗干扰性

LoRa 扩频调制器有 7 种不同的扩频因子（6 ~ 12），通过扩频技术可以有效地增强 LoRa 信号的抗干扰性，提高信号的穿透能力，应用场景可延伸至地下通道或地下停车场等较密闭环境。

4. 前向纠错技术

LoRa 采用前向纠错技术，在编码阶段引入冗余信息用于接收端在接收时及时纠正传输过程中产生的错误，以此提高数据传输的可靠性。

5. 网络容量

LoRaWAN 协议中采用典型的星形拓扑结构，一个 LoRa 网关可以同时连接数万个终端。

6. 低功耗

LoRa 的接收电流可低至 10 mA，处于休眠状态时电流低于 200 nA，采用电池供电的方式，电池使用年限可达 10 年以上。

（二）LoRaWAN 系统组成

1. LoRaWAN 参考模型

LoRa 只是一个物理层的调制技术，现在市面上的所有 LoRa 芯片，只是完成简单的物理层工作。而市场上 Wi-Fi、2G、3G、NB-IoT 等其他芯片，都是带有自身协议栈的，如图 1.3.2 中标准 OSI 模型中的网络层 + 数据链路层 + 物理层。LoRaWAN 协议栈模型如图 1.3.3 所示。

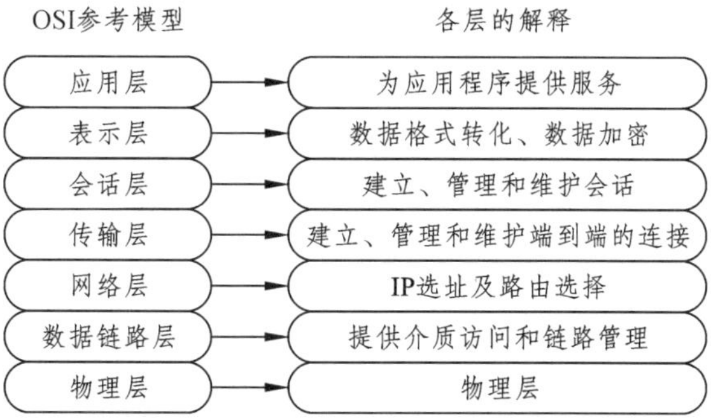

图 1.3.2　标准 OSI 参考模型

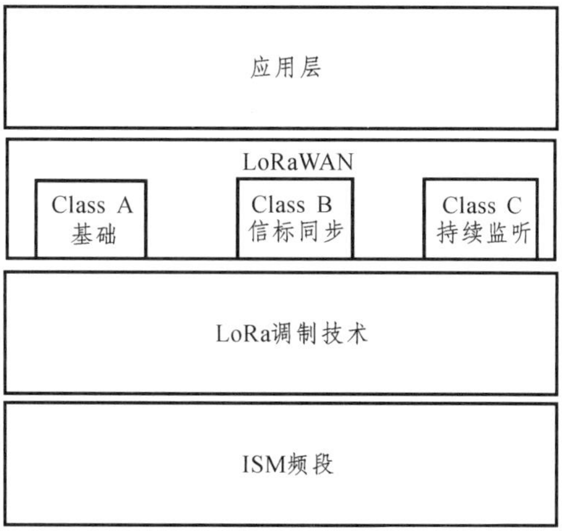

图 1.3.3　LoRaWAN 协议栈模型

LoRa 物理层采用线性 Chirp 扩频调制技术，解调时使用前向纠错技术，灵敏度高达 − 148 dBm，相比于目前业界广泛使用的 Sub-GHz 芯片，LoRa 的接收灵敏度至少提高了

20 dB，且不需要使用温补晶振。相比于传统的 OOK 或 FSK 调制技术，LoRa 技术不仅提高了无线通信距离，扩大覆盖范围，而且还增强了信号的抗干扰性。

2. LoRaWAN 的系统组成与终端工作模式

如图 1.3.4 所示，LoRaWAN 的网络实体分为四个部分：终端节点、网关、LoRaWAN 服务器和用户服务器。

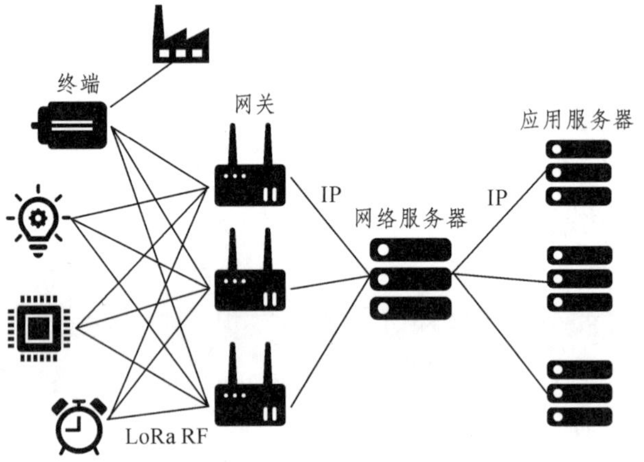

图 1.3.4　LoRaWAN 的网络实体组成

LoRaWAN 支持三种终端工作模式：Class A、Class B 和 Class C。LoRaWAN 要求所有的终端设备必须支持 Class A 模式，另外两种模式可选择性支持。三种工作模式的区别主要在于对终端接收下行数据窗口的划分。

1）Class A

Class A 模式下，终端在发送上行数据结束后会开放两个接收窗口等待接收下行数据，各窗口的开放时间可以通过调整时延来控制。这种模式下，终端设备只有每次上传数据后的固定时间内才能接收数据，网络服务器不能随时向终端下发数据。

2）Class B

Class B 模式下，网关每 128 s 会广播一次 Beacon（信标），终端节点接收该信标用于时间同步。

3）Class C

Class C 模式和 Class A 模式一样设有两个接收窗口，差别在于终端没有数据上传的情况下也会一直开放下行接收窗口。

3. LoRa 网络拓扑结构

1）星形组网

星形组网由中心节点和终端节点组成。如图 1.3.5 所示，中间的深灰色圈就是中心节点，外部的浅灰色圈属于终端节点。

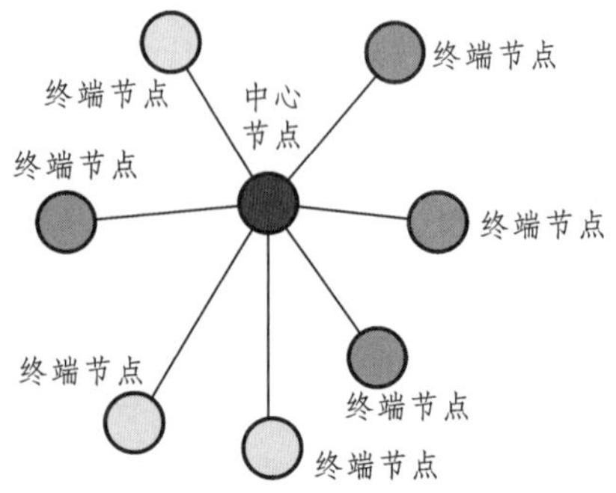

图 1.3.5　LoRa 网络的星形拓扑结构

中心节点：相当于一个网关，也是数据的处理中心。

终端节点：相当于探测器配件，如遥控器、无线门磁、烟感、燃气探测器等。

注意：

（1）中心节点和终端节点都要支持 LoRa 通信，而且通信的参数必须一致，包括频率、数据速率、射频因子等。

（2）操作中心节点（网关），让其进入配对模式。再触发终端节点（无线遥控器、门磁等）发送 LoRa 无线数据，网关收到无线通信的数据，解析获取终端节点的设备地址，并存储在中心节点的内存中。

（3）上一步操作成功，表示终端节点的设备地址已被中心节点保存，再次触发终端节点发送 LoRa 无线数据，网关就可以识别，并解析终端数据。

星形组网的缺点：

（1）一个终端节点连续发送数据，会直接影响其他终端节点与中心节点的通信，可能导致其他终端节点无法正常与中心节点进行通信。

（2）因中心节点同一时间点，只能接收一个终端节点的数据，如果多个终端节点同时传输数据，可能会导致数据丢失。

（3）如果采用中心节点轮询查询的方式：由于终端节点没有主动发送数据的功能，必须要经过中心节点询问后才能发送数据，因此，还没有被轮询到的终端节点即使有数据也不能立即发送；网络中的终端节点越多，中心节点轮询完一次终端节点所需要的时间越多，网络延迟越大。

2）Mesh 组网

如图 1.3.6 所示，在 Mesh 无线网络中，设备分为三类：Mesh 网关、Mesh 路由器和 Mesh 终端节点。

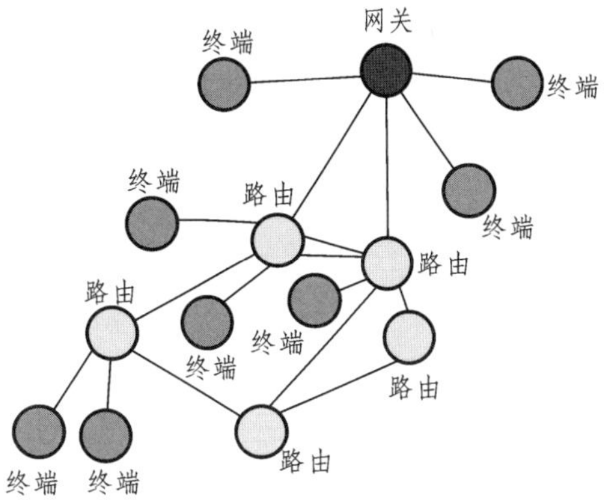

图 1.3.6　LoRa 网络的网状拓扑结构

Mesh 网关：和星形组网的中心节点一样，无线数据的接收处理中心。

Mesh 路由器：具有无线数据中继功能。

Mesh 终端节点：特点是电池供电，需要进入休眠状态，无中继功能，如无线门磁。

Mesh 组网的优点：可以极大地延长无线数据的传输距离。

Mesh 组网的缺点：算法复杂，开发难度大，对终端节点的安装布局要求高，容易出现无线数据干扰和碰撞。

在终端设备较少，传输距离近时，建议使用星形组网，开发简单，稳定性高。在传输距离远，探测器分布比较分散的情况下，建议使用 Mesh 组网。

二、LoRa 无线数据传输

LoRa 有两种数据传输方法：透明传输（不会改变数据，模块之间相当于串口线）和点对点传输。

（1）透明传输的特点：① 一个 LoRa 网关从串口收到的数据，会原封不动地发送到所有的 LoRa 终端，并从 LoRa 终端串口输出；② LoRa 终端从串口收到的数据，会原封不动地发送到 LoRa 网关，并从 LoRa 网关串口输出。

（2）点对点传输的特点：① 可在一个 LoRa 网络内点对点发送到任何节点；② 可使用目标地址进行发送，或在 LoRa 网络内广播发送到所有节点。

1. 透明传输

透明传输模式下数据的传输过程不影响数据的内容，所发即所收。透明传输模式的优势在于可实现两个 LoRa 数传终端即插即用，无须任何数据传输协议。

1）通信过程

如图 1.3.7 所示，在透明传输通信过程中，串口设备 1 的数据经过 LoRa 数传终端 A 将原始数据发送给 LoRa 数传终端 B，其过程中不经过任何数据加工或加密，最终 LoRa 数传终端 B 将数据原封不动发送给串口设备 2，完成数据的透明传输。

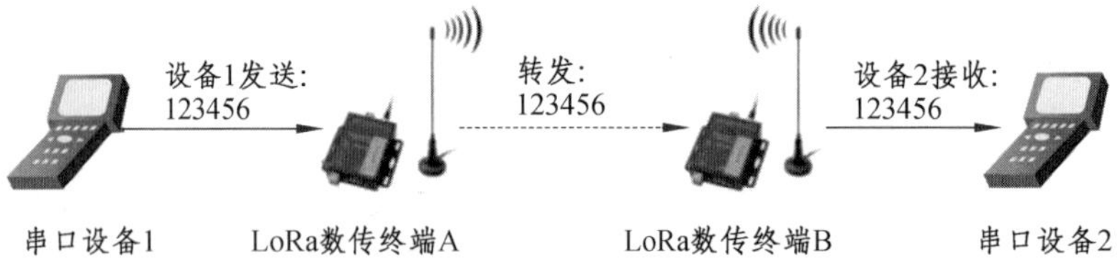

图 1.3.7　透明传输的过程

2）参数设置

通信双方需使以下三个参数值保持一致：

（1）速率等级相同（SPD）。

（2）信道一致（CH）。

（3）目标地址（ADDR）相同或为广播地址（65535）。

注意：

① LoRa 数传终端可收到同速率、信道、目标地址下的所有 LoRa 数传终端发出的数据，故在处理应用层逻辑时，注意做好协议的容错处理。

② 若将 LoRa 数传终端的目标地址设为广播地址，则其他同速率、同信道的 LoRa 数传终端均可接收到此 LoRa 数传终端发送的数据。

2. 点对点传输

定点模式可以在发送数据时灵活地改变目标地址和信道。在透明传输的基础上将发送数据的前 2 字节作为目标地址（高位在前），第 3 字节作为信道，发射时 LoRa 数传终端改变目标地址和信道，发送后恢复原有状态。

1）通信过程

如图 1.3.8 所示，当一台 LoRa 数传终端 A[目标地址（ADDR）：88；信道（CH）：72]想向另一台 LoRa 数传终端 B[目标地址（ADDR）：888；信道（CH）：70]发送数据 DATA（123456），

则只需要按照十六进制发送（03 78 46 31 32 33 34 35 36），则 LoRa 数传终端 B 接收到数据（31 32 33 34 35 36）。

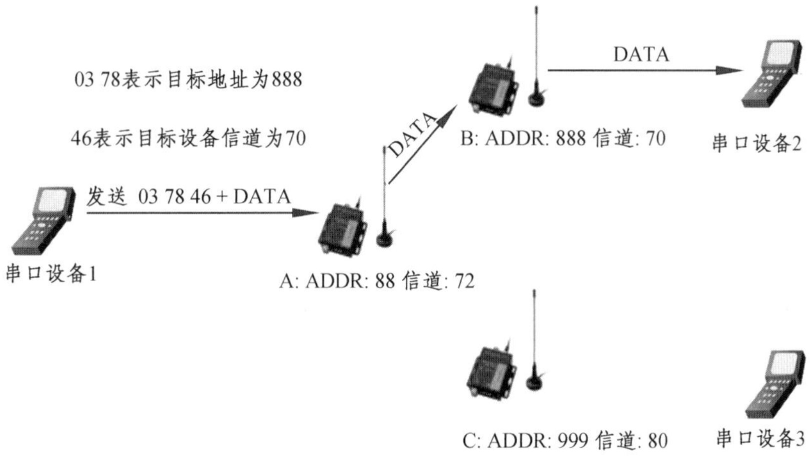

图 1.3.8　点对点传输过程

2）参数设置

通信双方需使以下参数值保持一致：

速率等级相同（SPD）。

3. 主从模式

主从模式下分主机和从机，主机需按照协议格式给组中 LoRa 数传终端发送数据，从机只向主机上报数据（无须遵循数据传输协议），为减小丢包率，主从模式下设有数据重发机制，重发次数可设。

1）通信过程

当一台主机 M[目标地址（ADDR）：默认]向一台从机 S_1[目标地址（ADDR）：88]发送数据 DATA（123456），则只需要按照十六进制发送（00 58 31 32 33 34 35 36），则从机 S_1 接收到数据（31 32 33 34 35 36）；从机 S_2 向主机 M 直接发送 DATA（31 32 33 34 35 36），主机 M 收到数据 DATA（31 32 33 34 35 36）。通信过程如图 1.3.9 所示。

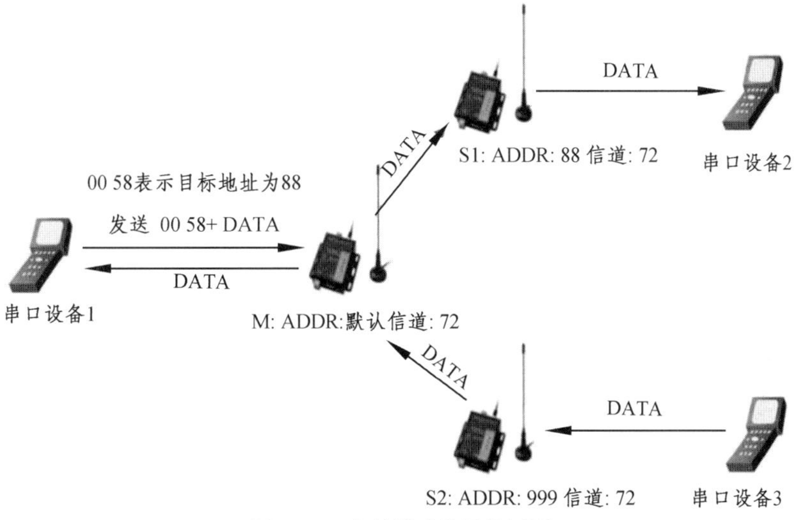

图 1.3.9　主从模式的通信过程

2）参数设置

通信双方需满足 3 个条件：

（1）速率等级相同（SPD）。

（2）信道一致（CH）。

（3）各个从机目标地址（ADDR）必须设置为不同，主机为默认值即可。

注意：不同主机的速率、信道搭配方式必须保证不同。

任务实施

任务 1　水产养殖系统方案设计

【任务描述】

本任务为系统总体方案设计，包含案例分析、关键产品介绍、软硬件方案设计三大部分，通过完成本任务，让读者对室内养殖系统的设计与实施有一个整体的认知，并养成良好的方案设计习惯。

【任务目标】

（1）了解养殖产业市场和水产养殖监测系统市场环境。

（2）掌握养殖系统关键产品选型方法，考虑选型的参数问题。

（3）掌握养殖系统应用方案设计方法。

一、案例分析

水资源管理在水产养殖智慧应用中扮演重要角色。如图 1.3.10 所示案例，借助传感器元件搜集水中溶氧量、温度、有机物质含量、酸碱值等数据，智能监控水体环境状况，并可进一步控管如水车增氧机、空气压缩机等机电设备，形成完整的水产养殖体系。

为导入智慧科技解决方案与数据分析，提升水产产品价值，优化产销管理模式，某水产养殖基地部署一套水产养殖系统，通过传感器监测养殖基地水温、水位、水质 pH 值、水质电导率等参数，通过数据分析辅助决策，有效精简劳动力，并进一步提升水产养殖的经济效益。

图 1.3.10　案例分析

二、方案设计

（一）系统架构设计

项目系统架构如图 1.3.11 所示，水产环境传感器连接到 LoRa 设备组成 LoRa 无线网络，传感器数据通过 LoRa 网络上传到物联网网关，物联网网关通过互联网上传到云平台。

云平台根据感知到的数据，通过物联网网关对连接到其上的继电器下发命令，进而控制执行设备，即水产环境调节执行设备及时调节水产环境参数。

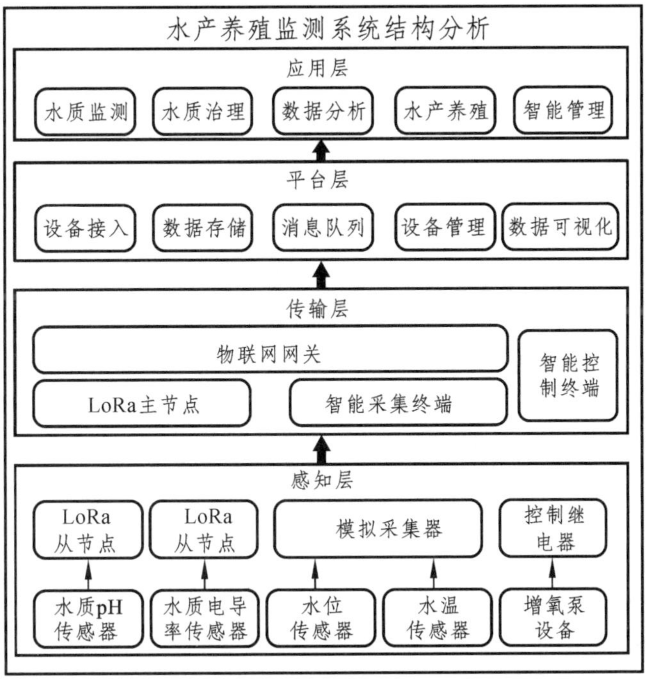

图 1.3.11　水产养殖系统架构设计

（二）硬件方案设计

在硬件方案设计过程中应考虑电源问题、接口问题、尺寸问题等。

参考硬件方案设计如图 1.3.12 所示。

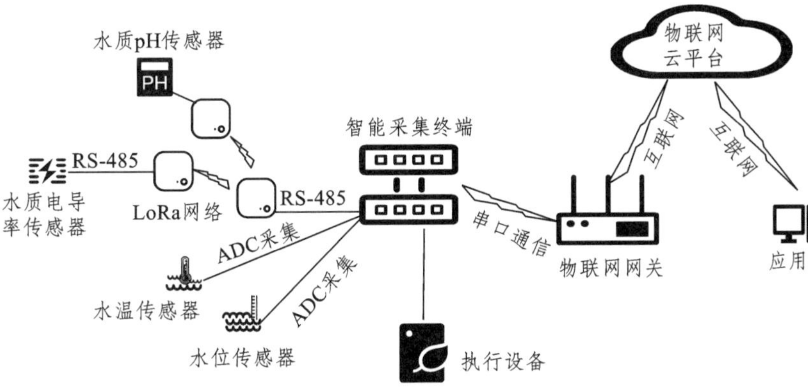

图 1.3.12　水产养殖系统硬件方案设计

如图 1.3.12 所示，在水产养殖系统硬件方案设计中，采用物联网网关与智能采集终端分离的方案，即智能采集终端用于采集传感器数据和控制执行设备，物联网网关用于协议转换与数据传输；其中，水质 pH 传感器和水质电导率传感器通过 RS-485 总线与 LoRa 终端节点连接，LoRa 终端节点与 LoRa 中心节点组成 LoRa 网络；LoRa 中心节点与智能采集终端通过 RS-485 连接；水温传感器和水位传感器通过 ADC 采集连接到智能采集终端；执行设备，即治理设备通过继电器连接到智能采集终端；智能采集终端与物联网网关间采用串口通信。

（三）系统运行逻辑方案

在硬件方案设计完成后进行软件方案设计。

参考系统运行逻辑方案如图 1.3.13 所示。

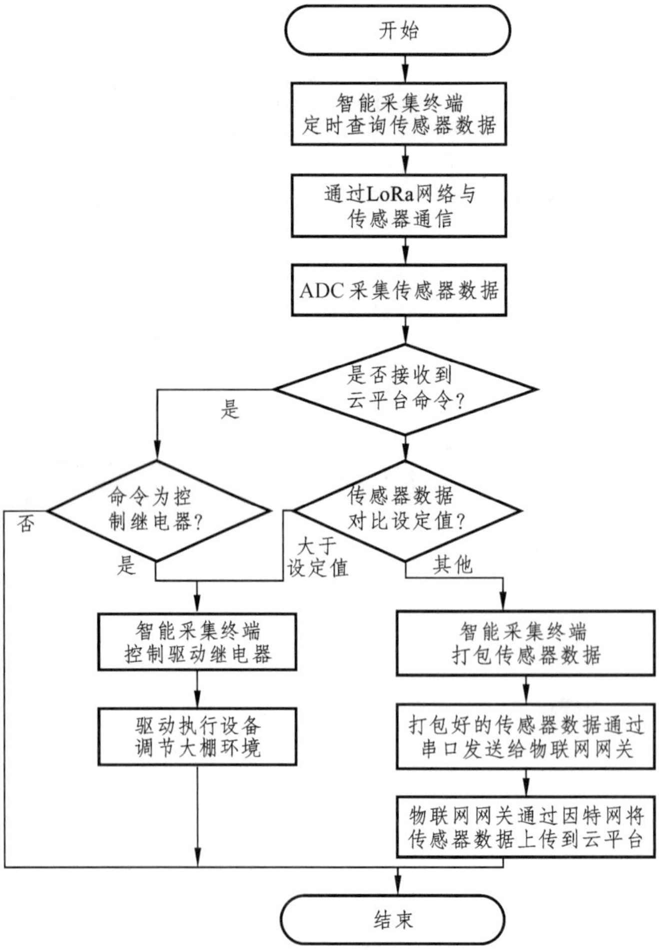

图 1.3.13　水产养殖系统运行逻辑方案设计

其中，水产养殖系统通过智能采集终端对水产环境传感器数据定时查询，RS-485 型传感器查询命令和接收传感器数据均通过 LoRa 网络完成，AD 型传感器数据查询通过 ADC 采集完成；智能采集终端判断是否接收到云平台命令，若未接收到命令，且接收到传感器数据后，与设定值进行比对，通过算法确定是否启动或关闭水产环境调节设备；若接收到命令，则判断命令是否为控制继电器，若是，则控制继电器驱动执行设备；若不是，则结束。

智能采集终端将查询到的传感器数据打包后通过串口上传物联网网关，物联网网关通过因特网将传感器数据上传到云端，我们便可以通过移动设备访问云端的方式随时随地查看当前传感器数据，随时随地可以监测水产环境状况；可以根据当前状态在云端下发命令，智能采集终端借助网关接收到命令后，通过解析命令内容，确定是否启动或关闭水产环境调节执行设备。

三、关键设备选型

（一）水质监测传感器

水质监测是保证用水安全和水污染治理不可或缺的环节，水质检测参数为用水安全和水污染治理提供数据支撑。目前水质主要监测 pH 值、溶解氧、电导率、浊度和温度等参数。

下面以水质 pH 值传感器为例，介绍水质监测传感器设备选型方法。

水质 pH 传感器是用来检测水质的传感器，单位为 pH。

1. 选型要求

（1）传感器电源供电为 DC 12 V 电源。

（2）通信协议为 ModBus 通信协议。

（3）传感器量程：0 ~ 14 pH。

（4）传感器精度：±0.5 pH。

（5）传感器响应时间：<15 s。

2. 设备选型表

请参照选型要求，查阅相关资料，完成设备选型表 1.3.1。

表 1.3.1　水质 pH 值传感器设备选型表

<table>
<tr><td colspan="4">水质 pH 值传感器选型表</td><td>日期：</td></tr>
<tr><td>注意</td><td colspan="4">1. 除以下选型参数外，还应考虑安装尺寸和供电；
2. 通常大量程精度稍低，小量程精度较高</td></tr>
<tr><td>型号</td><td>检测原理</td><td>传感器技术参数</td><td>应用领域</td><td>价格</td></tr>
<tr><td>SKU:SEN0169</td><td>电化学</td><td>电源：DC 5 V；
输出信号：模拟电压输出；
量程：0 ~ 14 pH；
分辨率：0.1 pH；
响应时间：≤1 min</td><td>养殖行业、电子机械、印制染印</td><td>价格较贵</td></tr>
<tr><td>PH-1-2-3</td><td>电化学</td><td>电源：DC 7 ~ 30 V；
输出信号：RS-485 输出；
量程：0 ~ 14 pH；
分辨率：0.02 pH；
响应时间：8 ~ 14 s</td><td>环境检测、冶炼钢铁、石油化工</td><td>价格便宜</td></tr>
<tr><td>JXBS-3001-PH</td><td>电化学</td><td>电源：DC 12 ~ 24 V；
输出信号：RS-485 输出；
量程：0 ~ 14 pH；
分辨率：0.01 pH；
响应时间：≤15 s</td><td>科研机构、污水处理、大学实验室</td><td>价格适中</td></tr>
<tr><td colspan="5">选择传感器型号为：JXBS-3001-PH。
选型理由：传感器技术参数符合选型要求，价格适中，品牌知名</td></tr>
</table>

经过选型，最终选择传感器型号为 JXBS-3001-PH。下面介绍该传感器的具体参数。

图 1.3.14 所示为 JXBS-3001-PH 水质 pH 值传感器外观，水质 pH 传感器外表采用标准的“王字”外壳结构，采用 M4 螺丝螺母安装，其技术参数表如表 1.3.2 所示。

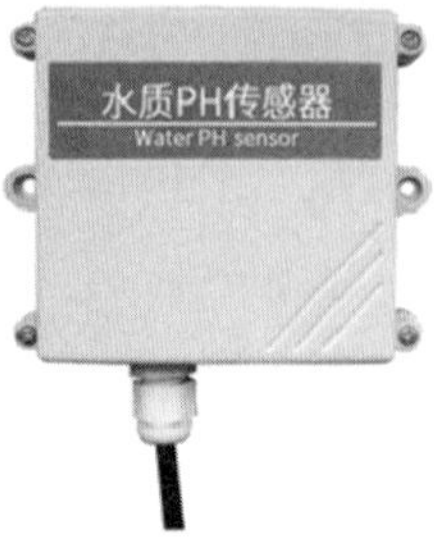

图 1.3.14　JXBS-3001-PH 水质 pH 值传感器外观

表 1.3.2　水质 pH 值传感器参数表

参数名称	参数内容
直流供电	DC 12～24 V
最大功耗	≤0.15 W（DC 12 V，25 °C）
输出信号	RS-485 输出/4～20 mA/0～10 V
响应时间	≤15 s
测量精度	±0.5 pH
pH 测量范围	0～14 pH
pH 测量分辨率	0.01 pH（默认）
温度补偿	−20～+80 °C（手动/自动）

其他水质监测传感器设备选型按照表 1.3.3 的设备选型参数要求，参照水质 pH 值传感器的选型步骤和选型方法完成设备选型表。

表 1.3.3　水质监测传感器设备选型参数要求表

序号	传感器名称	传感器技术参数	其他说明
1	水质电导率传感器	1）传感器电源供电为 DC 12 V； 2）通信协议为 ModBus 通信协议； 3）传感器量程：0～200 μs /cm； 4）传感器分辨率：0.001 μs /cm； 5）传感器响应时间：<15 s	水质电导率传感器是用来检测水质的传感器，单位为 μs/cm
2	水位传感器	1）传感器电源供电为 DC 12 V； 2）输出信号：4～20 mA； 3）传感器量程：0～100 m； 4）传感器精度：0.5 级； 5）传感器响应时间：<5 s	水位传感器是用来检测水质的传感器，单位为 m
3	水温传感器	1）传感器电源供电为 DC 12 V； 2）输出信号：4～20 mA； 3）传感器量程：0～200 °C； 4）传感器分辨率：0.1 °C； 5）传感器响应时间：<15 s	水温传感器是用来检测水质的传感器，单位为 °C

（二）LoRa 设备

LoRa 设备选型参数要求如表 1.3.4 所示，请参照选型要求，查阅相关资料，完成设备选型表。

表 1.3.4　LoRa 设备选型参数表

序号	名称	技术参数	其他说明
1	LoRa 数传终端	1）电源供电为 DC 12 V； 2）支持 LoRa 协议转 ModBus 协议； 3）支持自动组网，支持自定义 PANID、信道等参数配置； 4）工作运行环境：温度为 − 30 ~ + 80 °C，湿度为 0 ~ 100%RH	LoRa 设备是指一类采用基于扩频技术的超远距离无线传输解决方案的设备。LoRa 通信终端是一个支持点对点通信协议的低频半双工 LoRa 数传终端，工作的频段为：398 ~ 525 MHz。使用串口进行数据收发，降低了无线应用的门槛，可实现一对一或一对多通信

（三）网关设备

物联网网关设备选型参数要求如表 1.3.5 所示，请参照选型要求，查阅相关资料，完成设备选型表。

表 1.3.5　物联网网关设备选型参数表

序号	名称	技术参数	其他说明
1	物联网网关	1）电源供电为 DC 12 V； 2）拥有至少 1 组 RS-485 接口、1 组 RJ45 接口、1 组 RS-232 接口； 3）要求支持 OneNET 云平台	物联网网关拥有多种接口，可连接不同协议的数据采集设备，在配置好网关后，将采集设备传输的数据转换为 TCP/IP 数据包上传到指定云平台服务器

四、任务报告

（一）任务报告要求

（1）设计系统架构，写明系统架构所有设备名称，并说明其作用；绘制经过实验验证、完善后的系统框架图。

（2）设计硬件方案，写明硬件方案所有硬件设备名称，并说明其作用；绘制经过实验验证、完善后的硬件方案图，列出设计参考资料。

（3）设计系统运行逻辑方案，绘制经过实验验证、完善后的系统运行逻辑方案流程图；编写设计说明、使用说明。

（4）关键设备选型，绘制所用提及设备选型表；列出选型参考资料。

（二）任务报告评价标准

任务报告评价标准见表 1.3.6。

表 1.3.6　评价标准

项目名称	水产养殖系统项目设计与实施				
任务名称	水产养殖系统方案设计				
考核方式	任务报告单				
说明	主要评价学生在任务学习过程中的理论知识、操作方式、学习态度、课堂表现、学习能力等				
考核内容与评价标准					
序号	内容	评价标准			评价比例/%
		优秀	良好	合格	
1	基本理论	能完全掌握该任务中所用到的基本理论知识；具有较强的发散思维	能较好掌握该任务中所用到的基本理论知识；具有良好的发散思维	能基本掌握该任务中所用到的基本理论知识；具有较好的发散思维	30
2	实践操作	能独立完成系统架构设计，且设计完整、合理；能够根据需求完成全部功能设计。硬件方案设计合理，电气、线路等设计无误。系统运行逻辑方案设计完整，无明显逻辑错误。设备选型参数对比，选型理由充分合理	能完成系统架构设计，且设计完整、合理；能够根据需求完成全部功能设计。硬件方案设计合理，电气、线路等设计无误。系统运行逻辑方案设计完整，无明显逻辑错误。设备选型参数对比，选型理由充分合理	能配合小组完成系统架构设计，且设计完整、合理；能够根据需求完成功能设计。硬件方案设计合理，电气、线路等设计无误。系统运行逻辑方案设计完整，无明显逻辑错误。设备选型参数对比，选型理由充分合理	30
3	核心能力	具有良好的项目方案设计思维；具有严谨的科学态度	具有较好的项目方案设计思维；具有良好的科学态度	具有较好的项目方案设计思维；具有较好的科学态度	10
4	学习态度	具有良好的自主学习能力，能主动分析解决问题，勤学好问	具有较好的学习能力，具有一定分析解决问题的能力	能主动学习，能配合小组分析和解决问题	10
5	小组评价	具有良好的团队合作能力和团队沟通交流能力，热心帮助小组成员解决问题	具有较好的团队合作能力和团队沟通交流能力，能帮助小组成员解决问题	具有一定的团队合作能力和团队沟通交流能力，能配合小组成员完成任务	10
6	教师评价	涵盖以上所有内容	涵盖以上所有内容	涵盖以上所有内容	10
合计					100

任务 2　水产养殖系统硬件配置与测试

【任务描述】

本任务为 LoRa 无线自组网网络设计部署部分，涉及 LoRa 网络的具体部署方法和 LoRa 自组网数据传输调试方法。

通过对水质 pH 传感器、水质电导率传感器、水温传感器、水位传感器等传感器的安装、配置、测试等操作，实现对水产环境数据进行实时采集，为后续水产养殖系统应用部署和水产养殖系统云平台部署提供数据支持。

【任务目标】

（1）了解 LoRa 无线自组网网络拓扑设计。

（2）掌握 LoRa 数据终端的部署和功能调试方法。

（3）掌握 LoRa 网络数据传输方式和测试方法。

（4）了解水环境指标、水环境传感器相关概念。

（5）掌握传感器安装部署、配置修改、数据采集及测试方法。

（6）学会使用通过串口工具或者传感器专门测试工具对传感器进行配置及测试。

一、LoRa 配置与测试

（一）网络传输结构分析

图 1.3.15 所示为低功耗无线远程传输水产养殖系统的网络拓扑，采用星形结构，LoRa 设备之间采用数据透明传输。其中，包含一个 LoRa 中心节点和一系列的 LoRa 终端节点。每一个 LoRa 终端节点只能和 LoRa 中心节点进行通信。传感器探测的数据通过 LoRa 终端节点传输到 LoRa 中心节点，LoRa 中心节点再将数据传输给网关，网关通过 Internet 上传到云平台，云平台对水产养殖地的各项环境数据监测。

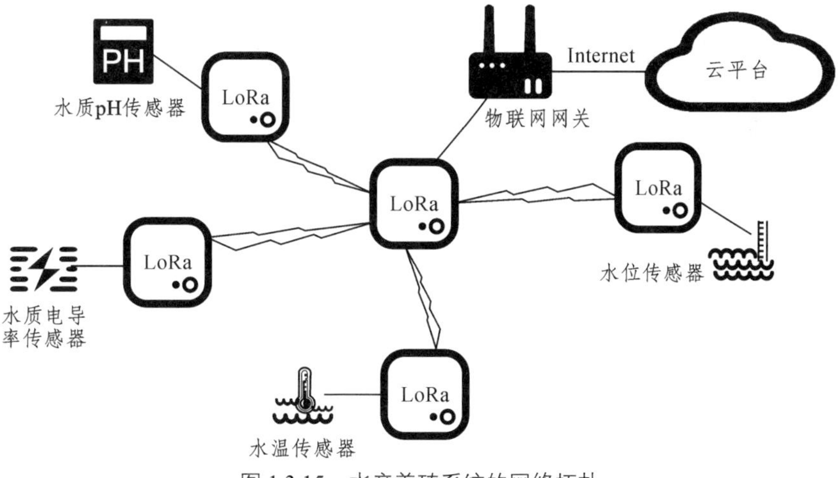

图 1.3.15　水产养殖系统的网络拓扑

（二）LoRa 数据终端组网配置

1. LoRa 数据终端接口认知

图 1.3.16 为 LoRa 数据终端接口示意图，LoRa 数据终端共有 5 个接口，分别是 VCC、GND（用于设备供电），RS-485-B、RS-485-A（用于采集 RS-485 接口类型传感器数据），RS-232 接口（用于配置数据终端）。表 1.3.7 对 LoRa 数据终端各个接口进行了详细说明。

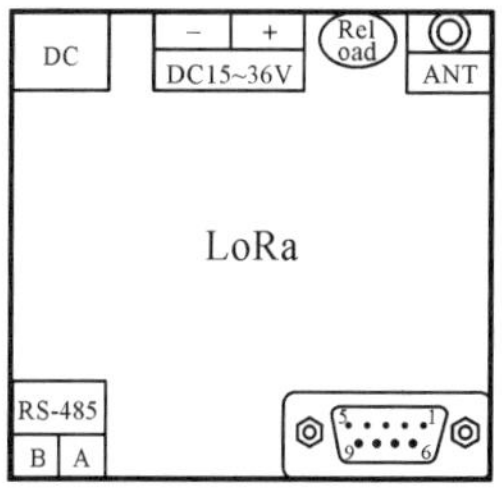

图 1.3.16　LoRa 数据终端接口示意图

表 1.3.7　LoRa 数据终端接口参数

	标准定义	功能	说明
1	VCC	电源正	直流 8～28 V，推荐使用 12 V 或 24 V
2	GND	电源负	电源负极与系统地、外壳相连接
3	RS-232	RS-232 接口	LoRa 数传终端的串口为公口（针）
4	RS-485-B	串口端子	外接其他 RS-485 设备的 B 端
5	RS-485-A	串口端子	外接其他 RS-485 设备的 A 端

2. LoRa 数据终端连接

图 1.3.17 为 LoRa 数据终端配置硬件连接示意图，LoRa 设备电源接口为 5.5 mm × 2.1 mm 标准 DC 电源接口，输入电压 DC 5～36 V，另外支持 5.08 × 2P 螺钉式接线端子接入电源，用串口交叉线和串口转 USB 线连接计算机。

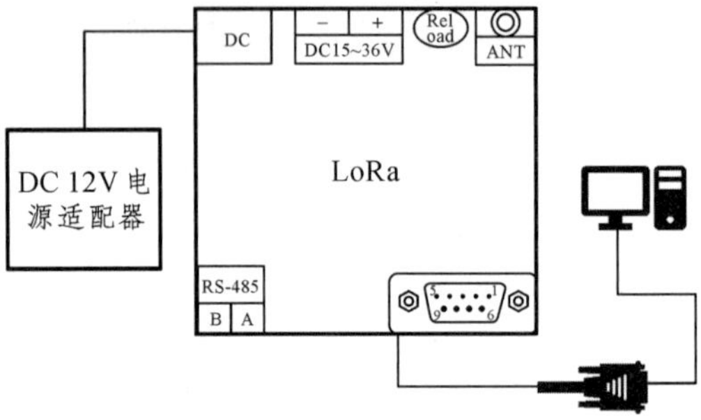

图 1.3.17　LoRa 数据终端配置硬件连接示意图

3. LoRa 数据终端配置

1）打开 LoRa 数据采集终端配置软件

打开 LoRa 数据采集终端软件：路径（\典型物联网应用项目设计与实施\03 项目三 水产养殖系统项目设计与实施\03 软件及工具\01 LoRa 配置工具）。

双击运行“USR_LoRa.exe”，如图 1.3.18 所示，选择产品型号“LG206-P”。

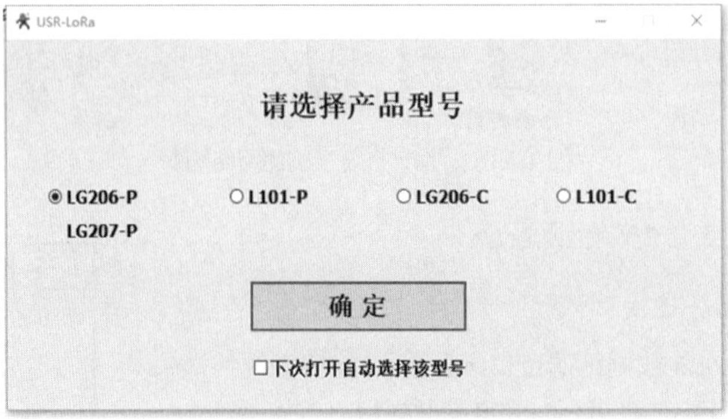

图 1.3.18　选择产品型号

2）配置串口参数

串口参数按图 1.3.19 所示进行选择，串口号根据自己当前计算机的串口号进行选择。

我的串口号：COM2
波特率：9600 bps
校验位：None
数据位：8
停止位：1
流控：NFC

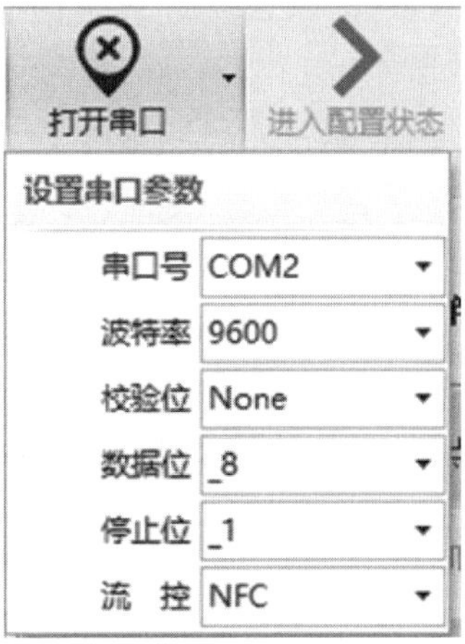

图 1.3.19　配置串口参数

打开成功后，右面显示字符串“COM2（9600 bps，None，_8，_1，148）Opend”。

3）进入配置状态读取参数

如图 1.3.20 所示，点击“进入配置状态”，然后点击“读取参数”。

图 1.3.20　读取参数

4）配置 LoRa 数据采集终端参数

两个 LoRa 数据采集终端都要配置为以下参数：

LoRa 数据采集终端工作模式：透传模式
LoRa 数据采集终端信道：72
速率：8
目标地址：888
波特率：9600

如图 1.3.21 所示，点击左下角“一键设置所有参数”。

图 1.3.21　设置参数

另一个 LoRa 数据采集终端的设置相同，参照上面步骤进行设置。

（三）LoRa 数据终端通信测试

1. LoRa 数据终端连接

LoRa 数据终端测试的硬件连接如图 1.3.22 所示，DC 电源适配器为两个 LoRa 设备供电，串口分别连接计算机，两个 LoRa 设备之间通过自组网透传方式进行数据交互。

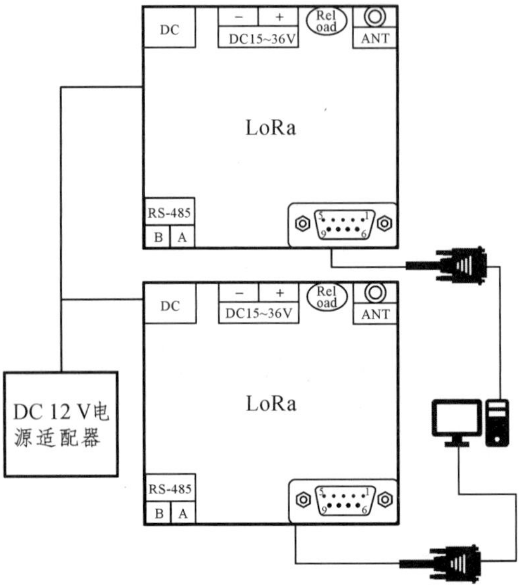

图 1.3.22　LoRa 数据终端通信测试硬件连接示意图

2. LoRa 数据终端通信测试

准备两根 USB 转 RS-232 串口公头线和串口交叉线，把两个 LoRa 数据采集终端接到计算机上。

如图 1.3.23 所示，单击鼠标右键分别打开两个卓物串口助手（COM2、COM16），选择波特率“9600”。

图 1.3.23　串口助手软件配置图

COM2 为 LoRa 数据采集终端 A，发送数据“This is a test data from LoRa A”，COM16 为 LoRa 数据采集终端 B，接收数据“This is a test data from LoRa A”；COM16 发送数据“This is a test data from LoRa B”，COM2 接收数据“This is a test data from LoRa B”。

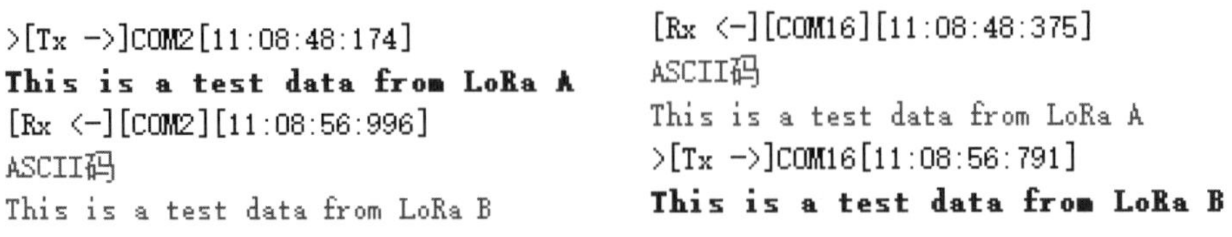

可以看到，LoRa 完成自组网后，数据能够进行交互。如果没有数据，需查询两个 LoRa 数据采集终端是否配置正确。

二、水产环境传感器部署与测试

（一）水产环境数据指标

请查阅相关资料，了解大棚环境数据指标，并完成表 1.3.8。

表 1.3.8　水产环境数据指标

序号	参数	单位	标准值	备注
1	水质 pH 传感器			
2	水质电导率传感器			
3	水温传感器			
4	水位传感器			

水产环境数据指标对于设计本系统有着明确的参考意义，得到指标后在软件编写中设定判定标准。

（二）水产环境传感器配置与测试

本项目涉及两类四个传感器，分别为 RS-485 型传感器和 AD 型传感器。其中，水质电导率传感器和水质 pH 传感器为 RS-485 型传感器，水温传感器和水位传感器为 AD 型传感器。

1. 水产环境传感器配置

参照模块 5 传感器配置与测试，完成本系统传感器的配置与测试，并完成表 1.3.9。

表 1.3.9　水产环境传感器参数表

	类型	名称	原地址	原波特率	配置后地址	配置后波特率	计算公式
1							
2							
3							
4							

2. 水产环境传感器数据读取

读取传感器数据，完成表 1.3.10。

表 1.3.10　水产环境传感器数据读取

水质 pH 传感器	水质电导率传感器	水温传感器	水位传感器

三、任务报告

（一）任务报告要求

（1）详细记录 LoRa 数据终端配置与测试过程、结论；绘制 LoRa 数据终端配置参数表，撰写 LoRa 数据终端配置与测试详细步骤和测试结果。

（2）详细记录水产环境传感器配置与测试过程、结论；绘制水产环境传感器配置参数表，撰写水产环境传感器配置与测试详细步骤和测试结果。

（二）任务报告评价标准

任务报告评价标准见表 1.3.11。

表 1.3.11 评价标准

项目名称	水产养殖系统项目设计与实施				
任务名称	水产养殖系统硬件配置与测试				
考核方式	过程考核				
说明	主要评价学生在任务学习过程中的理论知识、操作方式、学习态度、课堂表现、学习能力等				
考核内容与评价标准					
序号	内容	评价标准			评价比例/%
		优秀	良好	合格	
1	基本理论	能完全掌握该任务中所用到的基本理论知识；具有较强的发散思维	能较好掌握该任务中所用到的基本理论知识；具有良好的发散思维	能基本掌握该任务中所用到的基本理论知识；具有较好的发散思维	30
2	实践操作	能熟练使用设备配置和测试软件，完成系统硬件设备配置与测试。LoRa 设备配置与测试过程完整清晰，有明确结论（数据）。大棚环境传感器配置与测试过程完整清晰，有明确结论（数据）	能较熟练使用设备配置和测试软件，完成系统硬件设备配置与测试。LoRa 设备配置与测试过程完整，有明确结论（数据）。大棚环境传感器配置与测试过程完整，有明确结论（数据）	能正确使用设备配置和测试软件，完成系统硬件设备配置与测试。LoRa 设备配置与测试过程完整，有明确结论（数据）。大棚环境传感器配置与测试过程完整，有明确结论（数据）	30
3	核心能力	具有良好的项目方案设计思维；具有严谨的科学态度	具有较好的项目方案设计思维；具有良好的科学态度	具有较好的项目方案设计思维；具有较好的科学态度	10
4	学习态度	具有良好的自主学习能力，能主动分析解决问题，勤学好问	具有较好的学习能力，具有一定分析解决问题的能力	能主动学习，能配合小组分析和解决问题	10
5	小组评价	具有良好的团队合作能力和团队沟通交流能力，热心帮助小组成员解决问题	具有较好的团队合作能力和团队沟通交流能力，能帮助小组成员解决问题	具有一定的团队合作能力和团队沟通交流能力，能配合小组成员完成任务	10
6	教师评价	涵盖以上所有内容	涵盖以上所有内容	涵盖以上所有内容	10
合计					100

任务 3　水产养殖系统应用部署与调试

【任务描述】

本任务在任务 2 的基础上，完成养殖系统框架设计、设备部署及工程安装实施等；根据用户功能需要进行本地数据采集和控制应用程序设计，实现本地养殖系统智能化运行。

【任务目标】

（1）了解本地水产养殖系统组成、基本框架、关键设备及工程实施方法。

（2）掌握硬件设备部署安装、综合布线、功能测试及系统调试方法。

（3）学会通过嵌入式开发平台编程实现传感器数据采集、继电器设备控制等功能。

一、养殖系统设备部署

图 1.3.24 所示为养殖系统设备部署图。

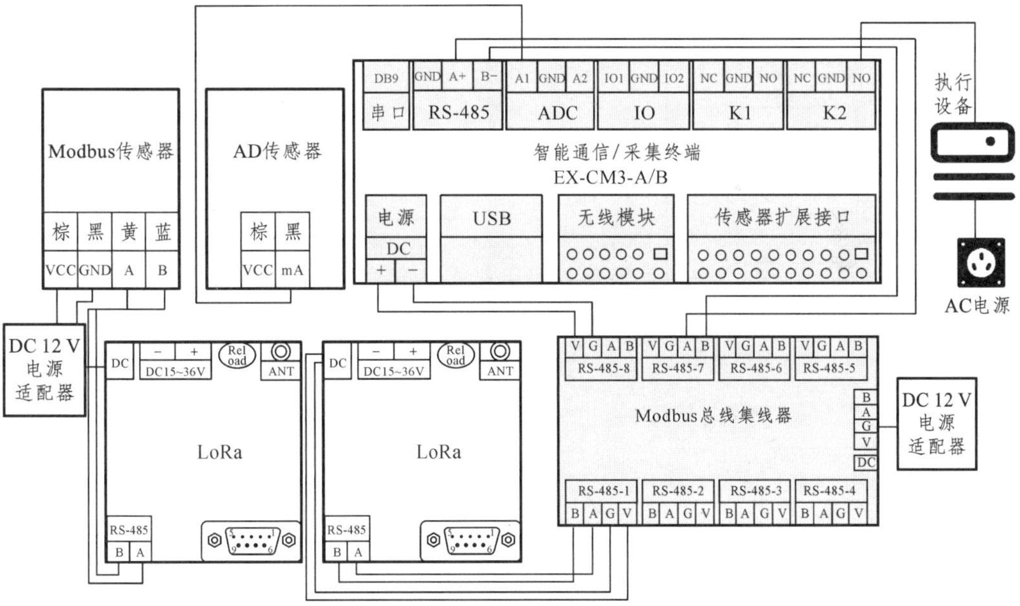

图 1.3.24　养殖系统设备部署图

（1）此处采用了 ModBus 总线集线器来进行 RS-485 总线连接。

（2）智能采集终端、LoRa 中心节点设备通过 ModBus 总线集线器统一供电。

（3）ModBus 传感器和对应的 LoRa 终端设备共用一个电源。

（4）每个设备在 ModBus 总线集线器连接的端口序号与实训系统不一致，此处只表示功能逻辑，连哪个序号的端口功能都一样。

（5）AD 传感器连接到智能采集终端的 AD 接口上。

注意：不要带电接线，确认接线无误后才可上电，以防电源接反导致设备损坏。

二、水产养殖系统应用开发与调试

（一）软件流程图设计

下面介绍水产养殖系统的软件开发部分，采用智能采集终端为主控芯片，配合卓物智能采集终端外围接口，实现接收传感器数据并发送命令、上传数据和控制继电器等功能。

如图 1.3.25 所示，在主程序中，对系统的硬件进行初始化，并进入主任务循环中。如图 1.3.26 所示，在主任务中，变量初始化后执行传感器处理函数。如图 1.3.27 所示，在传感器处理函数中，先查询传感器数据，并将获取到的数据与设定值比对，决定是否驱动继电器，然后将数据传送到串口发出，并控制 LED 进行状态显示，完成后进行延时等待。如图 1.3.28 所示，在中断处理函数中，首先判断是否接收到中断，然后先清除中断标志位，接着接收串口数据，并判断接收到的数据，最后根据接收到的数据执行对应的程序。

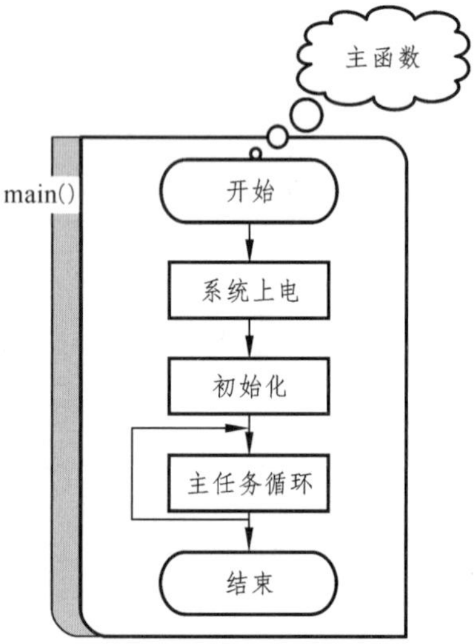

图 1.3.25　主函数流程图

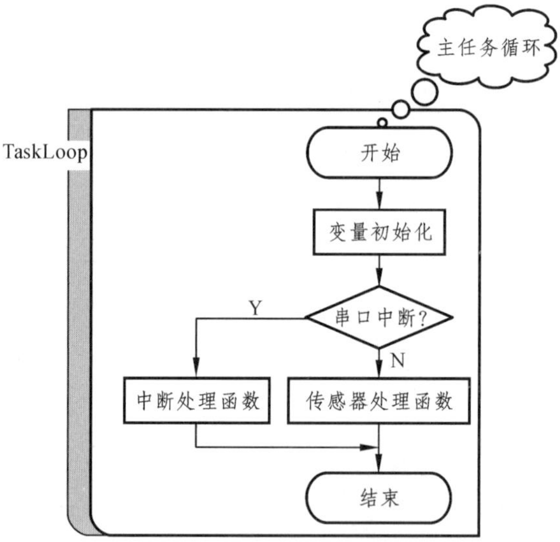

图 1.3.26　主任务循环函数流程图

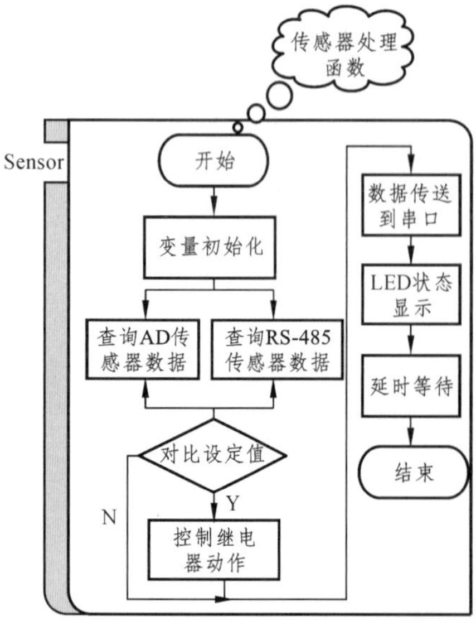

图 1.3.27　传感器处理函数流程图

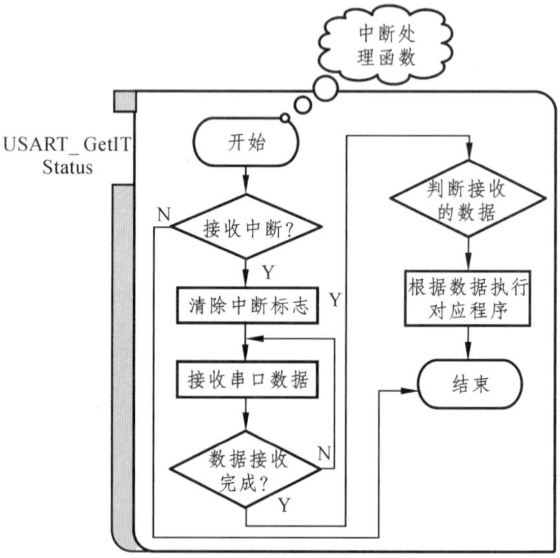

图 1.3.28　中断处理函数流程图

（二）程序编写与调试

1. 编程要点

（1）上电后进行系统初始化，包括延时函数初始化、LED 初始化、继电器初始化、串口 USART1 初始化和 RS-485 初始化。

（2）编写传感器处理函数，根据 ModBus 协议获取传感器数据，设定传感器数据阈值，编写判断逻辑。

（3）使用 USART 相关函数实现数据接收和发送。

（4）串口接收函数中判断接收的命令数据。

2. 代码分析

下面分析核心代码，外设初始化函数详见模块 4 智能采集终端工程模板。

1）主函数

```
int main()
{
  delay_init();                    //延时函数初始化
  LED_Init();                      //LED 初始化
  RELAY_Init();                    //继电器初始化
  USART1_init(115200);             //串口 1 初始化，波特率 115200
  RS485_init(9600);                //RS485 初始化，波特率 9600
  for(u8 i = 0;i < 50; i++)sensor_data[i]=0xff;        //初始化传感器数组
  while(1)
 {
     RS485_sensor_handle();  //传感器处理函数
  }
}
```

在主函数中，先将系统所用到的外设硬件初始化，包括 LED、继电器、串口、RS-485 的初始化，然后进行传感器的扫描，并将传感器数据发送到串口 1。其中 LED 闪烁表示程序运行状态。

2）串口 1 接收中断函数

```
char JDQCMD1[] = "+++>SJDQx.0";          //继电器断开命令
char JDQCMD2[] = "+++>SJDQx.1";          //继电器闭合命令
void USART1_IRQHandler(void)             //串口 1 中断服务程序
{
  if( USART_GetITStatus( USART1,  USART_IT_RXNE ) != RESET ) //接收中断
  {
 USART_ClearITPendingBit( USART1, USART_IT_RXNE ); //清除中断标志位
 //读取接收到的数据
```

```
        USART1_RX_BUF[USART1_RX_counter] = USART_ReceiveData(USART1);
    USART1_RX_counter++;
     }
     if(USART_GetITStatus(USART1， USART_IT_IDLE) != RESET)  //空闲总线中断
     {
    USART1_RX_LEN = USART1_RX_counter;
    UART1Send(USART1_RX_BUF，USART1_RX_LEN);
    USART1->SR;
    USART1->DR;
    USART1_RX_STA = 1;//正确接收到一包数据
    USART1_RX_counter = 0;
     }
     if(USART1_RX_STA == 1)
     {
    //判断接收到的命令是否与本地存储的字符串一致
       if(!strcmp((char*)USART1_RX_BUF，JDQCMD1))
    {
        Relay_Control(RELAY1，BREAK);              //控制继电器 1 断开
       }
    if(!strcmp((char*)USART1_RX_BUF，JDQCMD2))
    {
        Relay_Control(RELAY1，CLOSE);              //控制继电器 1 闭合
    }
    USART1_RX_STA = 0;
     }
   }
```

在该函数中，首先判断是否有接收中断，如果有，就清除中断标志位，并接收读取到的数据存储在 USART1_RX_BUF[ ]中。若总线空闲中断触发，表明数据接收完成，此时清除中断标志位，并将接收完成标志置 1，然后判断接收的数据与本地存储的数据命令是否一致，一致则执行继电器动作，并将数据接收完成标志置 0。

3）传感器处理函数

```
void RS485_sensor_handle(void)
{
   float value_Conductivity = 0.0f;          //水质电导率传感器变量初始化
   float value_WaterPH = 0.0f;               //水质 pH 传感器
   float value_WaterLevel = 0.0f;            //水位传感器
   float value_WaterTemperatur = 0.0f;       //水温传感器
```

```
do
{
  //读取水质电导率传感器数据　参数：type，addr
   scan_RS485_sensor(Conductivity,0x01);
  //读取水质 pH 传感器数据
   scan_RS485_sensor(WaterPH,0x02);
   //采集 AD 传感器数据
   scan_adc_sensor();
   //LED 显示状态
   GPIO_TogglePin(GPIOB, GPIO_Pin_3);
   //水质电导率传感器数据数值
   value_Conductivity = (sensor_data[27]*100) + sensor_data[28];
  //水质 pH 传感器数据数值
   value_WaterPH = (sensor_data[29] *100) + sensor_data[30];
  //水位传感器数值
   value_WaterLevel = adc_sensor_value[3];
  //水温传感器数据数值
   value_WaterTemperatur = adc_sensor_value[4];
   //串口打印水位传感器数值
   printf("WaterLevel = %.3f m\r\n",value_WaterLevel);
  //串口打印水温传感器数值
   printf("WaterTemperatur = %.3f C\r\n",value_WaterTemperatur);
  //串口打印水质电导率传感器数值
   printf("Conductivity = %.3f us/cm\r\n",value_Conductivity/100);
  //串口打印水质 pH 传感器数值
   printf("WaterPH = %.3f pH\r\n",value_WaterPH/100);
  //上传数据到云平台，串口 1 打包上传传感器数据
   //UART1Send(sensor_data,50);
   delay_ms(1000);
   delay_ms(1000);
  //LED 显示状态
   GPIO_TogglePin(GPIOB, GPIO_Pin_3);
   //控制继电器 1 闭合
   Relay_Control(RELAY1,BREAK);
}
//对比当前值与设定值
while(value_WaterLevel<= set_value_WaterLevelL ||value_WaterLevel>= set_value_WaterLevelH
||value_Conductivity<= set_value_Conductivity || value_WaterTemperatur>= set_value_WaterTemperaturH
```

```
||value_WaterTemperatur<= set_value_WaterTemperaturL ||value_WaterPH<= set_value_WaterPHL
||value_WaterPH>= set_value_WaterPHH);
        //控制继电器断开
        Relay_Control(RELAY1,CLOSE);
            delay_ms(1000);
    }
```

在传感器处理函数中，首先进行传感器数据变量的初始化，完成之后，向各个传感器发送读取数据命令。在收到数据之后，将各个传感器的数据提取出来，并与设定值进行比对。若低于设定值，便控制继电器闭合。当获取到数据大于设定值时，控制继电器断开。

4）ADC 采集函数

在 ADC 采集函数中，首先进行 ADC 通道的采样，得到电压值后，按照传感器类型对电压值进行转换，得到传感器的数据，并存储在数组中。

```
void scan_adc_sensor()
{
u8 adc_sensor_number,i;
float adc_temp;
  u16 temp;
  adc_sensor_number = sizeof(adc_sensor)/2;//计算 ADC 传感器数量
  for(i = 0;i<adc_sensor_number;i++)
{
      adc_temp = read_adc_sensor(adc_sensor[i].adc_num);
      if(adc_temp)
      {
            switch(adc_sensor[i].sensor_type)
            {
                  //模拟型水位传感器，单位米，2 位小数
                  case AdcWaterLevel:
                  //L=(I(电流)-4 mA)*满量程/16 mA
                        temp = adc_temp   * 6.25 - 25; //计算水位*100;
                        sensor_data[35] = temp/100;              //水位整数部分
                        sensor_data[36] = temp%100;              //水位小数部分
                        adc_sensor_value[3] = adc_temp   * 0.0625 - 0.25;
                        break;
                  //模拟型水温传感器，单位 C，2 位小数
                  case AdcWaterTemperatur:
                        //T=(I(电流)-4 mA)*110/16 mA
                        temp = adc_temp   * 687.5-5750;          //计算水温*100;
```

```
                    sensor_data[25] = temp/100;              //水位整数部分
                    sensor_data[26] = temp%100;              //水位小数部分
                    adc_sensor_value[4] = adc_temp   * 6.875-57.5;
                    break;
                default:
                    break;
            }
        }
        delay_ms(50);         //传感器之间间隔 50 ms
    }
}
```

5）读取传感器数据函数

定义传感器类型列表，其中地址根据实际传感器地址进行修改。在读取传感器数据函数中，首先通过传感器采集函数循环向传感器发送读取数据命令，然后将得到的数据进行处理，存储在 sensor_data[ ]中。

```
//RS485 传感器列表
struct RS485_sensor_type RS485_sensor[] =
{
  … …
  {Conductivity,9},                    //电导率传感器、地址 9
  {WaterPH,10}                         //水质 pH 值传感器、地址 10
 … …
};
void scan_RS485_sensor(void)
{
u16 sensor_value;
u32 sensor_lvalue;
u8 sensor_flag = 0;
read_RS485_sensor(type，addr); //查询读取传感器数据
delay_ms(50);
while(1)
{
    if(RS485_RX_STA == 1)
    {
        switch(type)
        {
            … …
```

```
                //电导率传感器，单位 us/cm，2 位小数
                case Conductivity:
                sensor_value = RS485_RX_BUF[3]*256+RS485_RX_BUF[4];
                 //电导率整数部分
                sensor_data[27] = sensor_value/100;
                 //电导率小数部分
                sensor_data[28] = sensor_value%100;
                  break;
                //水质 pH 传感器，单位 pH，2 位小数
                case WaterPH:
                sensor_value = RS485_RX_BUF[3]*256+RS485_RX_BUF[4];
                 //水质 pH 整数部分
                sensor_data[29] = sensor_value/100;
                 //水质 pH 小数部分
                sensor_data[30] = sensor_value%100;
                 break;
                   … …
                default:
                break;
            }
            RS485_RX_STA = 0;
            sensor_flag = 1;
        }
     delay_ms(50);          //传感器之间间隔 50 ms
     if(sensor_flag)
      break;
   }
}
```

6）传感器数据采集函数

函数 read_RS485_sensor（u8 type，u8 addr）完成了所有 RS-485 传感器的数据读取，其中水质电导率传感器和水质 pH 传感器采集代码部分如下：

```
void read_RS485_sensor(u8 type,u8 addr)
{
    u8 read_cmd[8];
    u16 crc_value;
    read_cmd[0] = addr;              //地址码
    read_cmd[1] = 0x03;              //功能码
```

```
switch(type)
{
  … …
  //电导率传感器
  case Conductivity:
      read_cmd[2] = 0x00;                 //起始地址
      read_cmd[3] = 0x02;
      read_cmd[4] = 0x00;                 //数据长度
      read_cmd[5] = 0x01;
  break;
  //水质 pH 值传感器
  case WaterPH:
      read_cmd[2] = 0x00;                 //起始地址
      read_cmd[3] = 0x02;
      read_cmd[4] = 0x00;                 //数据长度
  read_cmd[5] = 0x01;
   break;
  … …
default：
    break;
}
crc_value = crc16(read_cmd，6);            //计算 CRC
read_cmd[6] = crc_value;
read_cmd[7] = crc_value>> 8;
RS485_Send_BUF((u8*)read_cmd,8);
}
```

读取之后，将相关传感器数据保存到传感器数据包对应位置即可。

3. 下载验证

第一步：打开工程（工程路径：\典型物联网应用项目设计与实施\03 项目三 水产养殖系统项目设计与实施\02 程序源码）。

第二步：编译工程。

第三步：下载程序。

第四步：打开卓物串口助手。

第五步：查看传感器数据和继电器状态。

```
[Rx <-][COM6][16:17:00:101]
GB2312码
WaterLevel = 0.176 m
WaterTemperatur = 24.280 C
Conductivity = 2.020 us/cm
WaterPH = 3.370 pH
```

图 1.3.29 数据验证

如图 1.3.29 所示，可以看到，当智能采集终端上电后，通过 RS-485 总线向 RS-485 型传感器发送读取数据命令，通过 ADC 进行 AD 型传感器数据采集，将得到的传感器数据处理后，通过串口打印显示出来，并比对设定值。若不在设定值范围内，会驱动继电器动作，相反，则继电器不动作，并继续执行水产环境数据的监测工作。

至此，水产养殖无线控制系统的程序编写和调试完成。

三、任务报告

（一）任务报告要求

（1）拍摄硬件布线照片。

（2）绘制经过实验验证、完善后的水产养殖系统应用开发与调试软件流程图。

（3）按照设计的软件流程图编写水产养殖系统应用开发与调试软件程序，列出编写程序过程中遇到的问题和解决方案，并思考改进办法。

（4）完成水产养殖系统应用开发与调试软件调试与验证，提出调试与验证结论，列出在程序调试与验证中出现的问题或 BUG，说明如何解决问题，列出未解决的问题，并思考解决思路，及时反思。

（二）任务报告评价标准

任务报告评价标准见表 1.3.12。

表 1.3.12　评价标准

项目名称	水产养殖系统项目设计与实施				
任务名称	水产养殖系统应用部署与调试				
考核方式	过程考核				
说明	主要评价学生在任务学习过程中的理论知识、操作方式、学习态度、课堂表现、学习能力等				
考核内容与评价标准					
序号	内容	评价标准			评价比例/%
		优秀	良好	合格	
1	基本理论	能完全掌握该任务中所用到的基本理论知识；具有较强的发散思维	能较好掌握该任务中所用到的基本理论知识；具有良好的发散思维	能基本掌握该任务中所用到的基本理论知识；具有较好的发散思维	30
2	实践操作	能熟练使用各种工具，能熟练进行程序编写和调试；能够按照布线图完成布线，且电气逻辑正确无误，有布线完成后照片。软件流程图设计合理、完整，无明显逻辑错误。软件程序编写语言规范，程序调试过程清晰，过程记录完整。软件功能调试过程清晰，记录完整，功能实现，无明显 BUG	能较熟练使用各种工具，能较熟练进行程序编写和调试；能够按照布线图完成布线，且电气逻辑正确无误，有布线完成后照片。软件流程图设计合理、完整，无明显逻辑错误。软件程序编写语言规范，程序调试过程清晰，过程记录完整。软件功能调试过程清晰，记录完整，功能实现	能正确使用各种工具，能正确进行程序编写和调试；能够按照布线图完成布线，且电气逻辑正确无误，有布线完成后照片。软件流程图设计合理、完整，无明显逻辑错误。软件程序编写语言规范，程序调试过程清晰，过程记录完整。软件功能调试过程清晰，记录完整，功能实现	30

续表

序号	内容	评价标准			评价比例/%
		优秀	良好	合格	
3	核心能力	具有良好的项目方案设计思维；具有严谨的科学态度	具有较好的项目方案设计思维；具有良好的科学态度	具有较好的项目方案设计思维；具有较好的科学态度	10
4	学习态度	具有良好的自主学习能力，能主动分析解决问题，勤学好问	具有较好的学习能力，具有一定分析解决问题的能力	能主动学习，能配合小组分析和解决问题	10
5	小组评价	具有良好的团队合作能力和团队沟通交流能力，热心帮助小组成员解决问题	具有较好的团队合作能力和团队沟通交流能力，能帮助小组成员解决问题	具有一定的团队合作能力和团队沟通交流能力，能配合小组成员完成任务	10
6	教师评价	涵盖以上所有内容	涵盖以上所有内容	涵盖以上所有内容	10
合计					100

任务 4　水产养殖系统云平台系统部署

【任务描述】

本任务通过对物联网云平台注册、产品及设备添加、设备数据接入、脚本数据解析、脚本上传等实训操作，实现养殖系统云端实时数据展示、云端远程控制等功能。

【任务目标】

（1）了解物联网云平台的基本使用方法。

（2）掌握物联网云平台设备的接入步骤和脚本编写方法。

（3）掌握物联网云平台远程控制操作方法。

（4）学会物联网云平台数据流展示的常用方法。

一、远程系统结构分析与部署

图 1.3.30 为水产养殖远程系统结构，按照数据的传输途径分析该系统。首先，ModBus 传感器采集水产环境数据，通过 LoRa 网络传输给 LoRa 中心节点设备，LoRa 中心节点设备将数据传送给 ModBus 集线器，再传送给智能采集终端；AD 传感器直接连接到只能采集终端的 AD 采集接口，智能采集终端进行 AD 采集。然后，智能采集终端将打包好的数据传送给物联网网关；接着，数据通过以太网上传到云平台；最后，在云平台可以实时监测和分析水产环境数据，并且能下发控制命令，命令通过因特网传送给物联网网关，物联网网关通过串口传送给智能采集终端，智能采集终端最终根据命令控制继电器动作。

二、云平台部署与调试

1. OneNET 云平台注册

如果没有在 OneNET 云平台注册的读者（用户）应先注册，注册方式详见模块 4 OneNET 云平台应用部署。已经在 OneNET 云平台注册的读者（用户）可以直接登录。

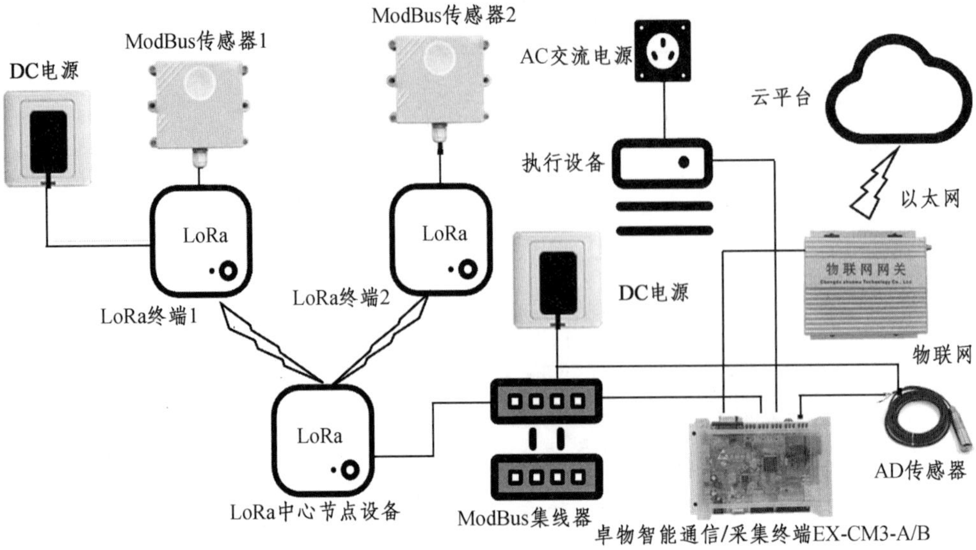

图 1.3.30　水产养殖远程系统结构

2. 云平台添加产品及设备

添加产品及设备的方法详见模块 4 OneNET 云平台应用部署。

这里需要添加 1 个产品，以及在该产品下需要添加 1 个设备，建好之后完成表 1.3.13。

注意：如果有产品可以在该产品下直接添加设备。

表 1.3.13　OneNET 云平台设备参数表

产品 ID					
工位号	设备名称	设备 ID	Lua 名称	鉴权信息（auth_info）	APIKEY
	物联网网关				

注：① 产品 ID、设备 ID 是添加产品和设备时云平台自动生成的编号。
② Lua 名称是上传脚本用户自定义名称，在第 3 步完成后填写。
③ 鉴权信息（auth_info）是用户添加设备自定义的关键参数。
④ APIKEY 是设备添加后用户可以自定义的一组或多组设备参数，一般是访问云平台数据流时使用（App 或客户端获取云平台设备数据时使用）。

3. 云平台脚本撰写

按照下面代码在脚本 device_data_analyze 函数中修改用户自定义代码。

```
function device_data_analyze(dev)
local t={}
local a=0
-- 添加用户自定义代码 --
-- 例如： --
local s = dev：size()
if s >=44 then
if to_shi(dev：bytes(26，2))~="255255" then   --水温
```

```
        add_val(t, "Water_Temperature", a, to_shi(dev: bytes(26, 1)).."."..to_shi(dev:
bytes(27, 1)))
    end
    if to_shi(dev: bytes(28, 2))~="255255" then    --电导率
        add_val(t, "Liquid_EC", a, to_shi(dev: bytes(28, 1)).."."..to_shi(dev: bytes(29, 1)))
    end
    if to_shi(dev: bytes(30, 2))~="255255" then    --pH
        add_val(t, "Liquid_PH", a, to_shi(dev: bytes(30, 1)).."."..to_shi(dev: bytes(31, 1)))
    end
    if to_shi(dev: bytes(36, 2))~="255255" then     --水位
        add_val(t, "Liquid_Level", a, to_shi(dev: bytes(36, 1)).."."..to_shi(dev: bytes(37, 1)))
    end
    end
    dev: response()
    -- return $1, $2 --
    -- 例如: --
    return s, to_json(t)
   end
```

按照传感器数据包结构，提取水温、水质电导率、水质 pH、水位传感器数值，并将数据转换为十进制，添加到数据流中。

4. 云平台脚本上传

进入 OneNET 云平台产品中的设备列表中，点击“上传脚本”，自定义脚本名称，选择编辑好的脚本文件，点击“上传”即可。

注意：上传之后应完成第 2 步中的“OneNET 云平台设备参数表”中的 Lua 名称一列。

5. 物联网网关云平台参数配置

按照表 1.3.14 明确各个设备的关键参数。

表 1.3.14　物联网网关云平台参数

参数名称	参数值	说明
服务器 IP	183.230.40.40（默认）	网络服务器 IP(默认为 OneNet 云平台 TCP 透传服务器 IP：183.230.40.40） 注意：如要修改，在工具中输入：183.230.040.040
服务器端口号	1811	网络服务器端口号(默认为 OneNet 云平台 TCP 透传服务器端口号：1811）
产品 ID		OneNe 云平台中对应产品 ID（Product ID）
产品密码		OneNe 云平台中对应设备的鉴权信息
LUA		OneNe 云平台中对应设备的脚本名称

按照第 2 步中的 OneNET 云平台设备参数表对双路等控制器分别进行配置。

如图 1.3.31 所示，设备配置完之后核实每个参数，无误后断电重启。

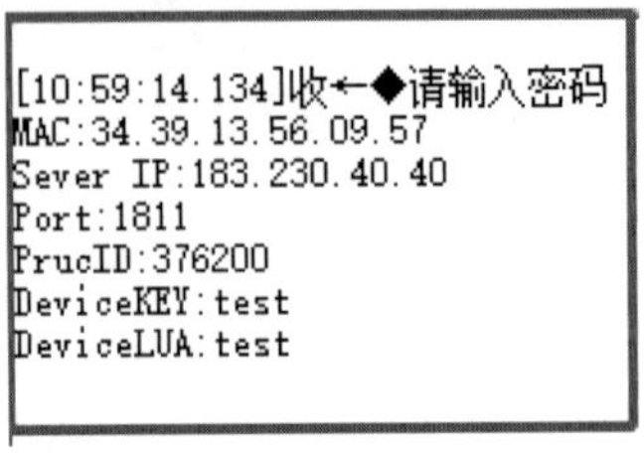

图 1.3.31　物联网网关配置参数

6. 功能调试

配置完后重启设备，保证测试场地移动信号良好。打开云平台，可以看到各个设备此时已经在线。如图 1.3.32 所示，可以观察到云平台接收到传感器上传的实时数据。

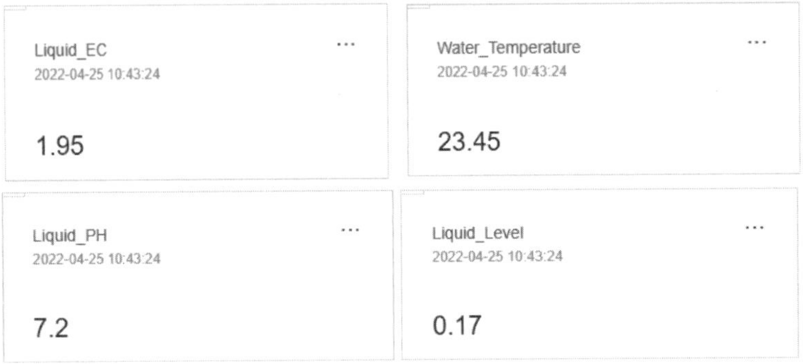

图 1.3.32　物联网云平台数据流

然后可以在“更多操作”处选择下发命令，如图 1.3.33 所示，进行远程控制继电器功能调试。

图 1.3.33　下发命令

继电器控制命令：

+++>SJDQx.0：继电器断开；

+++>SJDQx.1：继电器闭合；

如图 1.3.34 所示，发送命令后，能够在智能采集终端上听到继电器吸合与断开的声音。

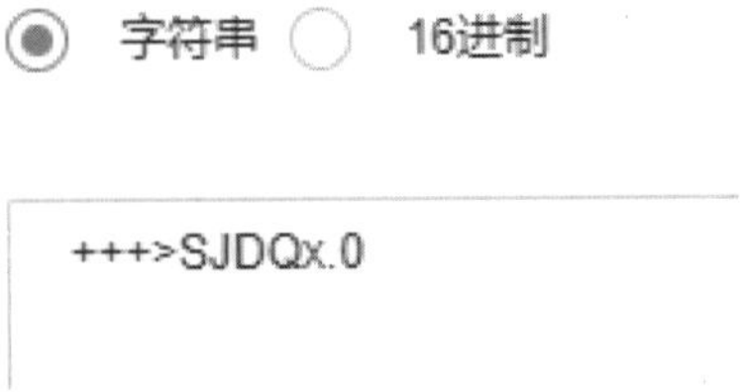

图 1.3.34　继电器命令下发

三、任务报告

（一）任务报告要求

（1）详细分析远程系统结构，将所用到的全部设备和工具绘制成设备/工具表，部署远程系统，列出部署过程中遇到的所有问题及其解决办法。

（2）详细记录云平台部署与调试过程，列出部署与调试过程中遇到的问题以及解决方案，思考优化方案。

（二）任务报告评价标准

任务报告评价标准见表 1.3.15。

表 1.3.15　评价标准

项目名称	水产养殖系统项目设计与实施				
任务名称	水产养殖系统应用部署与调试				
考核方式	过程考核与任务报告单				
说明	主要评价学生在任务学习过程中的理论知识、操作方式、学习态度、课堂表现、学习能力等				
考核内容与评价标准					
序号	内容	评价标准			评价比例/%
		优秀	良好	合格	
1	基本理论	能完全掌握该任务中所用到的基本理论知识；具有较强的发散思维	能较好掌握该任务中所用到的基本理论知识；具有良好的发散思维	能基本掌握该任务中所用到的基本理论知识；具有较好的发散思维	30
2	实践操作	能熟练使用各种工具查询和收集相关资料，能将系统结构分析清晰，并且提出分析结论；能够按照分析结论进行系统部署。部署过程记录清晰，云平台设备参数记录完整；调试过程记录清晰，有最终调试结果与功能演示	能较熟练使用各种工具查询和收集相关资料，能将系统结构分析清晰；能够按照分析结论进行系统部署。有部署记录和云平台设备参数记录；调试过程记录清晰，有最终调试结果与功能演示	能将系统结构分析清晰；能够按照分析结论进行系统部署。有部署记录和云平台设备参数记录；调试过程记录清晰，有最终调试结果与功能演示	30
3	核心能力	具有良好的项目方案设计思维；具有严谨的科学态度	具有较好的项目方案设计思维；具有良好的科学态度	具有较好的项目方案设计思维；具有较好的科学态度	10
4	学习态度	具有良好的自主学习能力，能主动分析解决问题，勤学好问	具有较好的学习能力，具有一定分析解决问题的能力	能主动学习，能配合小组分析和解决问题	10
5	小组评价	具有良好的团队合作能力和团队沟通交流能力，热心帮助小组成员解决问题	具有较好的团队合作能力和团队沟通交流能力，能帮助小组成员解决问题	具有一定的团队合作能力和团队沟通交流能力，能配合小组成员完成任务	10
6	教师评价	涵盖以上所有内容	涵盖以上所有内容	涵盖以上所有内容	10
合计					100

项目拓展训练

本任务通过在前面任务基础上自行增加其他水环境监测传感器终端，实现更为完善的养殖控制系统。本任务只提供系统设备结构图，学生自行完成设备部署安装、综合布线、功能测试等；只提供数据采集流程图，学生自行完成传感器数据采集并上传至云端，自行增加传感器数据解析脚本进行数据流展示。最后对项目进行总结。

【任务目标】

（1）掌握如何在原有项目中进行扩展的基本思路及方法。

（2）进一步巩固嵌入式编程进行数据采集的方法。

（3）对相关知识及技能进行巩固。

一、拓展方向与目标

1. LoRa 组网改为定点或者主从模式

（1）定点模式可实现对指定 LoRa 数传终端进行数据通信（该模式下发送数据需要按照协议格式进行）。

（2）主要用于特定设备之间的互相通信，如对指定的设备进行控制指令下发或数据采集。

（3）定点模式可以在发送数据时灵活地改变目标地址和信道。

（4）通信双方需使速率等级相同（SPD），在配置软件中选择定点模式。

（5）主从模式下分主机和从机，主机需按照协议格式给组中 LoRa 数传终端发送数据，从机只向主机上报数据（无须遵循数据传输协议）。

（6）通信双方需满足 3 个条件：速率等级相同（SPD）、信道一致（CH）、各个从机目标地址（ADDR）必须设置为不同。

2. 增加其他传感器

（1）可增加其他传感器，如水质含氧量传感器、水质氨氮含量传感器、水质亚硝酸盐含量传感器等。

（2）多个传感器连接多个 LoRa 终端设备。

（3）需在传感器处理函数中计算新的传感器数值，并判断。

（4）按照传感器类型列表，增加传感器读取命令。

（5）注意传感器类型，注意 AD 类传感器和 RS-485 类传感器的不同数据读取与处理方法。

二、项目思考与总结

巩固训练：

（1）简述 AD 类传感器和 RS-485 类传感器数据处理方法的区别。

（2）简述 OneNET 云平台的添加设备方法和脚本解析方法。

（3）简述 LoRa 的组网方式和配置方法。

（4）简述 ModBus 传感器配置及测试流程。

（5）简述 AD 传感器的数据获取方法。

（6）简述水产养殖无线监测控制系统的应用场景。

（7）简述水产养殖无线监测控制系统的工作流程。

项目 4　智能电网应用系统部署与实施

项目描述

【应用场景引导】

场景一：电网系统

智能电网系统主要作用是整合电网数据，灵活调配有限电力资源，优化电网运行和管理以满足社会发展对于电力的需求。智能电网的三个典型应用分别是智慧照明系统、智能路灯系统和智能抄表系统。

场景二：照明系统

部署智慧照明系统：房间内灯光强度可根据房间内光照强度自动调节，并能根据需求远程开/关灯光，智能监测和调节室内光照强度，减少能源损耗和节省消费。

场景三：路灯系统

部署智能路灯系统：将路灯采集到的环境数据上传至云端监测，还可自动根据当前环境调节灯光，也可进行云端监测路灯情况和远程控制路灯，有利于城市路灯的统筹调度和实现城市环境的远程监控。

场景四：抄表系统

部署智能抄表系统：可远程进行电表的抄表工作，减少了财力人力的支出，还能远程监测用电情况，智能调度电网资源，实现电力资源的高效利用。

【功能目标】

（1）实现室内光照云端远程监测和照明智能化控制。

（2）实现云端远程实时控制路灯及自动控制功能。

（3）实现云端远程自动抄表功能。

【能力目标】

（1）了解常用通信技术和通信终端的种类、外形、接口及应用环境等。

（2）掌握 Wi-Fi 数据终端的安装、配置、测试、应用部署等。

（3）掌握 NB-IoT 数据终端的安装、配置、测试、应用部署等。

（4）掌握 4G 数据终端的安装、配置、测试、应用部署等。

（5）了解照明灯、光照传感器、智能电表、路灯等设备的安装方式及应用场景。

（6）掌握基于嵌入式终端的传感器数据采集编程、继电器控制编程等。

（7）了解物联网云平台在应用中的作用及意义。

（8）掌握物联网 OneNET 云平台基本使用方法（注册、登录、产品/设备添加等）。

【知识目标】

（1）了解 NB-IoT 移动通信技术及通信终端数据通信方式。

（2）了解 4G 移动通信技术及通信终端数据通信方式。

（3）掌握 Wi-Fi 数据终端、4G 数据终端、NB-IoT 数据终端的安装、配置和测试。

（4）了解照明灯、光照度传感器、智能电表等设备的安装和调试。

【任务目标】

（1）智能电网系统方案设计。

（2）基于 Wi-Fi 网络室内智慧照明系统部署。

（3）基于 NB-IoT 的智能路灯控制系统部署。

（4）基于 4G 的智能抄表系统部署。

（5）智能电网系统应用部署与调试。

关键技术

一、Wi-Fi 网络技术

（一）Wi-Fi 技术概述

Wi-Fi 是一个国际无线局域网（WLAN）标准，全称为 Wireless Fidelity，又称 EEE802.11b 标准。Wi-Fi 最早基于 IEEE 802.11 协议，发表于 1997 年，定义了 WLAN 的 MAC 层和物理层标准。

如图 1.4.1 所示，继 IEEE 802.11 协议之后，相继有众多版本被推出，典型的有 IEEE 802.11a、IEEE 802.11b、IEEE 802.11g、IEEE 802.11n。

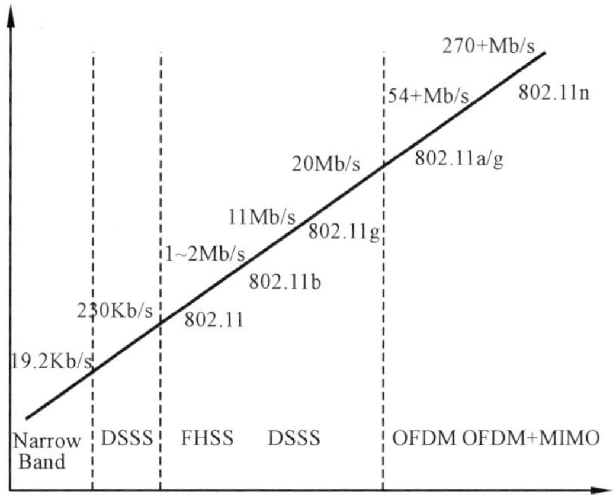

图 1.4.1　IEEE 802.11 的技术转变和速率趋势

（二）Wi-Fi 系统组成

如图 1.4.2 所示，Wi-Fi 是用无线通信技术将计算机设备互联，将计算机设备通过网关、调制解调器与因特网连接，从而进行数据交互，使得我们能借助云对处在不同地点的设备进行监测和维护。

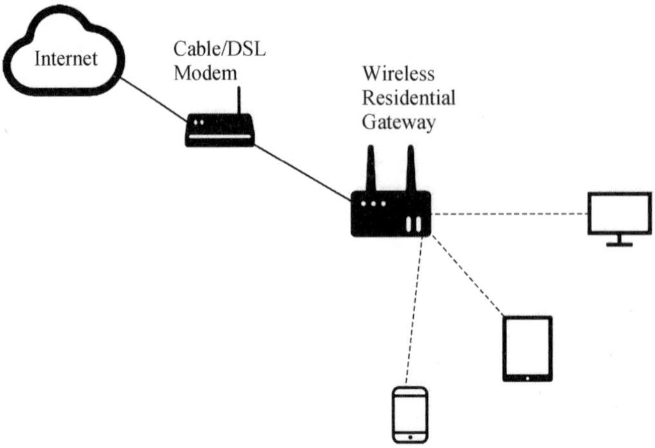

图 1.4.2　Wi-Fi 系统组成

（三）Wi-Fi 网络的拓扑结构

Wi-Fi 无线网络包括两种类型的拓扑形式：基础网（Infrastructure）和自组网（Ad-hoc）。下面介绍两个重要的基本概念：

站点（Station，STA）：网络最基本的组成部分，每一个连接到无线网络中的终端（如笔记本式计算机、手机）都可称之为一个站点。

无线接入点（Access Point，AP）：无线网络的创建者，也是网络的中心节点。一般家庭或办公室使用的无线路由器就是一个 AP。

图 1.4.3 所示为基础网络的拓扑结构。基础无线网的主要特征有以下两点：

（1）基于 AP 组建的基础无线网络由 AP 创建、众多 STA 加入所组成。

（2）AP 是整个网络的中心，各 STA 间不能直接通信，需经 AP 转发。

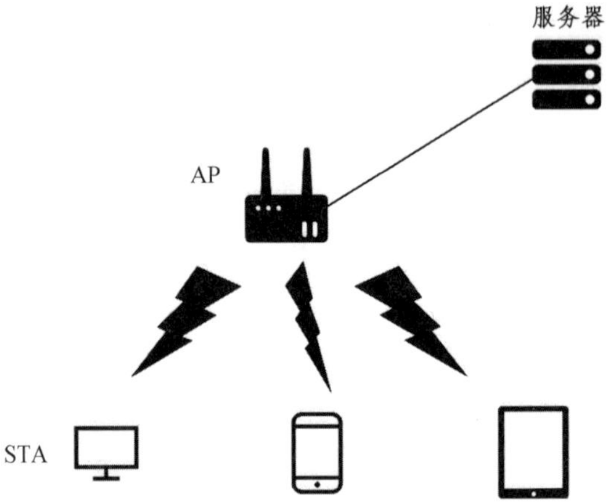

图 1.4.3　Wi-Fi 基础网络拓扑结构

图 1.4.4 所示为自组网网络的拓扑结构。自组网的主要特征有以下几点：

（1）仅由两个及以上 STA 组成，网络中不存在 AP。

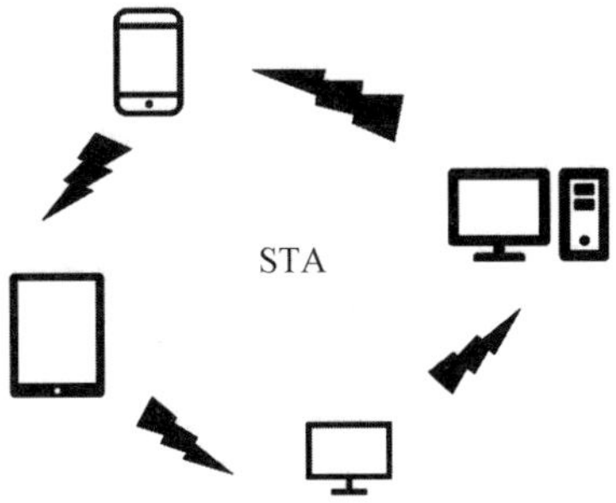

图 1.4.4 Wi-Fi 自组网网络拓扑结构

（2）各设备自发组网，设备之间是对等的。

（3）网络中所有的 STA 之间都可以直接通信，不需要转发。

（4）Ad-hoc 模式也称为对等模式，允许一组具有无线功能的计算机或移动设备之间为数据共享而迅速建立起无线连接。

（四）Wi-Fi 协议架构

图 1.4.5 所示为标准 OSI 参考模型。与蓝牙等其他无线传输技术相同，Wi-Fi 网络的协议架构参照 OSI 标准参考模型。

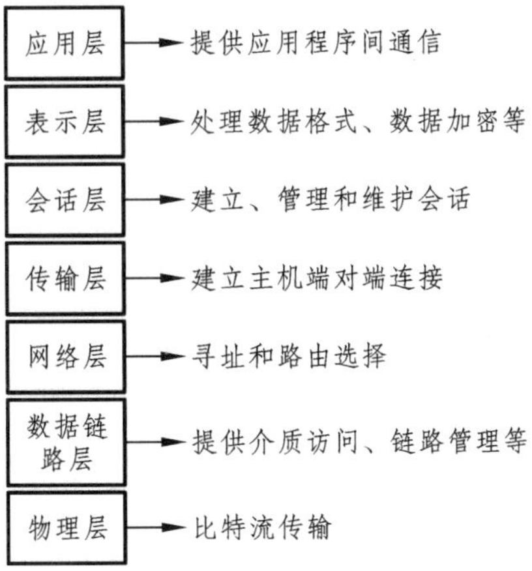

图 1.4.5 标准 OSI 参考模型

图 1.4.6 所示为 Wi-Fi 协议架构，各层的作用如下：

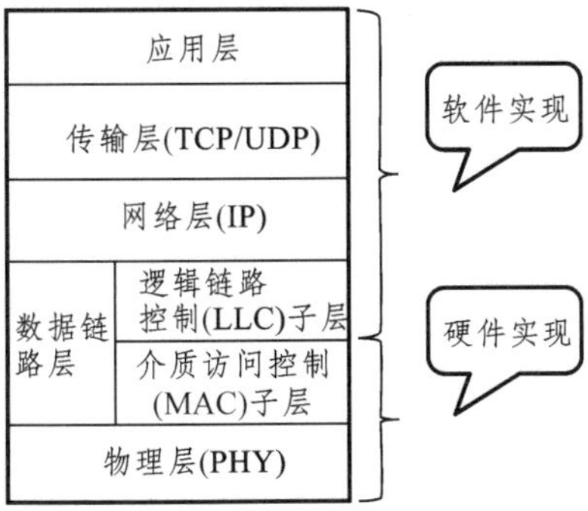

图 1.4.6 Wi-Fi 协议架构

物理层：802.11b 定义了工作在 2.4 GHz ISM 频段上数据传输率为 11 Mb/s 的物理层，使用跳频扩频传输技术（Frequency-Hopping Spread、Spectrum，FHSS）和直接序列扩频传输技术（Direct Sequence Spread Spectrum，DSSS）。

MAC 层：MAC 层提供了支持无线网络操作的多种功能。通过 MAC 层站点可以建立网络或接入已存在的网络，并传送数据给 LLC 层。

LLC 层：IEEE 802.11 使用与 1EEE 802.2 完全相同的 LLC 层和 48 位 MAC 地址，这使得无线和有线之间的桥接非常方便。但 MAC 地址只对 WLAN 唯一确定。

网络层：采用 IP，是互联网中最重要的协议，规定了在互联网上进行通信时应遵守的准则。

传输层：采用 TCP/UDP，TCP 是面向连接的协议，可以提供 IP 环境下的可靠传输;UDP 是面向非连接的协议，不为 IP 提供可靠性传输。对于高可靠的应用，传输层一般采用 TCP。

应用层：根据应用需求实现，如 HTTP、域名解析系统（Domain Name System，DNS）协议。

二、NB-IoT 移动通信技术

（一）NB-IoT 简介

NB-IoT（Narrow Band Internet of Things）是 IoT 领域基于蜂窝的窄带物联网的一种新兴技术，支持低功耗设备在广域网的蜂窝数据连接，也被叫作低功耗广域网（LPWA）。NB-IoT 只消耗大约 180 kHz 的频段，可直接部署于 GSM 网络、UMTS 网络或 LTE 网络，支持待机时间短、对网络连接要求较高设备的高效连接。它具有覆盖广、连接多、速率低、成本低、功耗少、架构优等特点。NB-IoT 使用 License 频段，可采取带内、保护带或独立载波等三种部署方式。

（二）NB-IoT 的主要特点

NB-IoT 的主要特点见表 1.4.1。

表 1.4.1　NB-IoT 的主要特点

特点	介绍
广覆盖	相比传统 GSM，一个基站可以提供 10 倍的面积覆盖，NB-IoT 有更好的覆盖能力（20 dB 增益），一个 NB-IoT 基站可以覆盖 10 km 的范围。一个小县城，一个基站就可以覆盖
海量链接	200 kHz 的带宽可以提供 10 万个链接，提供的链接越多，相对所需基站越少
低功耗	NB-IoT 引入了 eDRX 省电技术和 PSM 省电模式，进一步降低了功耗，延长了电池使用时间。在 PSM 模式下，终端仍旧注册在网，但信令不可达，从而使终端更长时间驻留在深睡眠，以达到省电的目的。使用 5 号电池可以持续工作 10 年，无须充电
低成本	NB-IoT 通信模块成本很低

表 1.4.1 为 NB-IoT 技术的四个主要特点，相较于其他移动通信技术来说，其具有的广覆盖、海量链接、低功耗和低成本使得该技术在物联网工程中得到广泛应用。

（三）NB-IoT 的技术优势

NB-IoT 技术是一种 3GPP 标准定义的 LPWA（低功耗广域网）解决方案，具有以下优势：

（1）海量连接：在同一基站的情况下，NB-IoT 可以比现有无线技术可提供 50 ~ 100 倍的接入数。

（2）超低功耗：电池寿命长达 10 年。

（3）深度覆盖：能实现比 GSM 高 20 dB 的覆盖增益。

（4）安全性：继承 4G 网络安全能力，支持双向鉴权以及空口严格加密，确保用户数据的安全性。

（5）稳定可靠：能提供电信级的可靠性接入，有效支撑 IoT 应用和物联网解决方案。

（6）低成本：低速率、低功耗、低带宽带来的是低成本优势。

（四）NB-IoT 的发展前景

随着智能城市、大数据时代的来临，无线通信将实现万物连接。很多企业预测未来全球物联网连接数将达到千亿级。目前已经出现了大量物与物的连接，然而这些连接大多通过蓝牙、Wi-Fi 等短距通信技术承载，而非运营商移动网络。为了满足不同物联网业务需求，根据物联网业务特征和移动通信网络特点，3GPP 根据窄带业务应用场景开展了增强移动通信网络功能的技术研究，以适应蓬勃发展的物联网业务需求。

为此，产业链从几年前就开始研究利用窄带 LTE 技术来承载 IoT 连接。历经几次更名和技术演进，2015 年 9 月，3GPP 正式将这一技术命名为 NB-IoT。MWC2016 上，NB-IoT 首次亮相，便备受瞩目。

（五）NB-IoT 的应用场景

目前物联网解决方案主要应用于智慧城市、工业物联网等方向。

（六）NB-IoT 的网络体系架构

图 1.4.7 所示为 NB-IoT 网络体系架构。

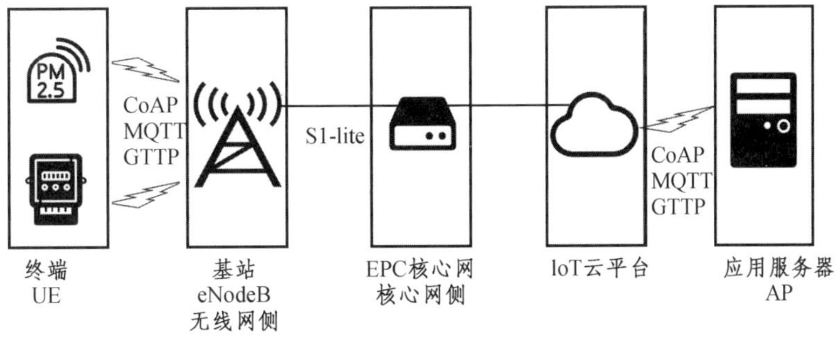

图 1.4.7　NB-IoT 网络体系架构

NB-IoT 终端 UE（User Equipment）：应用层采用 CoAP，通过空口 Uu 连接到基站。Uu 口是终端 UE 与 eNodeB 基站之间的接口，可支持 1.4 ~ 20 MHz 的可变带宽。

eNodeB（evolved Node B，B-UTRAN：基站）：主要承担空口接入处理、小区管理等相关功能，并通过 S1-lite 接口与 IoT 核心网进行连接，将非接入层数据转发给高层网处理。

EPC 核心网（Evolved Packet Core network）：承担与终端非接入层交互的功能，并将 IoT 业务相关数据转发到 IoT 平台进行处理。同理，这里可以使用 NB 独立组网，也可以与 LTE 共用核心网。

IoT 平台：汇聚从各种接入网得到的 IoT 数据，并根据不同类型转发至相应的业务应用器进行处理。

应用服务器 AP（App Server）：是 IoT 数据的最汇聚点，根据客户需求进行数据处理等操作。应用服务器通过 HTTP/HTTPS 和平台通信，通过调用平台的开放 API 来控制设备。平台把设备上报的数据推送给应用服务器。

终端 UE 与物联网云平台之间一般使用 CoAP 等物联网专用的应用层协议进行通信，主要考虑 UE 的硬件资源配置一般很低，不适合使用 HTTP/HTTPS 等复杂协议。

物联网云平台与第三方应用服务器 AP 之间，由于两者的性能都很强大，要考虑代管、安全等因素，因此一般会使用 HTTP/HTTPS 应用层协议。

三、4G 移动通信技术

（一）无线通信技术的演进

图 1.4.8 所示为无线网络通信技术的发展历程。移动通信技术经过第一代、第二代、第三代、第四代技术的发展，目前已经迈入第五代发展的时代（5G 移动通信技术），这也是当下改变世界的几种主要技术之一。

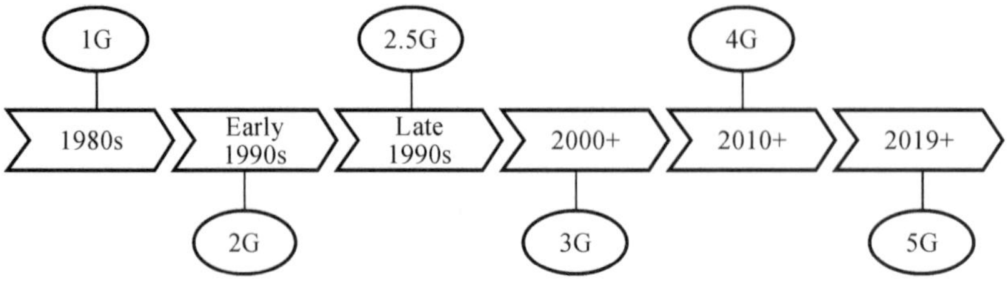

图 1.4.8　无线网络技术发展历程

第一代移动通信也称为 1G，出现于 20 世纪 80 年代，典型代表有美国的 AMPS、高级移动电话系统和欧洲的 TACS 等，它们共同的特征是采用 FDMA。

第二代移动通信也称为 2G，保密度明显比第一代要高，系统容纳量也有增加，手机可以上网，比 1G 多了数据传输服务，数据传输的速率为 9.6 ~ 14.4 Kb/s，2G 时代也是移动通信标志争夺的开始，GSM 脱颖而出，被称为最广泛的移动通信制式。

第三代移动通信也称为 3G，3G 最早由 ITU 提出，当时叫 FPLMTS，全称是未来公众陆地移动系统，1996 年更名为 IMT-2000，最高的业务速率可以达到 2 000 Kb/s。3G 时代，3G 被视为开启移动通信新纪元的重要里程碑。

第四代移动通信也称为 4G，4G 的重点是增加数据和语言容量，提高了整体的体验质量，4G 推出了全 IP 系统，彻底取消了电路交换技术。

第五代移动通信也称为 5G，在 5G 系统中，增强了移动设备的体验，包括物联网、移动车辆和增强型移动宽带的体验。

（二）4G 通信技术的优越性

4G 技术全方位优于上一代技术，具体来讲，它的优势特征体现在以下几个方面。

（1）极强的信号传播能力。

（2）极快的传输速度。

（3）极高的智能化水平。

（4）极灵活的通信方式。

（5）兼容性好。

（6）提供增值服务。

（7）高质量通信。

（8）频率效率高。

任务实施

任务 1　智能电网系统方案设计

【任务描述】

本任务为系统总体方案设计，包含案例分析、关键产品介绍、软硬件方案设计三大部分，通过完成本任务，让读者对智能电网应用系统的设计与实施有一个整体的认知，并养成良好方案设计习惯。

【任务目标】

（1）了解智能电网产业市场环境。

（2）了解智能电网系统工程中的关键设备。

（3）掌握智能电网系统应用方案设计方法。

一、案例分析

当前电力系统的规模不断增大，运行情况更加复杂，电力负荷逐步增长。在现有的运行方式下，如何更加高效地满足不同类型用户的用电需求、如何更加智能调配用户供电是供电企业的重要课题。

某省电力供应公司准备在原有电网基础上改造一套智能电网系统，如图 1.4.9 所示，要求实现远程智能抄表、家庭照明电力自动控制和远程路灯控制等功能。

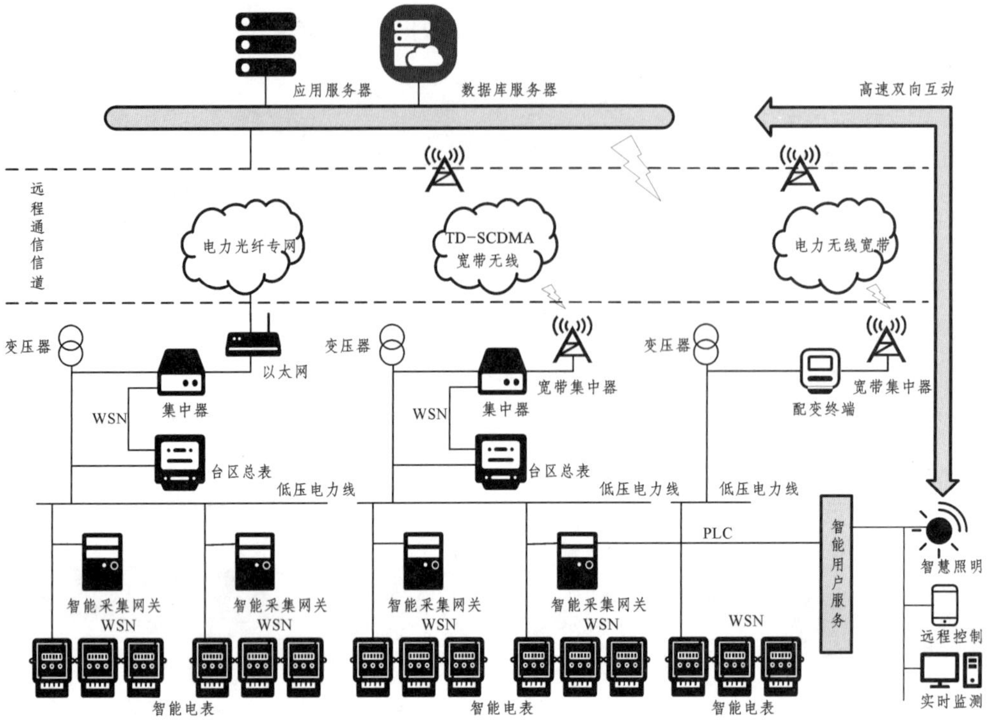

图 1.4.9　案例分析

二、方案设计

（一）系统架构设计

按照物联网典型三层结构把城市智能电网应用对应的设备划分为如图 1.4.10 所示结构。

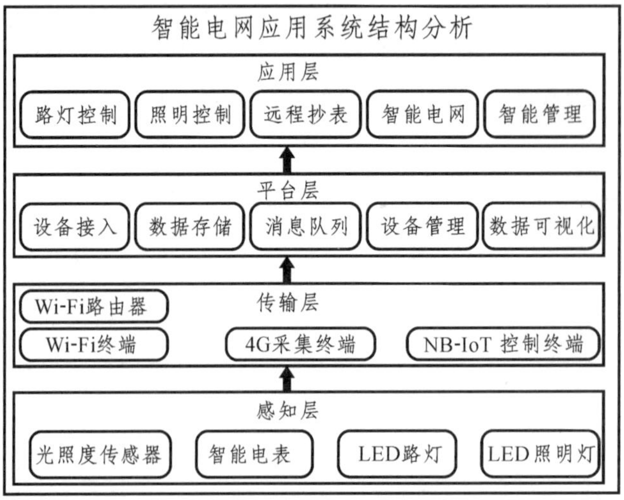

图 1.4.10　智能电网应用结构分层

城市智能电网应用分为三个子系统：智慧照明、智能路灯、智能抄表，分别采用了不同的接口或传输方式将各种传感器参数通过不同的通信节点传输至 OneNET 云平台。

智慧照明主要配备了多个 LED 云控制器（Wi-Fi 数据终端）、多个 LED 灯；LED 云控制器直接连接到 OneNET 云平台，可以直接通过远程对 LED 进行控制，同时辅助光照传感器实现 LED 灯自动控制；同时兼容本地开关，实现本地开/关 LED 灯。

智能路灯主要借助 NB-IoT 双灯控制器，配合 LED 路灯实现远端直接管控的目的；同时 NB-IoT 控制器直接连接 OneNET 平台，实现远端云控制。

智能抄表配备了 4G 数据终端（4G-DTU），可以对智能电表实现远程直接抄表，同时将抄表数据传输至 OneNET 平台。

（二）硬件方案设计

在关键产品选好型之后，便可以进行硬件方案设计。在硬件方案设计时应考虑电源问题、接口问题、尺寸问题等。参考硬件方案设计如图 1.4.11 ~ 图 1.4.13 所示。

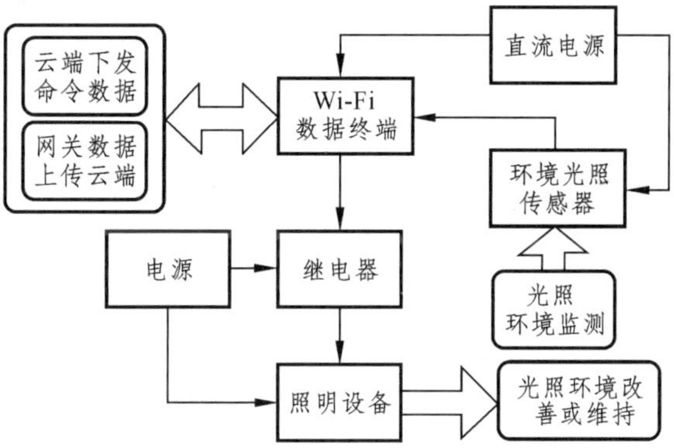

图 1.4.11　智慧照明系统硬件方案

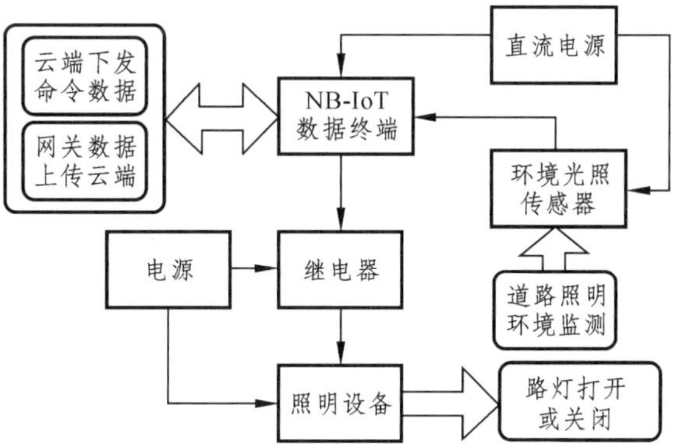

图 1.4.12　智能路灯系统硬件方案

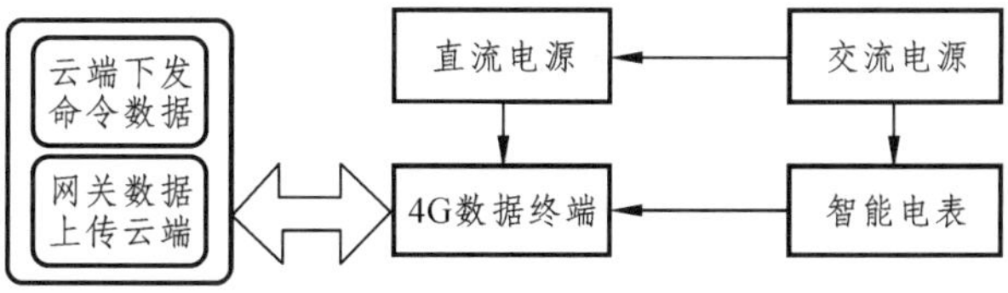

图 1.4.13　智能抄表系统硬件方案

对于智慧照明系统，环境光照度传感器进行环境的光强数据采集，并通过 RS-485 总线传送 Wi-Fi 数据终端，Wi-Fi 数据终端将数据通过以太网传送上云端。云平台可下发控制命令，控制驱动继电器，如开/关灯、灯光群控等。

对于智能路灯系统，环境光照度传感器进行环境的光强数据采集，并通过 RS-485 总线传送 NB-IoT 设备，NB-IoT 设备将数据通过 LPWA 传送上云端。云平台可下发命令驱动继电器执行动作，开/关路灯。

对于智能抄表系统，智能电表连接在用户进线位置，智能电表获取线路上的实时电压、电流值，并计算有功功率和无功功率等电路参数，将数据通过 RS-485 传输给 4G-DTU 设备，4G-DTU 设备将数据通过 4G 网络传输给云平台进行显示。

三、关键设备选型

（一）光照度传感器

光照度传感器是用来检测环境光照度的传感器，单位为 Lux。

1. 选型要求

（1）传感器电源供电为 DC 12 V。

（2）通信协议为 ModBus 通信协议。

（3）传感器量程：0 ~ 20 万 Lux。

（4）传感器精度：±5%（25 °C）。

（5）传感器响应时间：<10 s。

2. 设备选型表

请参照选型要求，查阅相关资料，完成设备选型表 1.4.2。

表 1.4.2　光照度传感器设备选型表

光照度传感器选型表			日期：	
注意	1. 除以下选型参数外，还应考虑安装尺寸和供电； 2. 通常大量程精度稍低，小量程精度较高			
型号	检测原理	传感器技术参数	应用领域	价格
CR-WIL	光敏半导体	电源：DC 9 ~ 24 V； 输出：RS-485（ModBus 协议）； 量程：0 ~ 20 万 Lux； 精度：±3%（25 °C） 响应时间：15 s	车间照明、户外照明	价格较贵
0231222	光敏半导体	电源：DC 10 ~ 30 V； 输出：RS-485（ModBus 协议）； 量程：0 ~ 20 万 Lux； 精度：±7%（25 °C）； 响应时间：18 s	室内光照检测、花卉培养室、农业大田	价格便宜
JXBS-3001-GZ	光敏半导体	电源：DC 12 ~ 24 V； 输出：RS-485（ModBus 协议）； 量程：0 ~ 20 万 Lux； 精度：±5%（25 °C）； 响应时间：<10 s	大棚环境、室外光照检测、路灯	价格适中
选择传感器型号为：JXBS-3001-GZ。 选型理由：传感器技术参数符合选型要求，价格适中，品牌知名				

经过选型，最终选择传感器型号为 JXBS-3001-GZ。JXBS-3001-GZ 光照度传感器外观如图 1.4.14 所示，该传感器的具体参数如表 1.4.3 所示。

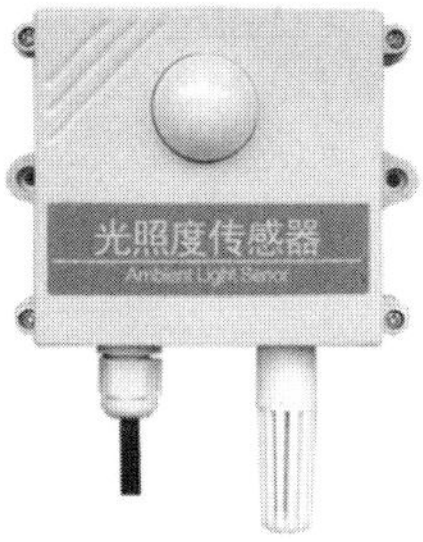

图 1.4.14 JXBS-3001-GZ 光照度传感器外观

表 1.4.3 JXBS-3001-GZ 光照度传感器参数表

参数名称	参数内容
直流供电	DC 12～24 V
功耗	<0.15 W（DC 12 V，25°）
光照强度精度	±5%（25 °C）
光照强度	0～65 535 Lux/0～20 万 Lux
长期稳定性（光照强度）	≤5%/年
输出信号	RS-485 输出（ModBus 协议）
波特率	9 600
工作压力范围	0.9～1.1 atm

（二）Wi-Fi 数据终端

Wi-Fi 数据终端设备选型参数要求如表 1.4.4 所示，请参照选型要求，查阅相关资料，完成设备选型表。

表 1.4.4 Wi-Fi 数据终端设备参数要求表

序号	名称	技术参数	其他说明
1	Wi-Fi 数据终端	1）传感器电源供电为 DC 12 V； 2）支持 RS-232 接口和 RS-485 接口； 3）支持 OneNET 云平台； 4）自带继电器，支持远程命令控制继电器； 5）支持无线标准 802.11 b/g/n	Wi-Fi 数据终端是指一类通过 Wi-Fi 自组网将其他协议转换为 TCP/IP 的设备，终端拥有多种接口，可连接不同协议的数据采集设备，在配置好终端后，将采集设备传输的数据转换为 TCP/IP 数据包上传到指定云平台服务器

（三）NB-IoT 数据终端

NB-IoT 数据终端设备选型参数要求如表 1.4.5 所示，请参照选型要求，查阅相关资料，完成设备选型表。

表 1.4.5　NB-IoT 数据终端设备选型参数要求表

序号	名称	技术参数	其他说明
1	NB-IoT 数据终端	1）传感器电源供电为 DC 12 V； 2）支持 RS-232 接口和 RS-485 接口； 3）支持 OneNET 云平台； 4）自带继电器，支持远程命令控制继电器	NB-IoT 又称窄带物联网，是基于物联网需求而诞生的技术，所以 NB-IoT 模块又被称为物联网模块，NB-IoT 设备是指能通过窄带物联网进行无线通信的设备

（四）4G 数据终端

4G 数据终端设备选型参数要求如表 1.4.6 所示，请参照选型要求，查阅相关资料，完成设备选型表。

表 1.4.6　4G 数据终端设备选型参数要求表

序号	名称	技术参数	其他说明
1	4G 数据终端	1）传感器电源供电为 DC 12 V； 2）支持 RS-232 接口和 RS-485 接口； 3）支持 OneNET 云平台； 4）支持 TCP、UDP、MQTT、HTTP； 5）支持移动、电信、联通 4G 网络	4G 终端也称为 4G DTU，是专门用于将串口数据转换为 IP 数据或将 IP 数据转换为串口数据并通过 4G 无线通信网络进行传输的无线终端设备

四、任务报告

（一）任务报告要求

（1）设计系统架构；写明系统架构所有设备名称，并说明其作用；绘制经过实验验证、完善后的系统框架图。

（2）设计硬件方案；写明硬件方案所有硬件设备名称，并说明其作用；绘制经过实验验证、完善后的硬件方案图；列出设计参考资料。

（3）设计系统运行逻辑方案；绘制经过实验验证、完善后的系统运行逻辑方案流程图；编写设计说明、使用说明。

（4）关键设备选型；绘制所用提及设备选型表；列出选型参考资料。

（二）任务报告评价标准

任务报告评价标准见表 1.4.7。

表 1.4.7　评价标准

项目名称	智能电网应用系统部署与实施
任务名称	智能电网系统方案设计
考核方式	任务报告单
说明	主要评价学生在任务学习过程中的理论知识、操作方式、学习态度、课堂表现、学习能力等

续表

考核内容与评价标准					
序号	内容	评价标准			评价比例/%
		优秀	良好	合格	
1	基本理论	能完全掌握该任务中所用到的基本理论知识；具有较强的发散思维	能较好掌握该任务中所用到的基本理论知识；具有良好的发散思维	能基本掌握该任务中所用到的基本理论知识；具有较好的发散思维	30
2	实践操作	能独立完成系统架构设计，且设计完整、合理；能够根据需求完成全部功能设计。硬件方案设计合理，电气、线路等设计无误。设备选型参数对比，选型理由充分合理	能完成系统架构设计，且设计完整、合理；能够根据需求完成全部功能设计。硬件方案设计合理，电气、线路等设计无误。设备选型参数对比，选型理由充分合理	能配合小组完成系统架构设计，且设计完整、合理；能够根据需求完成功能设计。硬件方案设计合理，电气、线路等设计无误。设备选型参数对比，选型理由充分合理	30
3	核心能力	具有良好的项目方案设计思维；具有严谨的科学态度	具有较好的项目方案设计思维；具有良好的科学态度	具有较好的项目方案设计思维；具有较好的科学态度	10
4	学习态度	具有良好的自主学习能力，能主动分析解决问题，勤学好问	具有较好的学习能力，具有一定分析解决问题的能力	能主动学习，能配合小组分析和解决问题	10
5	小组评价	具有良好的团队合作能力和团队沟通交流能力，热心帮助小组成员解决问题	具有较好的团队合作能力和团队沟通交流能力，能帮助小组成员解决问题	具有一定的团队合作能力和团队沟通交流能力，能配合小组成员完成任务	10
6	教师评价	涵盖以上所有内容	涵盖以上所有内容	涵盖以上所有内容	10
合计					100

任务 2　基于 Wi-Fi 网络室内智慧照明系统部署

【任务描述】

本任务首先通过 Wi-Fi 的云采集器和光照度传感器连接，将室内光照数据进行采集并上传至云端；其次通过基于 Wi-Fi 的 LED 云控制器连接室内 LED 照明灯，实现云端远程控制；最后在云端进行脚本撰写，将光照数据与 LED 灯控制关联，实现远程自动控制。

【任务目标】

（1）了解基于 Wi-Fi 终端的数据采集和设备控制的系统结构。

（2）掌握光照度传感器和云采集器的安装、连接、调试等方法。

（3）掌握照明灯和 LED 云控制器的安装、连接、调试等方法。

（4）学会在 OneNET 云平台通过脚本进行数据解析、数据处理及自动控制等操作。

一、光照环境数据采集系统部署

（一）系统结构分析

如图 1.4.15 所示为光照环境数据采集系统结构。光照度传感器将采集到的数据通过 RS-485 总线发送给云采集器，云采集器通过 2.4G 无线 Wi-Fi 网络上传至物联网云平台。

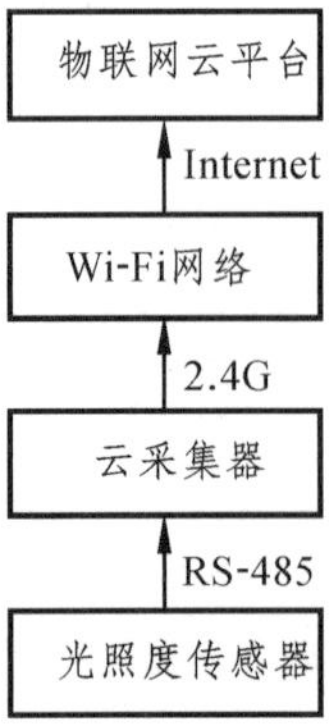

图 1.4.15　光照环境数据采集系统结构

（二）光照度传感器配置与测试操作

1. 光照度传感器配置

参照模块 5 传感器配置与测试，完成本系统传感器的配置与测试，并完成表 1.4.8。

表 1.4.8　光照度传感器参数表

序号	类型	名称	原地址	原波特率	配置后地址	配置后波特率
1						

2. 光照度传感器数据读取

读取传感器数据，完成表 1.4.9。

表 1.4.9　传感器数据

序号	传感器类型	读取次数	传感器数值
1	光照度传感器		

（三）光照采集仪配置与测试操作

图 1.4.16 为传感器云采集仪配置与测试的硬件连接示意图。

（1）将电源适配器（DC 12 V）接入通信终端电源口。

（2）用 USB 转串口线缆连接通信终端的 DB9 串口和计算机的 USB 接口。

按照以上方式将云采集器连接起来，配置方法详见模块 1 Wi-Fi 数据终端配置与测试。

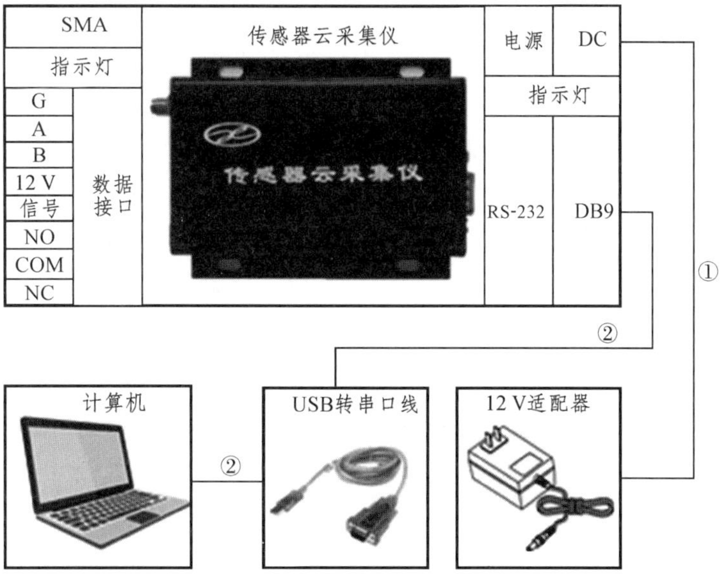

图 1.4.16　传感器云采集仪配置与测试硬件连接示意图

（四）光照采集系统安装与连接

图 1.4.17 所示为光照度采集系统布线图。

（1）光照度传感器和云采集器的供电使用实训架中配电柜 DC 12 V 输出供电。

（2）将光照度传感器的信号输出线与云采集器的 RS-485 接口连接。

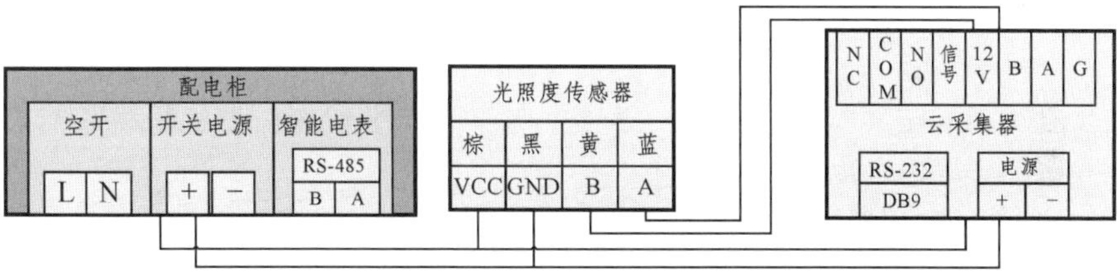

图 1.4.17　光照采集系统布线图

二、室内照明灯控制系统部署

（一）系统结构分析

本案例采用 LED 云控制器直接控制 LED 照明灯，其系统结构如图 1.4.18 所示。

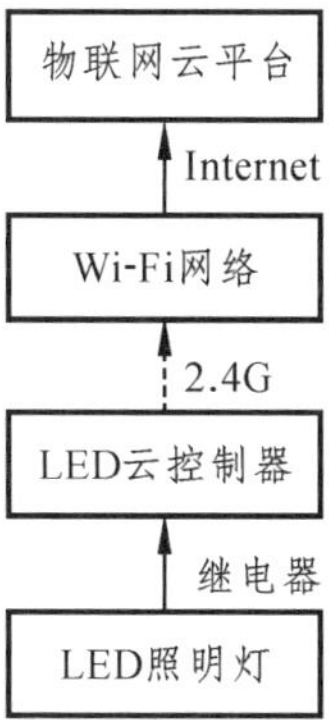

图 1.4.18　室内照明控制系统结构

（二）LED 云控制器配置与测试操作

图 1.4.19 所示为 LED 云控制器配置与测试的硬件连接示意图。

（1）将电源适配器（DC 12 V）接入 LED 云控制器的电源口。

（2）用 USB 转串口线缆连接通信终端的 DB9 串口和计算机的 USB 接口。

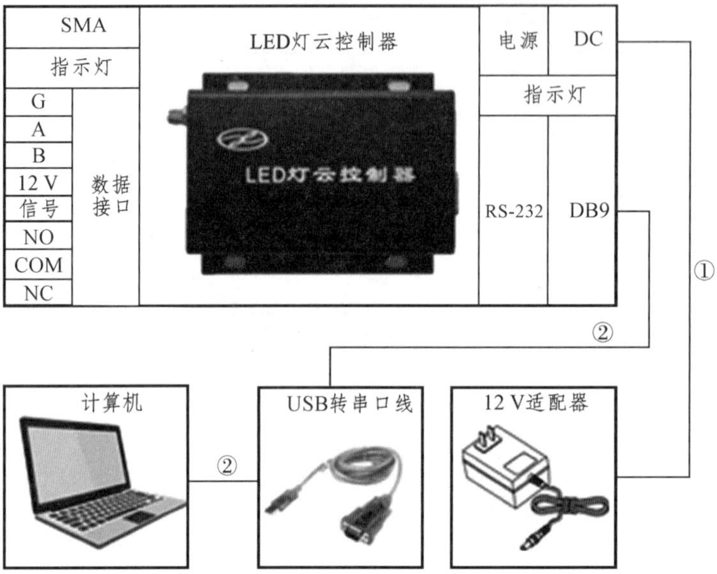

图 1.4.19　LED 云控制器配置与测试硬件连接示意图

按照以上方式将云采集器连接起来，配置方法详见模块 1 Wi-Fi 数据终端配置与测试。

（三）照明灯控制系统安装与连接

图 1.4.20 为照明灯控制系统布线图。

（1）LED 云控制器的供电使用实训架中配电柜 DC 12 V 输出供电。

（2）LED 灯使用专用的 DC 12 V 适配器进行供电。

（3）LED 正极的通断通过 LED 云控制器的继电器常开端来控制。

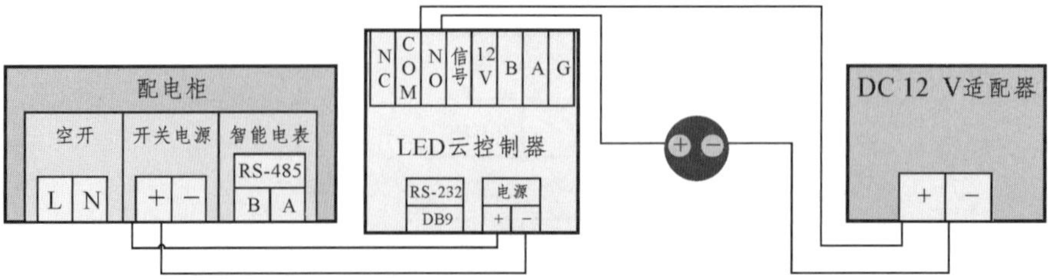

图 1.4.20　照明灯控制系统布线图

说明：为避免强电操作，实训系统中的 LED 灯全部采用 DC 12 V 供电。在真实应用中，只需要将以上布线图中的 DC 12 V 适配器换成市电 AC 220 V 即可。

三、智慧照明系统部署与调试

（一）系统结构分析

本案例使用 1 个光照度传感器和 6 个 LED 灯进行智慧照明系统部署。系统部署按照单个设备的结构综合起来，如图 1.4.21 所示。

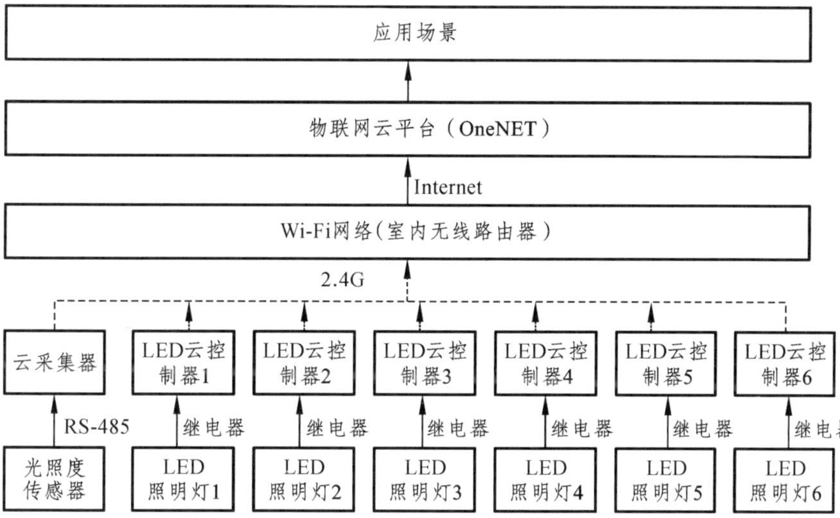

图 1.4.21　智慧照明系统部署

（二）设备安装及布线连接

根据应用场景的需要将设备固定安装在对应位置，设备间的布线连接如图 1.4.22 所示。

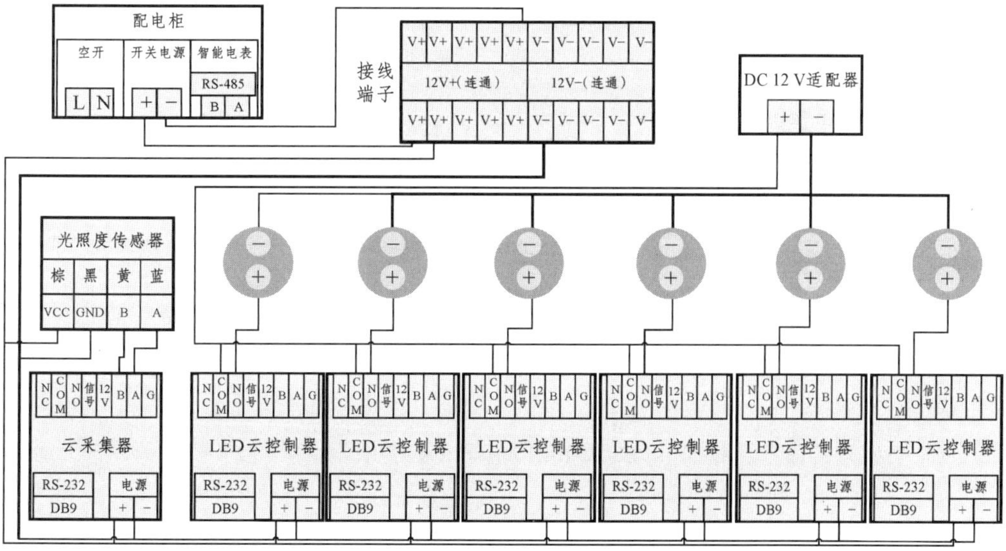

图 1.4.22　智慧照明系统布线

说明：为避免强电操作，实训系统中的 LED 灯全部采用 DC 12 V 供电。在真实应用中，只需要将以上布线图中的 DC 12 V 适配器换成市电 AC 220 V 即可。

（三）物联网云平台部署及调试

1. OneNET 云平台注册

如果没有在 OneNET 云平台注册的读者（用户）应先注册，注册方式详见模块 4 OneNET 云平台应用部署。已经在 OneNET 云平台注册的读者（用户）可以直接登录。

2. 云平台添加产品及设备

添加产品及设备的方法详见模块 4 OneNET 云平台应用部署。

注意：如果有产品可以在该产品下直接添加设备。

这里需要添加 1 个产品，以及在该产品下需要添加 7 个设备，建好之后完成表 1.4.10。

表 1.4.10　OneNET 云平台设备参数表

产品 ID					
工位号	设备名称	设备 ID	Lua 名称	鉴权信息（auth_info）	APIKEY
	LED 云控制器 1				
	LED 云控制器 2				
	LED 云控制器 3				
	LED 云控制器 4				
	LED 云控制器 5				
	LED 云控制器 6				
	云采集器				

注：① 产品 ID、设备 ID 是添加产品和设备时云平台自动生成的编号。
② Lua 名称是上传脚本用户自定义名称，在第 3 步完成后填写。
③ 鉴权信息（auth_info）是用户添加设备自定义的关键参数。
④ APIKEY 是设备添加后用户可以自定义的一组或多组设备参数，一般在访问云平台数据流时使用（App 或客户端获取云平台设备数据时使用）。

3. 云平台脚本撰写

1）光照度云采集器脚本

本案例中只需要对光照度传感器数据流进行解析，光照传感器需要采用命令读取数据，所以在解析数据前，需要在脚本上撰写自动发送读取光照传感器命令的代码；然后再对返回来的数据进行解析。

光照传感器的命令及数据格式如表 1.4.11 和表 1.4.12 所示。

表 1.4.11　问询帧

地址码	功能码	起始地址	数据长度	校验码低位	校验码高位
0x02	0x03	0x00 0x07	0x00 0x02	0x75	0xF9

表 1.4.12　应答帧（例如读到光照度为 794 Lux）

地址码	功能码	返回有效字节数	数据区	校验码低位	校验码高位
0x02	0x03	0x04	0x00 0x00 0x03 0x1A	0x48	0x08

注：以上数据以光照传感器地址配置为 0x02 进行测试验证。

那么此时定时发送读取光照的命令脚本代码如下：

```
--定时下发函数
function device_timer_init(dev)
-- 添加用户自定义代码 --
-- 例如： --
dev：timeout(0)
--每 10 s 下发一包数据，内容为查询光照度传感器命令
    dev:add(10,"ds_test","\2\3\0\7\0\2\117\249")
end
```

根据实际设置定时下发的间隔时间和下发命令的内容。此处设置定时下发间隔时间为 10 s，定时下发的内容为查询光照度传感器命令"\2\3\0\7\0\2\117\249"，即"02 03 00 07 00 02 75 F9"。

光照度传感器返回数据帧解析代码如下：

```
--设备数据分析函数
function device_data_analyze(dev)
local t={}
local a=0
-- 添加用户自定义代码 --
-- 例如： --
local s = dev：size()
    if to_shi(dev:bytes(1,1))=="02" then
      --将获取到的设备数据添加到 table 中
      add_val(t,"Illuminance",a,to_shi1(dev:bytes(4,4)))
end
dev：response()
-- return $1，$2 --
-- 例如： --
return s，to_json(t)
end
```

按照传感器数据包结构，提取光照度传感器数值，并将数据转换为十进制，添加到数据流中。

完整脚本文件详见路径：\典型物联网应用项目设计与实施\04 项目四智能电网应用系统开发与实施\01 OneNet 解析脚本\01 智慧照明。

2）LED 云控制器脚本

本案例中只有下发控制命令，所以直接采用空脚本上传即可。

4. 云平台脚本上传

进入 OneNET 云平台产品中的设备列表中，点击“上传脚本”，自定义脚本名称，选择编辑好的脚本文件，点击“上传”即可。

注意：上传之后需完成第 2 步中的“OneNET 云平台设备参数表”中的 Lua 名称一列。

5. 设备参数配置

明确各个设备的关键参数，填写在表 1.4.13 中。

表 1.4.13　设备参数配置

参数名称	参数值	说明
WIFI 名（SSID）		配置终端热点名称（无线路由器或 AP 的 SSID 名称）
WIFI 密码		配置加入网络的密码
服务器 IP	183.230.40.40（默认）	网络服务器 IP（默认为 OneNet 云平台 TCP 透传服务器 IP：183.230.40.40） 注意：如要修改，在工具中输入：183.230.040.040
服务器端口号	1811	网络服务器端口号（默认为 OneNet 云平台 TCP 透传服务器端口号：1811）
产品 ID		OneNe 云平台中对应产品 ID（Product ID）
产品密码		OneNe 云平台中对应设备的鉴权信息
LUA		OneNe 云平台中对应设备的脚本名称
RS-232_RS-485		RS-232 和 RS-485 接口选择（本案例中云采集器需要设置为 RS-485）
设置波特率	9600	串口波特率设置 （本案例中云采集器的波特率需要与光照度传感器通信波特率设置一致）

按照第 2 步中的 OneNET 云平台设备参数表对云采集器和 6 台 LED 云控制器分别进行配置，配置方法详见模块 1 Wi-Fi 数据终端配置与测试。

各个设备配置完之后需核实每个参数，具体参数值如下所示，无误后断电重启。

```
****************配置信息
****************
wifi ssid    :zwtech
wifi passWord:zw123456
Sever ip     :183.230.40.40
Sever port   :1811
OneNet ProductId:437844
OneNet DevKey   :wifidtu00
OneNet Lua      :zwtest
心跳始能：禁止
RS232_RS485：RS232
波特率：115200
**************************************
****
```

6. 功能调试

配置完后重启设备，保证 AP 能正常连接外网（由于校园网很多时候需要登录，建议用手机作为热点）。

打开云平台，可以看到各个设备此时已经在线，同时云采集器设备下会有光照强度数据流显示，如图 1.4.23 所示。

图 1.4.23　物联网云平台数据流

在 LED 云控制器设备下发如下控制命令，可以控制对应 LED 云控制器下的照明灯。

继电器控制：

开：发送："+++>JDQx.1"　　　　　返回："+++>JDQx.1"

关：发送："+++<JDQx.0"　　　　　返回："+++<JDQx.0"

四、任务报告

（一）任务报告要求

（1）详细记录光照环境传感器配置与测试过程和结论；绘制光照度传感器配置参数表，撰写光照度传感器配置与测试详细步骤和测试结果。

（2）详细记录光照采集仪配置与测试过程和结论；绘制光照采集仪配置参数表，撰写光照采集仪配置与测试详细步骤和测试结果。

（3）详细记录 LED 云控制器配置与测试过程和结论；绘制 LED 云控制器配置参数表，撰写 LED 云控制器配置与测试详细步骤和测试结果。

（4）详细记录照明灯控制系统安装、测试过程和结论，列出注意事项。

（5）智慧照明系统远程控制系统调试过程和结论；详细记录云平台部署与调试过程，列出部署与调试过程中遇到的问题以及解决方案，思考优化方案。

（二）任务报告评价标准

任务报告评价标准见表 1.4.14。

表 1.4.14　评价标准

项目名称	智能电网应用系统部署与实施				
任务名称	基于 Wi-Fi 网络室内智慧照明系统部署				
考核方式	任务报告单				
说明	主要评价学生在任务学习过程中的理论知识、操作方式、学习态度、课堂表现、学习能力等				
考核内容与评价标准					
序号	内容	评价标准			评价比例/%
		优秀	良好	合格	
1	基本理论	能完全掌握该任务中所用到的基本理论知识；具有较强的发散思维	能较好掌握该任务中所用到的基本理论知识；具有良好的发散思维	能基本掌握该任务中所用到的基本理论知识；具有较好的发散思维	30
2	实践操作	能熟练使用各种工具查询和收集相关资料，能将系统结构分析清晰，并且提出分析结论；能够按照分析结论进行系统部署。室内照明灯控制系统部署与调试思路清晰、控制效果良好；部署过程记录清晰，云平台设备参数记录完整；调试过程记录清晰，有最终调试结果与功能演示	能较熟练使用各种工具查询和收集相关资料，能将系统结构分析清晰；能够按照分析结论进行系统部署。室内照明灯控制系统部署与调试思路清晰、控制效果较好；有部署记录和云平台设备参数记录；调试过程记录清晰，有最终调试结果与功能演示	能将系统结构分析清晰；能够按照分析结论进行系统部署。有部署记录和云平台设备参数记录；调试过程记录清晰，有最终调试结果与功能演示	30
3	核心能力	具有良好的项目方案设计思维；具有严谨的科学态度	具有较好的项目方案设计思维；具有良好的科学态度	具有较好的项目方案设计思维；具有较好的科学态度	10
4	学习态度	具有良好的自主学习能力，能主动分析解决问题，勤学好问	具有较好的学习能力，具有一定分析解决问题的能力	能主动学习，能配合小组分析和解决问题	10
5	小组评价	具有良好的团队合作能力和团队沟通交流能力，热心帮助小组成员解决问题	具有较好的团队合作能力和团队沟通交流能力，能帮助小组成员解决问题	具有一定的团队合作能力和团队沟通交流能力，能配合小组成员完成任务	10
6	教师评价	涵盖以上所有内容	涵盖以上所有内容	涵盖以上所有内容	10
合计					100

任务 3　基于 NB-IoT 的智能路灯控制系统部署

【任务描述】

本任务通过基于 NB-IoT 的双路灯控制器连接 LED 路灯，实现云端远程控制。

【任务目标】

（1）了解基于 NB-IoT 技术及其应用。

（2）掌握路灯和 NB-IoT 双路灯控制器的安装、连接、调试等方法。

（3）学会在 OneNET 云平台通过脚本进行数据解析、数据处理及自动控制等操作。

一、NB-IoT 技术的应用场景

交通行业：包括车载信息服务（防盗、导航、远程诊断、信息娱乐等）、车载 Wi-Fi、车载定位监控、车载视频监控、电动自行车防盗等应用。

物流行业：包括货物跟踪管理、物流车辆调度等应用。

健康医疗：以可穿戴应用为主，包括关爱定位（老人手表、儿童手表、定位鞋、宠物定位）、无线血压计等应用。

零售行业：包括金融 POS 机、电子广告牌、自动售货机、移动货柜等应用。

抄表：包括电表、燃气表、水表等远程抄表应用。

公共设施：包括市政设施监控、气象与环境监测、城市灯光管理等应用。

智能家居：包括家庭安防、家居自动控制等应用。

智慧农业：包括种植、养殖业相关的数据采集和监控应用。

工业制造：包括智能工厂、智能产品（例如工程机械）、智能服务等应用。

企业能耗管理：包括企业、园区、楼宇的能源管理、能耗监控等应用。

企业安防：包括企业安防监控、电梯监控等应用。

二、NB-IoT 双路灯控制器配置与测试

（一）控制器接口认知

如图 1.4.24 所示，NB-IoT 双路灯控制器有天线接口、两个继电器接口、RS-232 串口、RS-485 接口、SIM 卡槽、ADC 接口和 IO 接口等。具体参数和功能说明如表 1.4.15 所示。

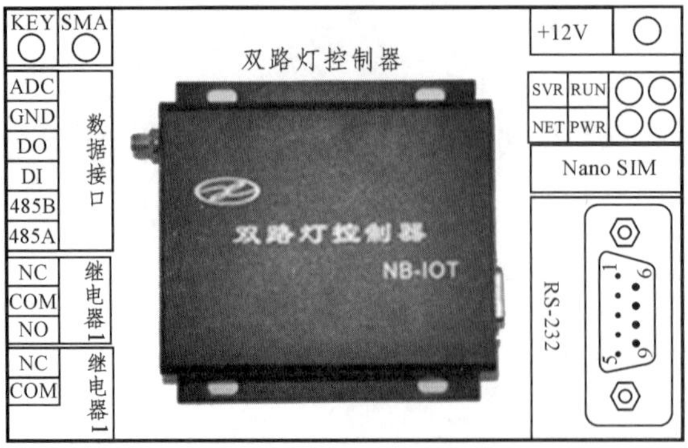

图 1.4.24　NB-IoT 双路灯控制器接口示意图

表 1.4.15　NB-IoT 双路灯控制器接口参数

关键字	功能说明	关键字	功能说明
NO	继电器常开输出	RS-232	RS-232 串口/DB9
COM	继电器公共端输入	NanoSIM	NanoSIM 卡槽
NC	继电器常闭输出	SVR	服务器连接指示灯
RS-485A	RS-485 接口 A+/R+	RUN	运行指示灯
RS-485B	RS-485 接口 B-/R-	NET	网络指示灯
DI	数字信号采集输入	PWR	电源指示灯
DO	数字信号驱动输出	+12 V	DC 12 V 电源接口（DC 5.5）
GND	接地	KEY	功能按键（复位按键）
ADC	模拟信号采集输入	SMA	天线接口

（二）设备配置连接

图 1.4.25 为 NB-IoT 双路灯控制器配置与测试硬件连接示意图。

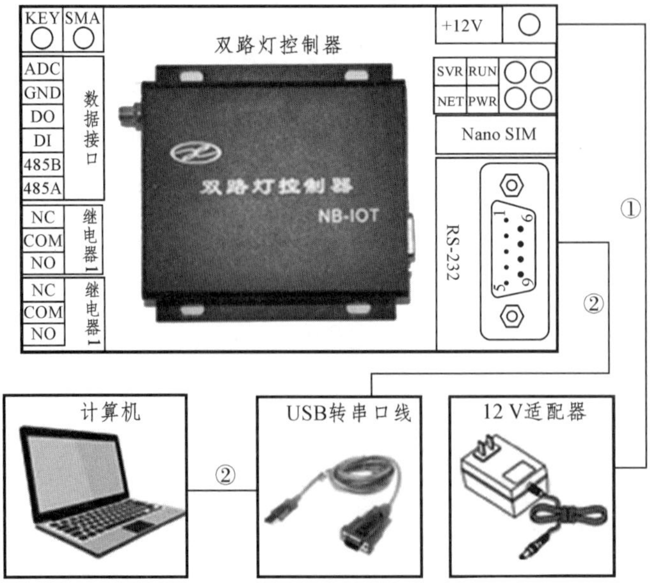

图 1.4.25　NB-IoT 双路灯控制器配置与测试硬件连接示意图

（1）将电源适配器（DC 12 V）接入双路灯控制器的电源口。

（2）用 USB 转串口线缆连接通信终端的 DB9 串口和计算机的 USB 接口。

注意：计算机第一次使用 USB 转串口线需要安装驱动，确保设备管理器正确识别线缆，并能正确分配到 COM 口。

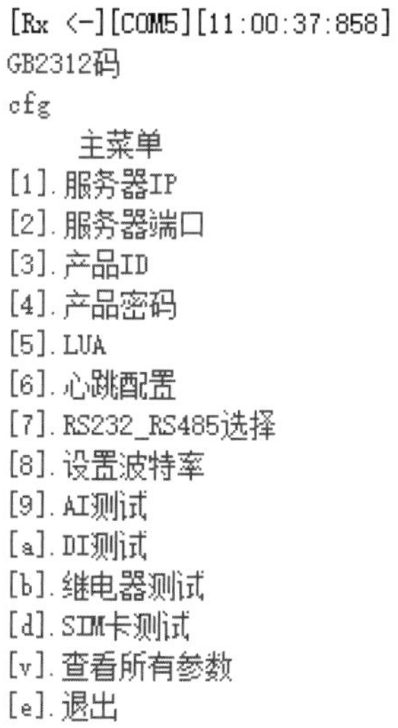

图 1.4.26　NB-IoT 双路灯控制器配置菜单

（三）设备配置操作

图 1.4.26 为 NB-IoT 双路灯控制器配置菜单，其具体参数说明如表 1.4.16 所示。双路灯控制器的配置方法与模块 1 Wi-Fi 数据终端配置基本一致，需注意如下几点：

（1）双路灯控制器基于 NB-IoT 通信，配置主菜单没有 Wi-Fi 数据终端的 SSID 配置和 Wi-Fi 密码配置两项。

（2）双路灯控制器多了 SIM 卡测试操作。详见主菜单，根据菜单提示一一配置并测试操作即可。

配置菜单说明见表 1.4.16。

表 1.4.16　配置菜单说明

命令号	命令名称	功能说明
1	服务器 IP	配置云平台或数据中心服务器 IP 地址（默认为 OneNET 云平台 TCP 透传服务器 IP：183.230.40.40）
2	服务器端口	配置云平台或数据中心服务器端口号（默认为 OneNET 云平台 TCP 透传服务器端口号：1811）
3	产品 ID	OneNET 云平台中对应产品 ID（Product ID）
4	产品密码	OneNET 云平台中对应设备的鉴权信息
5	LUA	OneNET 云平台中对应设备的脚本名称
6	心跳使能	网络心跳设置
7	RS-232_RS-485	RS-232 和 RS-485 接口选择
8	设置波特率	串口波特率设置
9	AI 测试	模拟输入测试
a	DI 测试	数字输入测试
b	继电器测试	继电器功能测试
d	SIM 卡测试	SIM 卡功能测试
v	查看所有参数	查看配置的所有参数
e	退出	退出当前命令

（四）手机配置操作

为了让用户更快捷地配置设备，卓物推出了手机 OTG 配置方案。

1. 硬件连接

将双路灯控制器接上电源适配器，并将串口通过 USB 转串口数据线和 OTG 转换器连接到手机上，如图 1.4.27 所示。

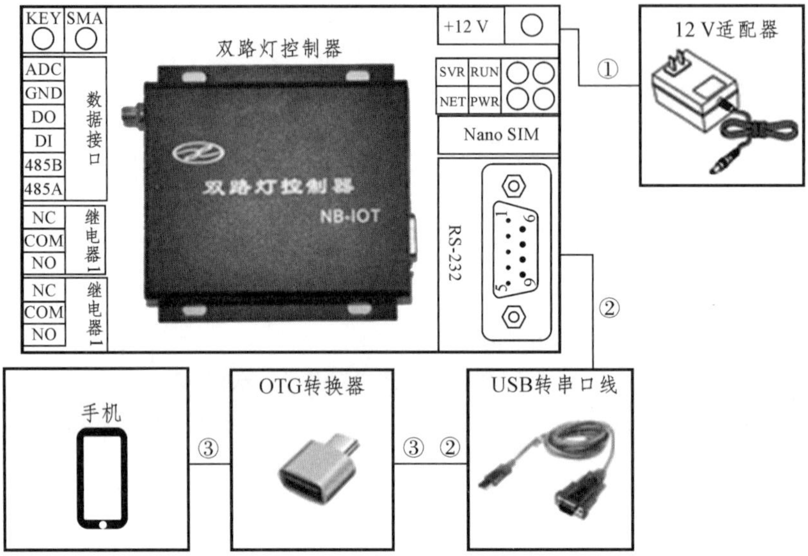

图 1.4.27　NB-IoT 双路灯控制器与手机连接示意图

2. 手机配置软件安装

先安装手机配置 APK 软件（路径：\典型物联网应用项目设计与实施\04 项目四 智能电网应用系统开发与实施\02 软件及工具\05 手机 dtu 配置软件）。

3. 手机配置软件操作

安装好 APK 后打开该软件，如图 1.4.28 所示，在接入设备的情况下第一次使用会弹出是否接入该 USB 设备的提示窗口，需要勾选“默认情况下用于该 USB 设备”选项。

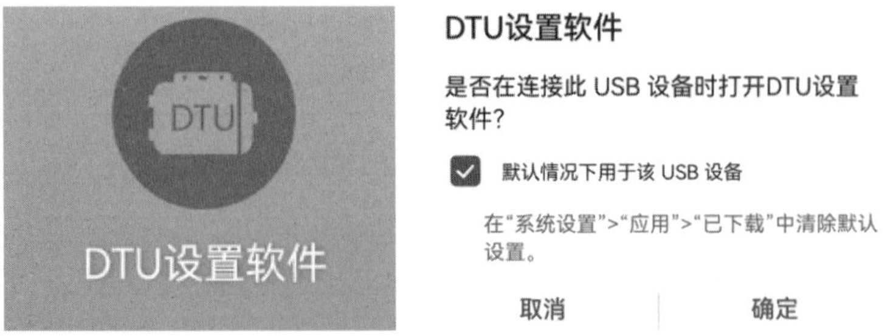

图 1.4.28　手机 DTU 配置软件

点击“连接”，状态为连接状态；重新上电设备，5 s 内点接“配置”，就会弹出配置主菜单；接下来的操作与 PC 配置类似，按照菜单挨个进行配置操作，在发送数据处输入“v”，点击“发送”，此时便会显示设备默认配置参数表。其界面如图 1.4.29 所示。

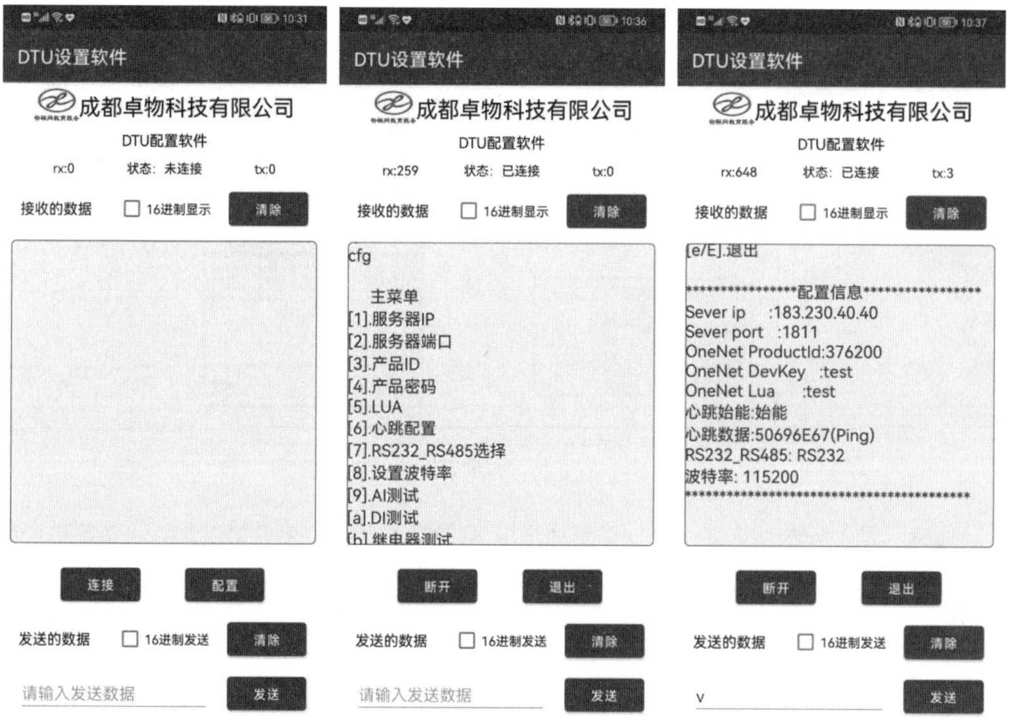

图 1.4.29　DTU 配置软件界面

按照主菜单及提示操作，对必要参数进行配置。

（五）设备通信测试

双路灯控制器通信测试方法与模块 1 Wi-Fi 数据终端通信测试基本一致，需要注意的是，Wi-Fi 数据终端在局域网就可以进行数据通信测试，而双路灯控制器使用的是 NB-IoT 通信，需要在广域网进行数据通信测试。

三、智能路灯系统部署与调试

（一）系统结构分析

本案例只有 1 台双路灯控制器控制 2 个路灯，结构较为简单，系统结构如图 1.4.30 所示。

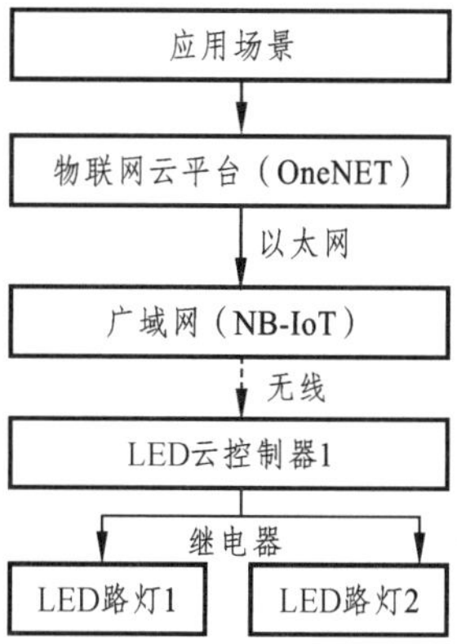

图 1.4.30　智能路灯控制系统结构

（二）设备安装与布线连接

根据应用场景需要将设备固定安装在对应位置，设备间的布线连接如图 1.4.31 所示。

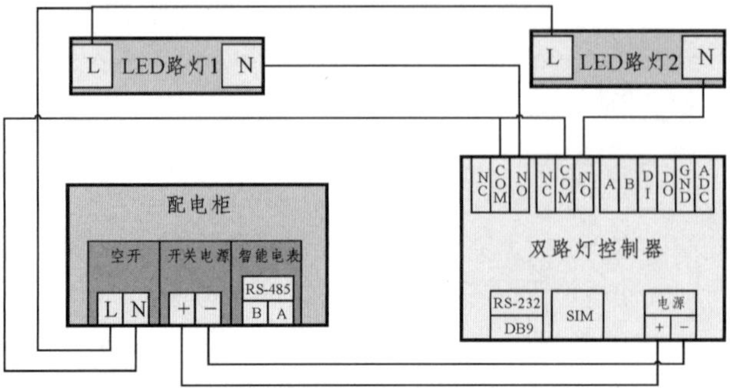

图 1.4.31 智能路灯控制系统布线示意图

注意：实训系统中配置的 LED 路灯为市电 AC 220 V 供电，默认情况下该设备已经安装连接，学生尽量不操作或在老师的指导下进行断电操作。

（三）物联网云平台部署及调试

1. OneNET 云平台注册

如果没有在 OneNET 云平台注册的读者（用户）应先注册，注册方式详见模块 4 OneNET 云平台应用部署。已经在 OneNET 云平台注册的读者（用户）可以直接登录。

2. 云平台添加产品及设备

添加产品及设备的方法详见模块 4 OneNET 云平台应用部署。

这里需要添加 1 个产品，以及在该产品下需要添加 1 个设备，建好之后完成表 1.4.17。

注意：如果有产品可以在该产品下直接添加设备。

表 1.4.17 OneNET 云平台设备参数表

产品 ID					
工位号	设备名称	设备 ID	Lua 名称	鉴权信息（auth_info）	APIKEY
	双路灯控制器				

注：① 产品 ID、设备 ID 是添加产品和设备时云平台自动生成的编号。

② Lua 名称是上传脚本用户自定义名称，在第 3 步完成后填写。

③ 鉴权信息（auth_info）是用户添加设备自定义的关键参数。

④ APIKEY 是设备添加后用户可以自定义的一组或多组设备参数，一般是在访问云平台数据流时使用（App 或客户端获取云平台设备数据时使用）。

3. 云平台脚本撰写

本案例中只有下发控制命令，所以可以直接采用空脚本上传。

4. 云平台脚本上传

进入 OneNET 云平台产品中的设备列表中，点击“上传脚本”，自定义脚本名称，选择编辑好的脚本文件，点击“上传”即可。

注意：上传之后需完成第 2 步中的“OneNET 云平台设备参数表”中的 Lua 名称一列。

5. 设备参数配置

明确各个设备的关键参数，完成表 1.4.18 中的设备参数配置。

表 1.4.18　设备参数配置表

参数名称	参数值	说明
服务器 IP	183.230.40.40（默认）	网络服务器 IP(默认为 OneNet 云平台 TCP 透传服务器 IP：183.230.40.40） 注意：如要修改，在工具中输入：183.230.040.040
服务器端口号	1811	网络服务器端口号(默认为 OneNet 云平台 TCP 透传服务器端口号：1811）
产品 ID		OneNe 云平台中对应产品 ID（Product ID）
产品密码		OneNe 云平台中对应设备的鉴权信息
LUA		OneNe 云平台中对应设备的脚本名称

按照第 2 步中的 OneNET 云平台设备参数表对双路灯控制器分别进行配置。

设备配置完之后核实每个参数，具体参数如图 1.4.32 所示，无误后断电重启。

```
****************配置信息*****************
Sever ip     :183.230.40.40
Sever port   :1811
OneNet ProductId:376200
OneNet DevKey   :test
OneNet Lua      :test
心跳始能:始能
心跳数据:50696E67(Ping)
RS232_RS485: RS232
波特率: 115200
*****************************************
```

图 1.4.32　双路灯控制器配置参数

6. 功能调试

配置完后重启设备，保证测试场地移动信号良好。打开云平台，可以看到各个设备此时已经在线。然后可以在“更多操作”处选择下发命令，进行远程控制路灯功能调试。如果此时双路灯控制器 RS-232 串口连接到了 PC 或者手机，那么可以在配置工具中看到从云平台下发的命令，并能够听到 NB-IoT 继电器动作的声音，路灯也会进行开关。

继电器控制命令：

（1）控制继电器 1：

开：发送："+++>JDQ1.1"　　　　返回："+++>JDQ1.1"

关：发送："+++>JDQ1.0"　　　　返回："+++>JDQ1.0"

（2）控制继电器 2：

开：发送："+++>JDQ2.1"　　　　返回："+++>JDQ2.1"

关：发送："+++>JDQ2.0"　　　　返回："+++>JDQ2.0"

四、任务报告

（一）任务报告要求

（1）详细记录双路灯控制器配置与测试过程和结论；绘制双路灯控制器配置参数表，撰写双路灯控制器配置与测试详细步骤和测试结果。

（2）详细记录智能路灯系统远程控制系统调试过程和结论；详细记录云平台部署与调试过程，列出部署与调试过程中遇到的问题以及解决方案，思考优化方案。

（二）任务报告评价标准

任务报告评价标准见表 1.4.19。

表 1.4.19 评价标准

项目名称	智能电网应用系统部署与实施			
任务名称	基于 NB-IoT 的智能路灯控制系统部署			
考核方式	任务报告单			
说明	主要评价学生在任务学习过程中的理论知识、操作方式、学习态度、课堂表现、学习能力等			
考核内容与评价标准				

序号	内容	评价标准			评价比例/%
		优秀	良好	合格	
1	基本理论	能完全掌握该任务中所用到的基本理论知识；具有较强的发散思维	能较好掌握该任务中所用到的基本理论知识；具有良好的发散思维	能基本掌握该任务中所用到的基本理论知识；具有较好的发散思维	30
2	实践操作	能熟练使用各种工具查询和收集相关资料，能将系统结构分析清晰，并且提出分析结论；能够按照分析结论进行系统部署。智能路灯控制系统部署与调试思路清晰、控制效果良好；部署过程记录清晰，云平台设备参数记录完整；调试过程记录清晰，有最终调试结果与功能演示	能较熟练使用各种工具查询和收集相关资料，能将系统结构分析清晰；能够按照分析结论进行系统部署。智能路灯控制系统部署与调试思路清晰、控制效果较好；有部署记录和云平台设备参数记录；调试过程记录清晰，有最终调试结果与功能演示	能将系统结构分析清晰；能够按照分析结论进行系统部署。有部署记录和云平台设备参数记录；调试过程记录清晰，有最终调试结果与功能演示	30
3	核心能力	具有良好的项目方案设计思维；具有严谨的科学态度	具有较好的项目方案设计思维；具有良好的科学态度	具有较好的项目方案设计思维；具有较好的科学态度	10
4	学习态度	具有良好的自主学习能力，能主动分析解决问题，勤学好问	具有较好的学习能力，具有一定分析解决问题的能力	能主动学习，能配合小组分析和解决问题	10
5	小组评价	具有良好的团队合作能力和团队沟通交流能力，热心帮助小组成员解决问题	具有较好的团队合作能力和团队沟通交流能力，能帮助小组成员解决问题	具有一定的团队合作能力和团队沟通交流能力，能配合小组成员完成任务	10
6	教师评价	涵盖以上所有内容	涵盖以上所有内容	涵盖以上所有内容	10
合计					100

任务 4　基于 4G 的智能抄表系统部署

【任务描述】

本任务通过基于 4G 数据终端连接到物联网云平台，对智能电表的数据进行远程读取。

【任务目标】

（1）了解 4G 技术的发展和应用。

（2）掌握 4G-DTU 设备的部署及功能调试。

（3）掌握 OneNET 物联网云平台的使用。

（4）掌握智能抄表系统的部署和调试。

（5）了解智能电表的数据传输格式，以及智能电表数据读取的方法。

（6）学会使用云平台接入 4G 设备，对智能电表数据监测。

一、4G 技术的发展和应用场景

经过二十几年的研究，尤其是近十年来，4G 通信技术取得了重大的进步，从 2010 年开始，逐步在全球范围内投入商业使用，到目前，已经取得了重大的进展，用户数量不断提升。

根据国家统计局的相关数据，截至 2021 年末移动电话基站数为 996 万个，其中 4G 基站 590 万个，5G 基站 143 万个。全国电话用户总数为 182 353 万户，其中移动电话用户 164 283 万户。移动电话普及率为 116.3 部/百人。

4G 技术目前主要应用在智能手机、无线路由器、便携式 Wi-Fi 设备、数据卡等个人消费领域，以及车联网、高清视频监控、电力抄表、工业路由器、金融支付、智慧城市等行业应用领域。随着技术变革的不断加深，将进一步影响人们的生活方式，更多的应用场景将不断涌现。未来虚拟现实、人工智能、无人驾驶、云办公、大数据采集等领域都离不开 4G 通信技术的支撑。

4G 技术广泛应用车联网、智能物流、工业路由器等领域，目前即将兴起的领域还有虚拟现实、智能驾驶、VoLTE 高清晰语音等领域。

二、4G 数据终端配置与测试

1. 4G 数据终端接口认知

如图 1.4.33 所示，4G 数据终端设备的接口有天线接口、电源接口、RS-232 串口、RS-485 接口和 SIM 卡槽等，还有一个 USB 口用于固件升级。表 1.4.20 详细描述了 4G 数据终端各接口的功能。

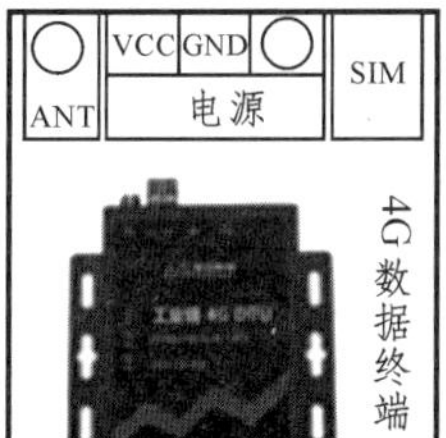

图 1.4.33　4G 数据终端接口示意图

表 1.4.20 4G 数据终端接口说明

关键字	功能说明	关键字	功能说明
RS-485	RS-485 接口标志	SYS	系统运行指示灯
A	RS-485 接口 A+/R+	4G	4G 信号指示灯
B	RS-485 接口 B-/R-	LINK	网络连接指示灯
RS-232	RS-232 串口/DB9	VCC	电源正极
SIM	SIM 卡槽	GND	电源负（接地）
天线	4G 天线接口	电源	DC 12 V 电源接口（DC 5.5）

2. 设备配置连接

图 1.4.34 为 4G 数据终端配置与测试硬件连接示意图。

（1）将电源适配器（DC 12 V）接入 4G 数据终端的电源口。

（2）用 USB 转串口线缆连接 4G 数据终端的 DB9 串口和计算机的 USB 接口。

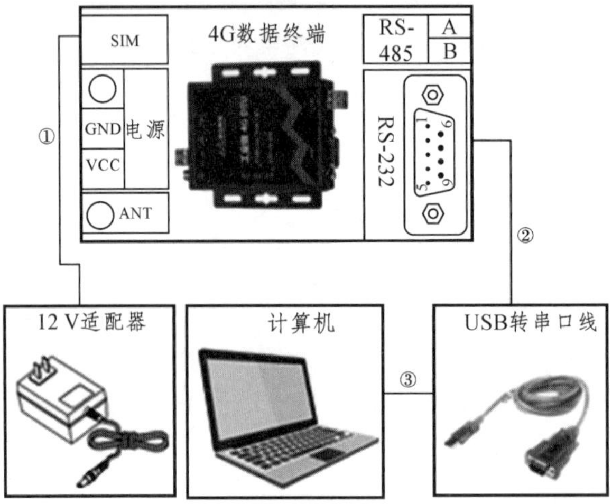

图 1.4.34 4G 数据终端配置与测试硬件连接示意图

注意：

① 两个电源接口只能选其中一个，不能两个口同时接电源。

② RS-232 和 RS-485 使用同一 UART，只能使用一个，不能同时使用，不然会产生数据冲突。

③ 计算机第一次使用 USB 转串口线需要安装驱动，确保设备管理器正确识别线缆，并能正确分配到 COM 口。

3. 打开配置软件并设置

配置软件名称：ZSDevConfig1.1.6.exe。

配置软件路径：\典型物联网应用项目设计与实施\04 项目四 智能电网应用系统开发与实施\02 软件及工具\01 4G-DTU 配置软件。

（1）第一次打开软件需要选择 JSON 配置文件，选择“JsonConfig-4G DTU CAT1 B1.json”，还需选择 js 配置文件，选择“JavaScript.js”。

（2）选择设备参数配置，在右侧中配置串口参数并选择连接，默认 9600，8N1。

（3）右侧点击选择命令集，如图 1.4.35 所示。

图 1.4.35　4G 数据终端配置软件串口参数设置图

4. 读取 4G 数据终端参数

如图 1.4.36 所示，参数读取成功后会提示读取成功，参数值区域也会有默认参数。

注意事项：如果出现不能读取出设备参数的情况，要注意排查 DTU 供电是否正常，串口线接线是否正确，串口号、波特率是否选择正确（设备出厂的波特率是 9600，8N1），USB 转串口线是否有问题。

图 1.4.36　读取 4G 数据终端参数

5. 创建远端服务器

4G 数据终端需要在广域网进行功能测试，本案例选用的远端服务器参数如下：

服务器 IP：139.9.242.199

服务器端口号：4700

在远端服务器采用 TCP 调试工具创建服务器并启动监听，如图 1.4.37 所示。

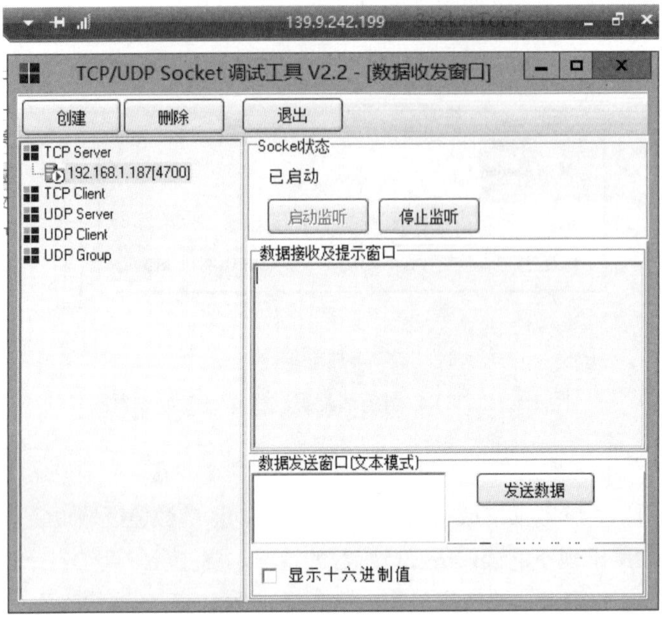

图 1.4.37　远程服务器监听界面

注意：远端云服务器需要提前在后台映射开放端口。

6.配置 4G 数据终端

如图 1.4.38 所示，配置 4G 数据终端。

（1）选择自建数据中心 1。

（2）需要配置三个参数，网络协议、IP 地址、端口号。

网络协议为:TCP-Client；

服务器 IP：139.9.242.199；

服务器端口号：4700。

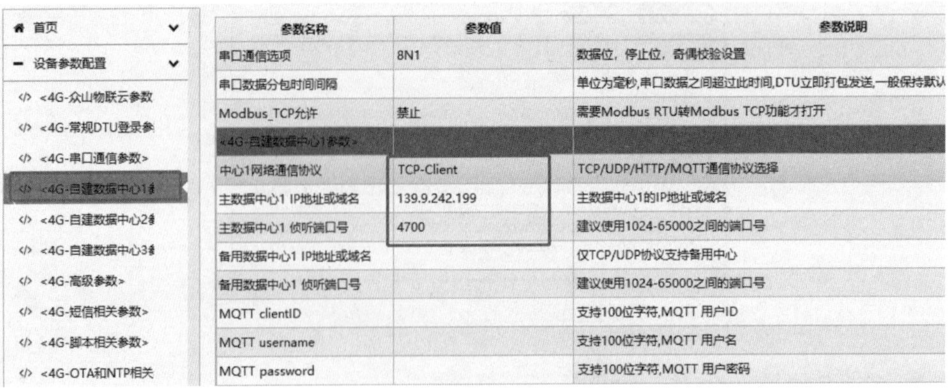

图 1.4.38　配置 4G 数据终端

7. 4G 数据终端通信测试

参数配置完成后，如图 1.4.39 所示，先选择设置参数，再选择复位设备。

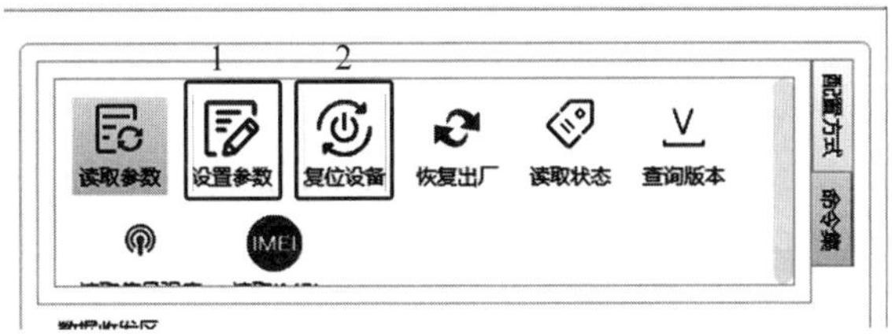

图 1.4.39　设置参数与复位设备

设备自动询网并连接到服务器，图 1.4.40 表示连接成功。

图 1.4.40　4G 数据终端连接到远程服务器

连接成功后可以通过 4G 数据终端的 RS-232 或 RS-485 接口与服务器进行数据通信，如图 1.4.41 所示。

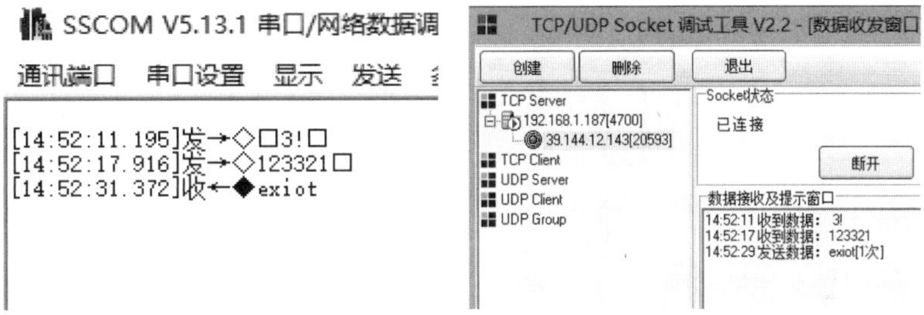

图 1.4.41　4G 数据终端与服务器通信测试

三、智能电表配置与测试

1. 智能电表认知

单相电子式电能表（导轨）针对电力系统、通信行业、建筑行业等电力监控和电能计量需求而设计，主要对电气线路中的电压、电流、功率、频率、电能等参数进行实时测量与显示，采用标准 DIN 35 mm 导轨式安装，具有体积小、易安装、易组网等优点，可广泛应用于工矿企业、宾馆、学校、大型公建内部电能考核与监测。

本实训架上的智能电表为 DDSU666.004 型单相电子式电能表，仪表采用 RS-485 通信方式，波特率可设为 1 200 b/s、2 400 b/s、4 800 b/s、9 600 b/s。其接口情况如图 1.4.42 所示。

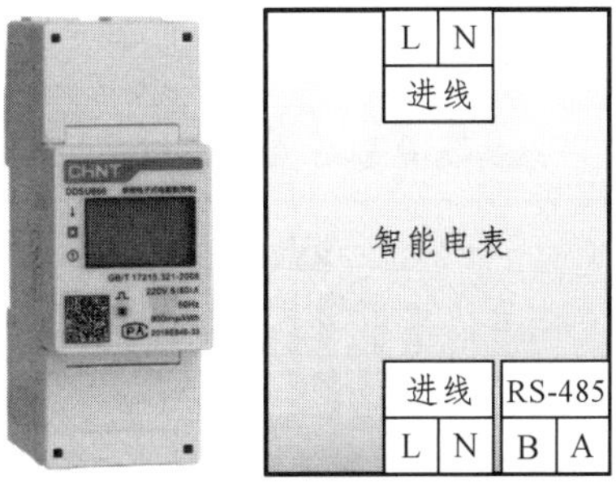

图 1.4.42　智能电表接口示意图

2. RS-485 模式配置

电表按键长按 8 s 进入配置模式，然后翻到第 10 个页面，配置为图 1.4.43 显示的模式。

Page10	NO. Modbus	表示当前通信协议为 Modbus

图 1.4.43　智能电表 RS-485 模式

3. RS-485 参数配置

如图 1.4.44 所示，配置 RS-485 参数，数据位：8；停止位：1；地址：011；波特率：9 600 b/s。

Page11	NO. 8n1	表示当前通信协议 8 个数据位、无效验位和 1 个停止位
Page12	NO. 011	表示当前通信地址为 11
Page13	NO. bAUd-3	表示当前通信波特率为 9 600 b/s

图 1.4.44　智能电表 RS-485 参数配置

4. 查看电表数据

如图 1.4.45 所示，查看电表数据。

Page11	U 220.0 V	表示当前显示电压 U，单位为“V”，左图为 U=220.0 V
Page12	I 5.000 A	表示当前显示电流 I，单位为“A”，左图为 I=5 000 A
Page13	P 1.100 kW	表示当前显示有功功率 P，单位为“kW”，左图为 P=1.100 kW

图 1.4.45　智能电表数据

四、智能抄表系统部署与调试

（一）系统结构分析

本案例通过 4G 数据终端连接到智能电表进行数据采集，结构较为简单，如图 1.4.46 所示。

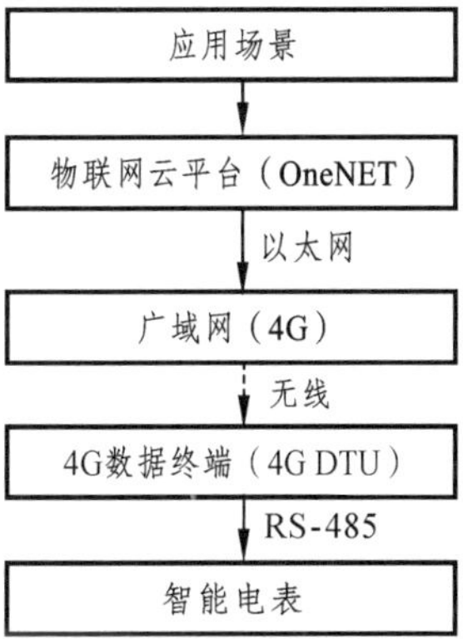

图 1.4.46　智能抄表系统结构

（二）设备安装与布线连接

智能电表已经安装到实训架的配电柜中，里面涉及市电 AC 220 V，建议学生在老师指导下进行打开，并将 4G 数据终端的电源和 RS-485 信号线连接，如图 1.4.47 所示。

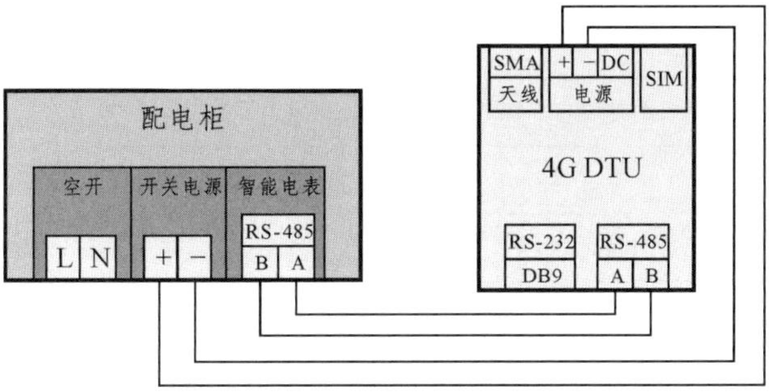

图 1.4.47　智能抄表系统布线

（三）物联网云平台部署及调试

1. OneNET 云平台注册

如果没有在 OneNET 云平台注册的读者（用户）应先注册，注册方式详见模块 4 OneNET 云平台应用部署。已经在 OneNET 云平台注册的读者（用户）可以直接登录。

2. 云平台添加产品及设备

添加产品及设备的方法详见模块 4 OneNET 云平台应用部署。

这里需要添加 1 个产品，以及在该产品下需要添加 1 个设备，建好之后完成表 1.4.21。

注意：如果有产品可以在该产品下直接添加设备。

表 1.4.21　OneNET 云平台设备参数表

产品 ID					
工位号	设备名称	设备 ID	Lua 名称	鉴权信息（auth_info）	APIKEY
	4G 数据终端				

注：① 产品 ID、设备 ID 是添加产品和设备时云平台自动生成的编号。
② Lua 名称是上传脚本用户自定义名称，在第 3 步完成后填写。
③ 鉴权信息（auth_info）是用户添加设备自定义的关键参数。
④ APIKEY 是设备添加后用户可以自定义的一组或多组设备参数，一般是在访问云平台数据流时使用（App 或客户端获取云平台设备数据时使用）。

3. 云平台脚本撰写

本案例中只需要对智能电表数据流进行解析，智能电表需要采用命令去读取数据，所以在解析数据前，需要在脚本上撰写自动发送读取智能电表命令的代码，然后再对返回来的数据进行解析。

智能电表通信协议采用 ModBus-RTU 通信协议。其信息帧格式如表 1.4.22 所示。

表 1.4.22　信息帧格式

开始	地址码	功能码	数据区	CRC 校验码	结束
大于 3.5 个字符停顿时间	1 字节	1 字节	*n* 字节	2 字节	大于 3.5 个字符停顿时间

仪表支持表 1.4.23 中描述的两个功能码。

表 1.4.23　功能码

功能码	定义	操作
03H	读寄存器	读取一个或多个寄存器的数据
10H	写多路寄存器	把 *n* 个 16 位二进制数据写入 *n* 个连续寄存器

电表寄存器地址和相关参数如表 1.4.24 所示。

表 1.4.24　电表寄存器地址和相关参数

参数地址	参数代号	参数说明	数据类型	数据长度/Word	读写属性
编程参数					
0000H	UcodE	编程密码 codE	int	1	R
0001H	REV.	软件版本	int	1	R/W
0002H	CLrE	电能清零 CLr.E	int	1	R/W
0005H	ChangeProtocol	协议切换设置	int	1	R/W
0006H	Addr	此地址只有 ModBus-RTU 时有效	int	1	R/W
000CH	BAud	波特率	int	1	R/W

续表

参数地址	参数代号	参数说明	数据类型	数据长度/Word	读写属性
二次侧电量数据					
2000H	U	A 相电压	float	2	R/W
2002H	I	A 相电流	float	2	R/W
2004H	P	瞬时总有功功率	float	2	R/W
2006H	Q	瞬时总无功功率	float	2	R/W
2008H	S	瞬时总视在功率	float	2	R/W
200AH	PF	总功功率因数	float	2	R/W
200EH	Freq	电网频率	float	2	R/W
电能二次侧数据					
4000H	Ep	有功总电能	float	2	R/W

本案例主要读取电压、电流、功率、电量 4 个数据。

（1）读取电压、电流、瞬时有功功率：01 03 20 00 00 06 CE 08。

（2）读取有功总电能：01 03 40 00 00 02 D1 CB。

为了获取以上 4 个数据，需要发送 2 条命令，通过脚本定时发送这 2 条命令。

```
--定时下发函数
function device_timer_init(dev)
-- 添加用户自定义代码 --
-- 例如： --
--获取电压、电流、有功功率  01 03 20 00 00 06 CE 08
-- dev:timeout(10)
-- dev:send("\1\3\32\0\0\6\206\8")
dev:add(10,"V_E_Ap","\1\3\32\0\0\6\206\8")
--获取有功总电能  01 03 40 00 00 02 D1 CB
-- dev:timeout(13)
-- dev:send("\1\3\64\0\0\2\209\203")
dev:add(30,"Electric_Quantity","\1\3\64\0\0\2\209\203")
end
```

以上脚本每隔 10 s 发送读取电压、电流和瞬时功率数据；每隔 30 s 发送读取总电能（电量）数据。

数据读取之后需要通过脚本来解析。

```
--设备数据分析函数
function device_data_analyze(dev)
local t={}
local a=0
-- 添加用户自定义代码 --
-- 例如： --
local s = dev：size()
if (s==17) then
add_val(t，"V_E_Ap"，a，to_hex(dev：bytes(1，s)))  --电压电流功率
elseif (s==9) then
add_val(t，"Electric_Quantity"，a，to_hex(dev：bytes(1，s))) --电能
end
dev：response()
-- dev：send("received")  --发送应答
-- return $1，$2 --
-- 例如： --
return s，to_json(t)
end
```

脚本解析函数表示：获取到数据后，判断数据长度，若为 17，则表示数据为电压电流功率数据；若为 9，则表示数据为电能数据。最后将获取到的数据转换为十六进制并添加到数据流中。

4. 云平台脚本上传

进入 OneNET 云平台产品中的设备列表中，点击“上传脚本”，自定义脚本名称，选择编辑好的脚本文件，点击“上传”即可。

注意：上传之后完成第 2 步中的“OneNET 云平台设备参数表”中的 Lua 名称一列。

5. 设备参数配置

明确各个设备的关键参数，如表 1.4.25 所示。

表 1.4.25　设备参数配置

参数名称	参数值	说明
服务器 IP	183.230.40.40（默认）	网络服务器 IP（默认为 OneNet 云平台 TCP 透传服务器 IP：183.230.40.40） 注意：如要修改，在工具中输入：183.230.040.040
服务器端口号	1811	网络服务器端口号（默认为 OneNet 云平台 TCP 透传服务器端口号：1811）
产品 ID		OneNe 云平台中对应产品 ID（Product ID）
产品密码		OneNe 云平台中对应设备的鉴权信息
LUA		OneNe 云平台中对应设备的脚本名称

先对 4G 数据终端的网络服务器参数进行配置。配置过程如图 1.4.48 所示。

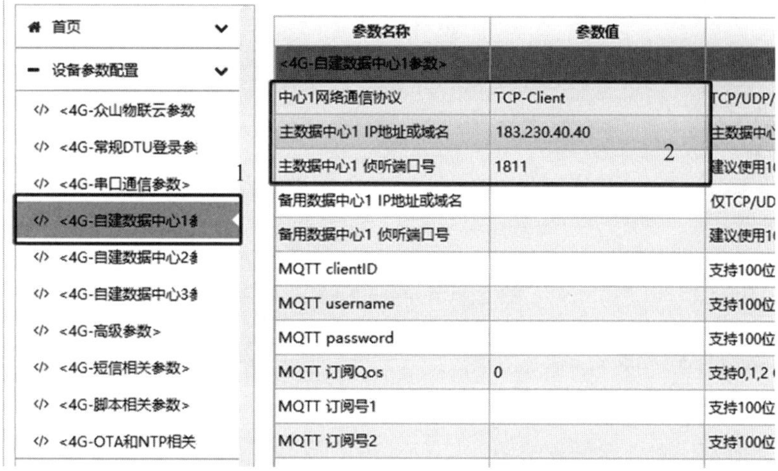

图 1.4.48　4G 数据终端 OneNET 云平台参数配置

高级参数配置：这里主要是配置 OneNET 产品和设备参数。配置过程如图 1.4.49 所示。需要配置两个参数：登录模式、登录包内容。

（1）登录模式选择“有登录包，中心无应答”。

（2）登录包内容格式为 HEX，需要将原登录信息转换为 HEX 再配置。

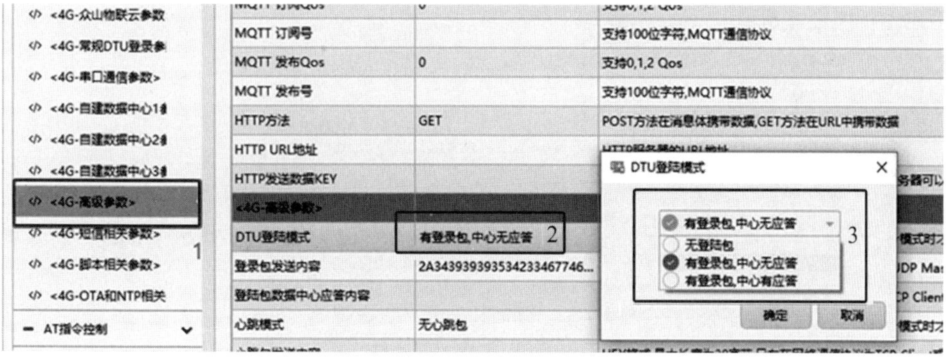

图 1.4.49　4G 数据终端 OneNET 云平台登录包数据配置

登录信息配置：设备上电，与 OneNET 接入服务（域名为：dtu.heclouds.com）建立 TCP 连接，发送登录报文，格式如下：

$PID#$AUTH_INFO#$PARSER_NAME

示例：

12346#sn823mdn#testlua

其中，参数解释如下：

PID：产品 ID，创建产品时 OneNET 生成的产品唯一性数字标识；

AUTH_INFO：设备鉴权信息，在设备注册时，用户创建设备时指定的唯一字符串标识；

PARSER_NAME：用户自定义解析脚本的名称，用户上传脚本时指定的唯一字符串标识。

由于 4G 数据终端登录包内容需要为十六机制，所以需要将以上报文转换为十六进制，如图 1.4.50 所示。

字符格式：*12346#sn823mdn#testlua*

十六进制格式：2a313233343623736e3832336d646e23746573746c75612a

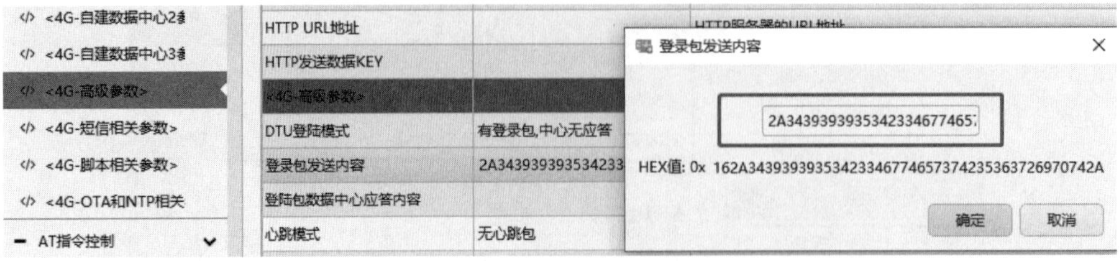

图 1.4.50　4G 数据终端 OneNET 云平台登录参数

6. 4G 数据终端在线测试

参数配置完成后，先选择设置参数，再选择复位设备。如图 1.4.51 所示，在 OneNET 平台上看到设备在线，则表示配置成功。

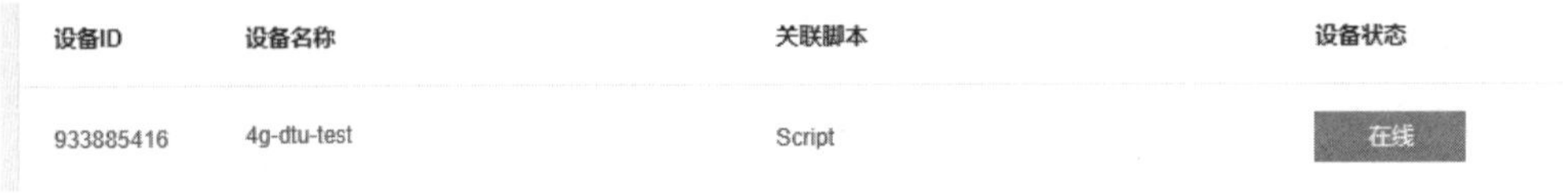

图 1.4.51　4G 数据终端在线

7. 功能调试

在该设备下会有如下数据流显示。

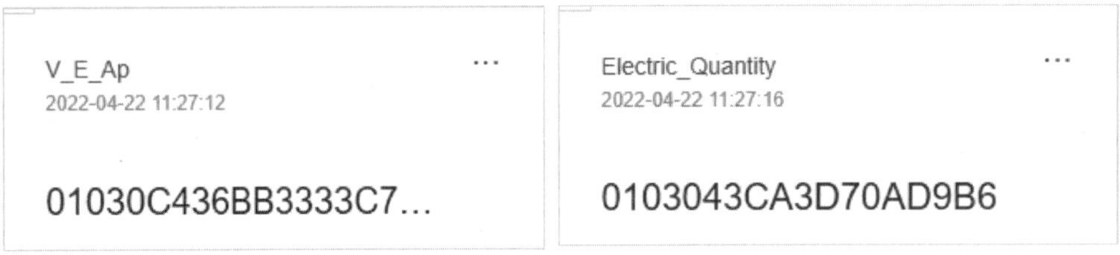

图 1.4.52　OneNET 云平台数据流

图 1.4.52 数据表示：

（1）获取到的电压、电流、瞬时总有功功率数据为

01030C436BB3333C75C28FBB5ED289400C

根据协议提取数据为:

电压 V = 436BB333　H = 235.7 F，即电压 V = 235.7 V；

电流 I = 3C75C28F　H = 0.015 F，即电流为 I = 0.015 A；

瞬时总有功功率 P = BB5ED289　H = －0.0271 F，取绝对值，即瞬时总有功功率 P = 0.0271 W。

（2）获取到的有功总电能数据为

0103043CA3D70AD9B6

根据协议提取数据为

有功总电能 Ep = 3CA3D70A　H = 0.02 F，即有功总电能 Ep = 0.02 kW・h。

五、任务报告

（一）任务报告要求

（1）详细记录 4G 数据终端配置与测试过程和结论；绘制 4G 数据终端配置参数表，撰写 4G 数据终端配置与测试详细步骤和测试结果。

（2）详细记录智能电表配置与测试过程和结论；绘制智能电表配置参数表，撰写智能电表配置与测试详细步骤和测试结果。

（3）详细记录智能抄表系统部署与调试过程和结论，列出注意事项。

（4）智能抄表系统远程控制系统调试过程和结论；详细记录云平台部署与调试过程，列出部署与调试过程中遇到的问题以及解决方案，思考优化方案。

（二）任务报告评价标准

任务报告评价标准见表 1.4.26。

表 1.4.26　评价标准

项目名称	智能电网应用系统部署与实施				
任务名称	基于 4G 的智能抄表系统部署				
考核方式	任务报告单				
说明	主要评价学生在任务学习过程中的理论知识、操作方式、学习态度、课堂表现、学习能力等				
考核内容与评价标准					
序号	内容	评价标准			评价比例/%
		优秀	良好	合格	
1	基本理论	能完全掌握该任务中所用到的基本理论知识；具有较强的发散思维	能较好掌握该任务中所用到的基本理论知识；具有良好的发散思维	能基本掌握该任务中所用到的基本理论知识；具有较好的发散思维	30
2	实践操作	能熟练使用各种工具查询和收集相关资料，能将系统结构分析清晰，并且提出分析结论；能够按照分析结论进行系统部署。智能抄表系统部署与调试思路清晰、控制效果良好；部署过程记录清晰，云平台设备参数记录完整；调试过程记录清晰，有最终调试结果与功能演示	能较熟练使用各种工具查询和收集相关资料，能将系统结构分析清晰；能够按照分析结论进行系统部署。智能抄表系统部署与调试思路清晰、控制效果较好；有部署记录和云平台设备参数记录；调试过程记录清晰，有最终调试结果与功能演示	能将系统结构分析清晰；能够按照分析结论进行系统部署。有部署记录和云平台设备参数记录；调试过程记录清晰，有最终调试结果与功能演示	30
3	核心能力	具有良好的项目方案设计思维；具有严谨的科学态度	具有较好的项目方案设计思维；具有良好的科学态度	具有较好的项目方案设计思维；具有较好的科学态度	10

续表

序号	内容	评价标准			评价比例/%
		优秀	良好	合格	
4	学习态度	具有良好的自主学习能力，能主动分析解决问题，勤学好问	具有较好的学习能力，具有一定分析解决问题的能力	能主动学习，能配合小组分析和解决问题	10
5	小组评价	具有良好的团队合作能力和团队沟通交流能力，热心帮助小组成员解决问题	具有较好的团队合作能力和团队沟通交流能力，能帮助小组成员解决问题	具有一定的团队合作能力和团队沟通交流能力，能配合小组成员完成任务	10
6	教师评价	涵盖以上所有内容	涵盖以上所有内容	涵盖以上所有内容	10
合计					100

任务 5　智能电网系统应用部署与调试

【任务描述】

本任务在前面 4 个任务的基础上，进行综合安装、布线、调试等操作，根据应用进行特定功能的开发以及应用部署开发等操作。

【任务目标】

（1）了解智能电网应用实训系统配置及设备功能。

（2）掌握智能电网设备的部署及功能调试。

（3）掌握 OneNET 物联网云平台的使用。

（4）掌握智能电网综合远程数据监控系统的部署和调试。

在完成任务 1 ~ 任务 4 之后，将智慧照明系统、智能路灯系统和智能抄表系统组合应用，构建智能电网。

一、设备安装及布线

如图 1.4.53 所示，用户进线 220 V 连接到智能电表进线，智能电表的 RS-485 接口连接到 4G-DTU 设备的 RS-485 接口，智能电表的电压电流功率电量等数据通过 4G-DTU 设备上传到云平台，智能电表出线分别给路灯和照明设备供电，路灯火线连接到 NB-IoT 设备的继电器接口，零线连接到智能电表出线，云平台通过 NB-IoT 设备控制路灯的开关，光照度采集传感器通过 RS-485 连接到 NB-IoT 设备。采集室内光照强度，通过云采集器上传到 OneNET 云平台，云平台下发命令可控制灯光照明设备的开关。开关电源分别为 4G-DTU、NB-IoT、光照度传感器和云采集器供电。

注意事项：

（1）关闭电源总开关，在实训架断电的情况下接线。

（2）谨记路灯控制系统为 AC 220 V，须在老师指导下操作。

（3）设备接好线后，将万用表打到蜂鸣挡，测试 NB-IoT 双路灯控制器 220 V 输入/输出有无短路，直流电源 5 V 是否短路，RS-485 信号线是否短路。如果设备短路，不要上电。

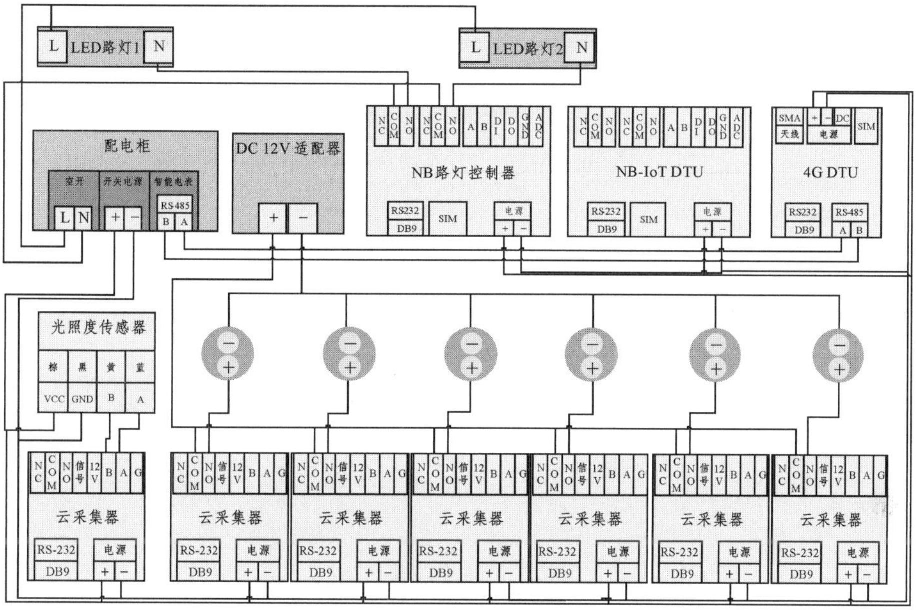

图 1.4.53　智能电网系统应用布线示意图

（4）路灯采用的是 AC 220 V 供电，路灯线已用 2P 端子引出，只需将两个路灯的引线分别插在 N1L1 和 N2L2 的端口上。智能电表的接线和安装已经接好，智能电表电源 OUT 输出的线接在了实训架插线板上，只需用带航插插头的线一头插在 NB-IoT 220 V 输入端口中，另一头插在插线板上。

二、智能电网云平台部署与调试

（一）脚本上传

此处上传三个脚本，如图 1.4.54 所示，分别为 NBScript、Wi-FiScript、4GScript，在各自设备配置时，应当按照此处脚本名称进行脚本关联。

```
v
        查看所有参数
说明:以上为用户配置相关信息,
       部分参数配置后需要重启后才能生效
[e/E].退出

****************配置信息
*****************
wifi ssid     :wxl
wifi passWord:wxl123456
Sever ip      :183.230.40.40
Sever port    :1811
OneNet ProductId:499954
OneNet DevKey    :FreshAirSystem
OneNet Lua       :WIFIScript
心跳始能:始能
RS232_RS485: RS485
波特率: 9600
*************************************
****
```

```
v
        查看所有参数
说明:以上为用户配置相关信息,
       部分参数配置后需要重启后才能生效
[e/E].退出

****************配置信息
*****************
Sever ip      :183.230.40.40
Sever port    :1811
OneNet ProductId:499954
OneNet DevKey    :NBIoTzw
OneNet Lua       :NBScript
心跳始能:始能
心跳数据:50696E67(Ping)
RS232_RS485: RS232
波特率: 115200
*************************************
****
```

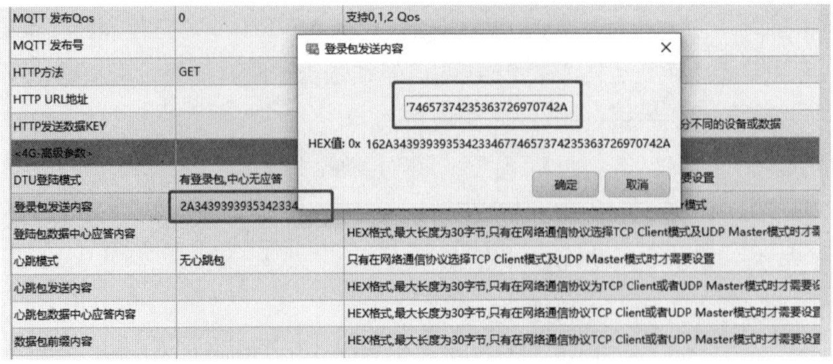

图 1.4.54　数据终端配置的 Lua 脚本名称[①]

配置好的云平台设备如图 1.4.55 所示。

设备ID	设备名称	关联脚本
937129792	智能抄表	4GScript
937129404	智能路灯	NBScript
937128461	智慧照明	WIFIScript

图 1.4.55　云平台关联脚本

（二）物联网云平台脚本编写

通过修改定时下发函数可修改下发的数据命令，修改设备数据分析函数可解析上传至云端的数据。

打开路径：\典型物联网应用项目设计与实施\04 项目四 智能电网应用系统开发与实施\01 OneNet 解析脚本。

1. Wi-FiScript 脚本

```
--定时下发函数
function device_timer_init(dev)
-- 添加用户自定义代码 --
-- 例如： --
dev：timeout(0)
--每 10 s 下发一包数据，内容为查询光照度传感器命令
    dev:add(10,"ds_test","\2\3\0\7\0\2\117\249")
end
--设备数据分析函数
function device_data_analyze(dev)
local t={}
local a=0
-- 添加用户自定义代码 --
```

① 图中“登陆”正确写法应为“登录”。

```
-- 例如： --
local s = dev：size()
if s >=1 then
add_val(t，"LEDIlluminance"，a，dev：bytes(1，s))          --光照强度
end
dev：response()
-- return $1，$2 --
-- 例如： --
return s，to_json(t)
end
```

在 Wi-FiScript 脚本中，每 10 s 下发一包数据，内容为查询光照度传感器命令，并将获取到的光照度传感器数据添加到 LEDIlluminance 数据流中。

2. NBScript 脚本

```
--定时下发函数
function device_timer_init(dev)
-- 添加用户自定义代码 --
-- 例如： --
dev：timeout(0)
--每 10 s 下发一包数据，内容为查询光照度传感器命令
    dev:add(10,"ds_test","\2\3\0\7\0\2\117\249")
end
--设备数据分析函数
function device_data_analyze(dev)
local t={}
local a=0
-- 添加用户自定义代码 --
-- 例如： --
local s = dev：size()
if dev：bytes(1，s) ~= "Ping" and  s >=1 then    --屏蔽心跳包
add_val(t，"LampIlluminance"，a，to_shi1(dev：bytes(1，s)))          --光照强度
end
dev：response()

-- return $1，$2 --
-- 例如： --
return s，to_json(t)
end
```

在 NBScript 脚本中，每 10 s 下发一包数据，内容为查询光照度传感器命令，并在屏蔽心跳包后，将获取到的光照度传感器数据添加到 LampIlluminance 数据流中。

3. 4GScript 脚本

```
--定时下发函数
function device_timer_init(dev)
-- 添加用户自定义代码 --
-- 例如： --
--获取电压、电流、有功功率 01 03 20 00 00 06 CE 08
dev:add(10,"V_E_Ap","\1\3\32\0\0\6\206\8")
--获取有功总电能 01 03 40 00 00 02 D1 CB
dev:add(30,"Electric_Quantity","\1\3\64\0\0\2\209\203")
end
--设备数据分析函数
function device_data_analyze(dev)
local t={}
local a=0
-- 添加用户自定义代码 --
-- 例如： --
local s = dev：size()
    if (s==17) then
    local float_U_value = hex_to_float(to_hex(dev：bytes(4，4))) --hex 转换为 float
    local float_I_value = hex_to_float(to_hex(dev：bytes(8，4)))
    local float_P_value = math.abs(hex_to_float(to_hex(dev：bytes(12，4))))
                --math.abs：取绝对值
    -- 保留三位小数
    float_U_value = float_U_value - float_U_value%0.001
    float_I_value = float_I_value - float_I_value%0.001
    float_P_value = float_P_value - float_P_value%0.001
    add_val(t，"U"，a，float_U_value) --电压值
    add_val(t，"I"，a，float_I_value)  --电流值
    add_val(t，"P"，a，float_P_value) --功率值
elseif (s==9) then
    local float_Ep_value = hex_to_float(to_hex(dev：bytes(4，4)))
    -- 保留三位小数
    float_Ep_value = float_Ep_value - float_Ep_value%0.001
    add_val(t，"Ep"，a，float_Ep_value) --电能值
end
dev：response()
-- return $1，$2 --
-- 例如： --
return s，to_json(t)
end
```

在 4GScript 脚本中，每 10 s 下发一包数据，内容为获取电压、电流、有功功率，每 30 s 下发另一包数据，内容为获取有功总电能。将获取到的电压、电流、功率、电能值数据提取计算后保留三位小数，分别添加到 U、I、P、Ep 数据流中。

（三）数据监控与控制

（1）打开 OneNET 云平台，找到项目和设备列表。

（2）查看室内光照度并远程控制路灯开关。

确认设备处于在线状态，打开云平台数据流，可以观察到云平台接收到传感器上传的实时数据，如图 1.4.56 所示。

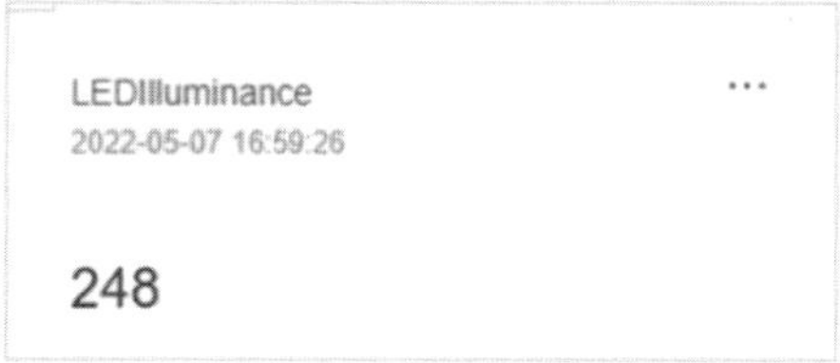

图 1.4.56　OneNET 云平台光照度传感器数据流

当观察到数据高于设定值时，下发继电器控制命令闭合继电器，从而驱动相关设备动作。

继电器控制命令：

+++>JDQ×.0：继电器断开；Wi-Fi 数据终端返回：+++>JDQ×.0。

+++>JDQ×.1：继电器闭合；Wi-Fi 数据终端返回：+++>JDQ×.1。

（3）远程控制路灯开关。

下发继电器控制命令闭合继电器，驱动相关设备动作。

继电器控制命令：

+++>JDQ×.0：继电器断开；NB-IoT 返回：+++>JDQ×.0。

+++>JDQ×.1：继电器闭合；NB-IoT 返回：+++>JDQ×.1。

×表示使用哪一路继电器，如选择继电器 1，则继电器 1 断开命令为+++>JDQ1.0。其他情况类似。

（4）远程抄表，读取智能电表数据。

确认设备处于在线状态。打开云平台数据流，可以观察到云平台接收到传感器上传的实时数据，如图 1.4.57 所示。

图 1.4.57　OneNET 云平台智能电表数据流

至此，智能电网应用部署完成。

（四）应用软件部署

（1）打开“智慧城市应用工程系统实训软件 v2.3”，其界面如图 1.4.58 所示，版本以实际为准，路径为：\典型物联网应用项目设计与实施\04 项目四 智能电网应用系统开发与实施\02 软件及工具\08 智慧城市应用工程系统实训软件。

图 1.4.58　智慧城市应用工程系统实训软件

（2）选择“城市智能电网应用实训系统”，界面如图 1.4.59 所示。

图 1.4.59　智能电网应用系统

（3）选择“智慧照明系统”，进入系统后的界面如图 1.4.60 所示。

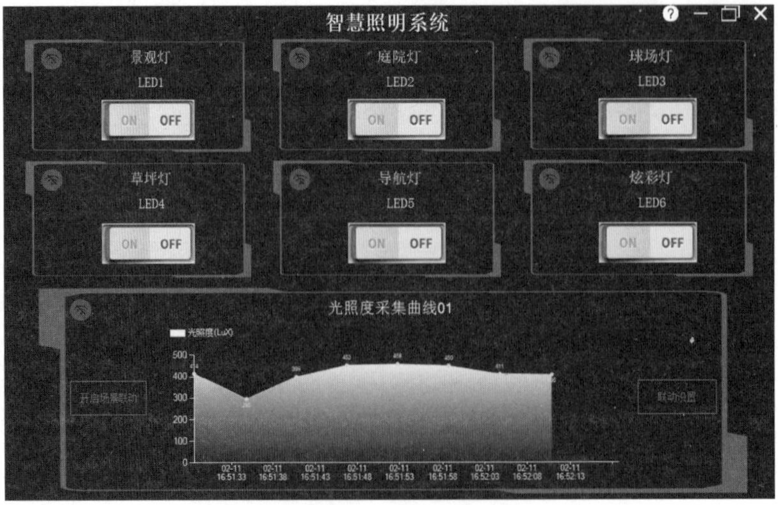

图 1.4.60　智慧照明系统

此处可以控制 6 种灯的开关，并能实时监测光照度变化。

打开联动设置，弹出界面如图 1.4.61 所示，此处可设置光照度范围，当实际光照度不在该范围内时，选择自动控制某些 LED 灯设备。需要开启场景联动时，选择开启场景联动。

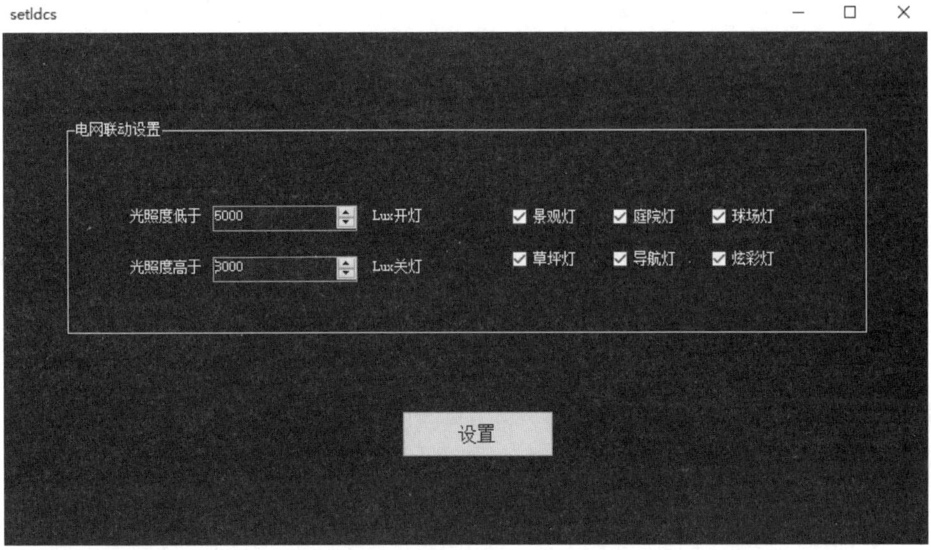

图 1.4.61　智慧照明系统联动控制

（4）关闭智能照明系统，选择“智能路灯系统”，弹出界面如图 1.4.62 所示。

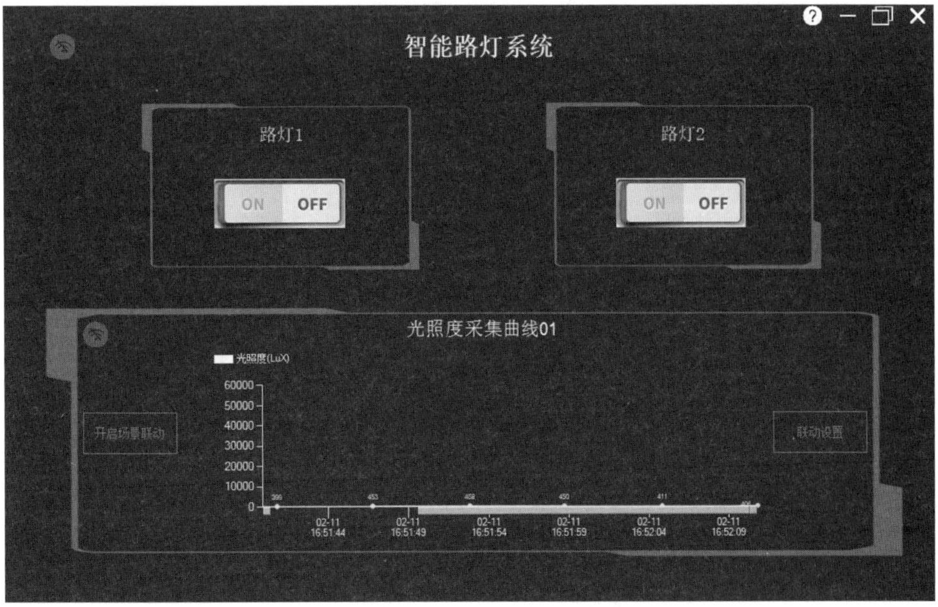

图 1.4.62　智能路灯系统

此处能够分别控制两盏路灯的亮灭，并能实时监测路灯光照度的变化。

打开联动设置，弹出联动设置界面，如图 1.4.63 所示。此处可以设置光照度的范围，当光照度不处于这个范围内时，自动打开路灯。需要开启场景联动时，选择开启场景联动。

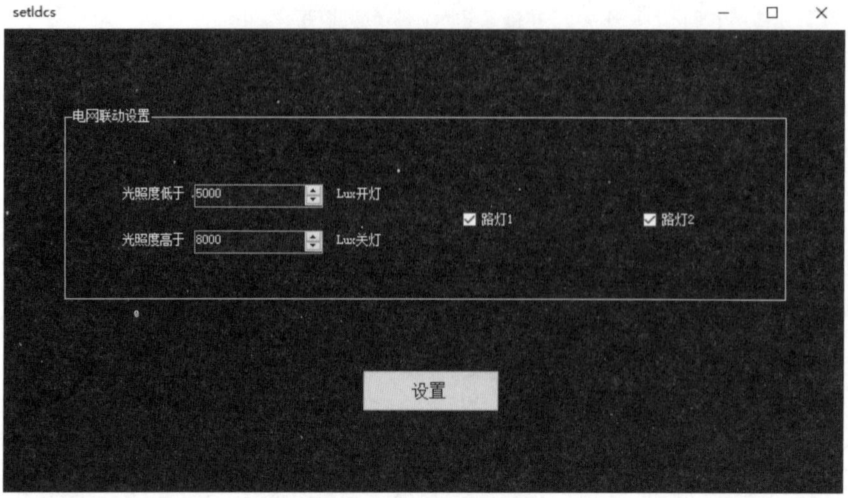

图 1.4.63　智能路灯系统联动控制

（5）关闭智能路灯系统，选择“智能抄表系统”，弹出界面如图 1.4.64 所示。

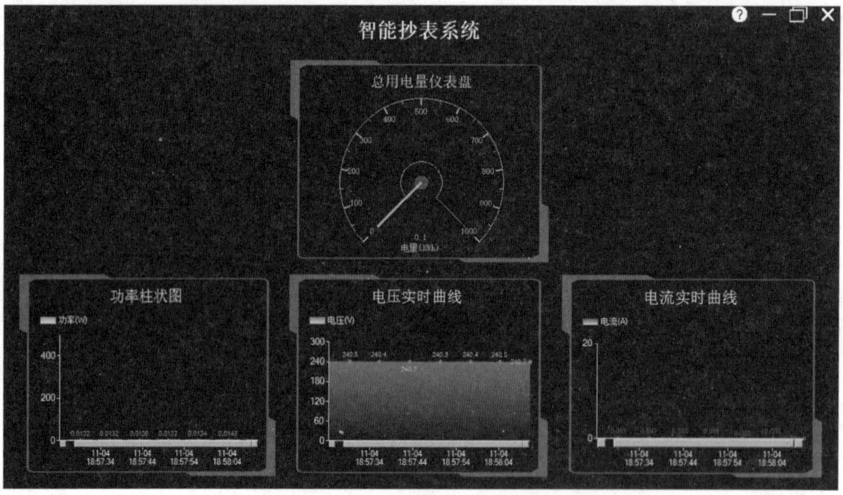

图 1.4.64　智能抄表系统

此处能够实施监测来自智能电表采集的电压、电流、功率、电量等数据，并采用不同的仪表进行展示。

三、任务报告

（一）任务报告要求

（1）详细记录设备安装及布线图、调试过程；列出过程中遇到的问题和解决办法。

（2）详细记录智能电网云平台部署与调试过程、结论，进行数据监控与控制。

（二）任务报告评价标准

任务报告评价标准见表 1.4.27。

表 1.4.27　评价标准

项目名称	智能电网应用系统部署与实施				
任务名称	智能电网系统应用部署与调试				
考核方式	任务报告单				
说明	主要评价学生在任务学习过程中的理论知识、操作方式、学习态度、课堂表现、学习能力等				
考核内容与评价标准					
序号	内容	评价标准			评价比例/%
		优秀	良好	合格	
1	基本理论	能完全掌握该任务中所用到的基本理论知识；具有较强的发散思维	能较好掌握该任务中所用到的基本理论知识；具有良好的发散思维	能基本掌握该任务中所用到的基本理论知识；具有较好的发散思维	30
2	实践操作	能熟练使用各种工具查询和收集相关资料，能将系统结构分析清晰，并且提出分析结论；能够按照分析结论进行系统部署。智能电网系统部署与调试思路清晰、控制效果良好；部署过程记录清晰，云平台设备参数记录完整；调试过程记录清晰，有最终调试结果与功能演示	能较熟练使用各种工具查询和收集相关资料，能将系统结构分析清晰；能够按照分析结论进行系统部署。智能电网系统部署与调试思路清晰、控制效果较好；有部署记录和云平台设备参数记录；调试过程记录清晰，有最终调试结果与功能演示	能将系统结构分析清晰；能够按照分析结论进行系统部署。有部署记录和云平台设备参数记录；调试过程记录清晰，有最终调试结果与功能演示	30
3	核心能力	具有良好的项目方案设计思维；具有严谨的科学态度	具有较好的项目方案设计思维；具有良好的科学态度	具有较好的项目方案设计思维；具有较好的科学态度	10
4	学习态度	具有良好的自主学习能力，能主动分析解决问题，勤学好问	具有较好的学习能力，具有一定分析解决问题的能力	能主动学习，能配合小组分析和解决问题	10
5	小组评价	具有良好的团队合作能力和团队沟通交流能力，热心帮助小组成员解决问题	具有较好的团队合作能力和团队沟通交流能力，能帮助小组成员解决问题	具有一定的团队合作能力和团队沟通交流能力，能配合小组成员完成任务	10
6	教师评价	涵盖以上所有内容	涵盖以上所有内容	涵盖以上所有内容	10
合计					100

项目拓展训练

本任务在原项目基础上进行拓展，提供项目拓展思路和一般步骤，按照拓展思路对项目进行拓展，并对项目做出总结。

【任务目标】

（1）了解项目拓展的一般方向。

（2）掌握项目拓展中提供的拓展思路。

（3）学会项目总结。

（4）根据项目拓展思路，构建、设计和完善拓展项目。

一、拓展方向与目标

1. 智能路灯系统添加自动控制

（1）将路灯系统中的光照度传感器采集到的数据发送给 STM32 进行数据判断。

（2）采集到的光照度数据小于某个设定值时，自动打开路灯。

（3）采集路灯的亮灭状态，发送给云端。

2. 智能路灯系统添加 PM2.5 等空气质量传感器

（1）实际的路灯集成了城市空气质量传感器等设备，以便于实时、大范围监测城市空气质量。

（2）添加 PM2.5 传感器、NO_2 传感器等。

（3）将采集到的数据发送给云平台进行实时监测。

3. 采用 App 软件监控智能电网系统

APK 安装文件路径：\典型物联网应用项目设计与实施\04 项目四智能电网应用系统开发与实施\02 软件及工具\09 卓物桌面智能家居软件。

安装软件后，打开软件界面，如图 1.4.65 所示。在软件中进行相关设置，进行智能电网系统的监控。

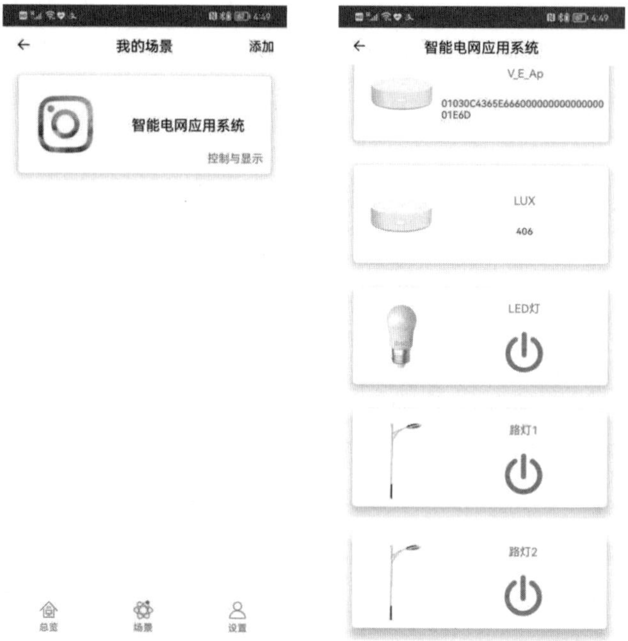

图 1.4.65　App 软件界面

（1）添加应用设备。

（2）添加传感器设备。

（3）添加控制对象。

（4）明确控制逻辑。

二、项目思考与总结

巩固训练：

（1）简述光照度传感器数据采集方法和数据处理方法。

（2）简述 OneNET 云平台的添加设备方法和脚本解析方法。

（3）简述智慧照明系统的基本结构和控制思路。

（4）简述智能路灯系统的基本结构和控制思路。

（5）简述智能抄表系统的基本结构和数据处理方法。

（6）简述智能电网的应用场景和整体结构。

（7）简述 Wi-Fi 数据终端、NB-IoT、4G-DTU 设备的配置方法。

项目 5　家庭安防系统项目设计与实施

项目描述

【应用场景引导】

场景：家庭安防

在家庭智能化应用中，消费者最关心的是人身安全和财产安全。与居民日常生活安全问题最为紧密相关的是需要一个智能化全方位的报警系统，能够让居民在各种危险情况还未发生前得到预警，从而保护人身安全和自身财产。

在家庭安防系统部署中，需要系统具有全方位、智能化、提前预警、自动采取措施、远程监测和易于操控等特点。

【功能目标】

（1）实现家庭 Wi-Fi 网络部署。

（2）实现监控视频的本地实时查看和远程查看功能。

（3）实现安防报警实时监控等功能。

【能力目标】

（1）掌握家用 Wi-Fi 路由器的安装配置。

（2）掌握家用无线网络摄像机的安装、配置及使用。

（3）掌握家用报警主机、各类安防报警传感器的安装使用等。

（4）了解基于云平台的 API 或 SDK 开发包的基本使用流程及方法。

【知识目标】

（1）了解 OneNET 云平台 API。

（2）掌握 OneNET 云平台的使用（注册、添加产品、添加设备、上传脚本等）。

（3）掌握 Wi-Fi 数据终端的配置和测试，使用 Wi-Fi 数据终端上传报警信息到云平台。

（4）了解 Android 开发平台使用，学会使用 AndroidStudio 开发远程实时视频监控 App。

（5）了解 C#技术编程，学会使用 VS2015 开发报警监控系统软件。

（6）掌握无线网络摄像机、家用路由器、报警主机和各类安防传感器的安装使用。

（7）学会使用 Keil 开发 STM32 单片机对报警信息进行监测。

（8）掌握 OneNET 云平台 Lua 解析脚本的编写和数据解析调试。

【任务目标】

（1）家庭安防系统方案设计。

（2）视频监控系统应用部署。

（3）视频监控 App 应用开发。

（4）智能报警系统应用部署。

（5）报警系统客户端应用开发。

关键技术

一、Java 技术简介

（一）Java 概述

Java 最早是由 SUN 公司（已被甲骨文公司收购）的詹姆斯・高斯林（人称 Java 之父）在 20 世纪 90 年代初开发的一种编程语言。

Java 介于编译型语言和解释型语言之间。编译型语言如 C、C++，其代码需直接编译成机器码执行，但是不同的平台（x86、ARM 等）CPU 的指令集不同。因此，需要编译出每一种平台对应的机器码。Java 则是将代码编译成一种“字节码”，它类似于抽象的 CPU 指令，然后，针对不同平台编写虚拟机，不同平台的虚拟机负责加载字节码并执行，这样就实现了“一次编写，到处运行”的效果。

随着 Java 的发展，SUN 公司给 Java 分出了三个不同的版本：

Java SE：Standard Edition。

Java EE：Enterprise Edition。

Java ME：Micro Edition。

三者的关系如图 1.5.1 所示。

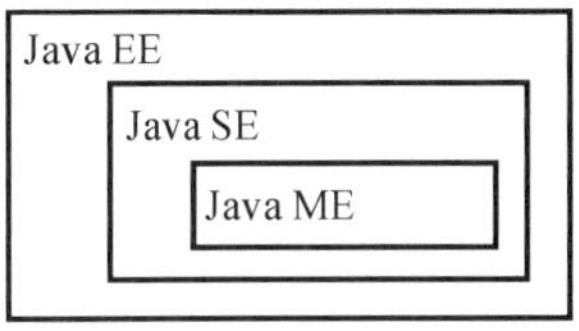

图 1.5.1　Java 三个版本之间的关系

简单来说，Java SE 就是标准版，包含标准的 JVM 和标准库，而 Java EE 是企业版，它只是在 Java SE 的基础上加上了大量的 API 和库，以便方便开发 Web 应用、数据库、消息服务等，Java EE 应用使用的虚拟机和 Java SE 完全相同。

Java ME 与 Java SE 不同，它是一个针对嵌入式设备的“瘦身版”，Java SE 的标准库无法在 Java ME 上使用。Java ME 的虚拟机也是“瘦身版”。

（二）Java 技术

Java 几乎是所有类型的网络应用程序的基础，也是开发和提供嵌入式和移动应用程序、游戏、基于 Web 的内容和企业软件的全球标准。使用 Java 能够高效地开发、部署和使用精彩的应用程序和服务。

如表 1.5.1 所示，Java 在市场中的占有率一直名列前茅。从笔记本式计算机到数据中心，从游戏控制台到科学超级计算机，从手机到互联网，Java 无处不在。

表 1.5.1　编程语言市场占有率

2022 年 7 月	2021 年 7 月	变化趋势	编程语言	市场占有率	占有率变化情况
1	3	↑	Python	13.44%	+2.48%
2	1	↓	C	13.13%	+1.50%
3	2	↓	Java	11.59%	+0.40%
4	4		C++	10.00%	+1.98%
5	5		C#	5.65%	+0.82%
6	6		VisualBasic	4.97%	+0.47%
7	7		JavaScript	1.78%	−0.93%
8	9	↑	AssemblyLanguage	1.65%	−0.76%
9	10	↑	SQL	1.64%	+0.11%

Java 已由专业的 Java 开发人员、设计师和爱好者团体进行测试、完善、扩展和验证，能为广泛的计算平台开发可移植的高性能应用程序。通过使应用程序在异构环境之间可用，企业可以提供更多的服务，提高最终用户生产力并加强沟通与协作，从而显著降低企业和消费类应用程序的拥有成本。

二、Android 技术简介

（一）Android 概述

Android 是由谷歌及其他公司带领的开放手机联盟开发的一个开源的、基于 Linux 的移动设备操作系统。

Android 提供了一个统一的应用程序开发方法，这意味着开发人员只需要为 Android 进行开发，这样它们的应用程序就能够运行在搭载 Android 的不同移动设备上。

（二）Android 的开发趋势

如图 1.5.2 所示，Android 开发趋势具有以下几个特点。

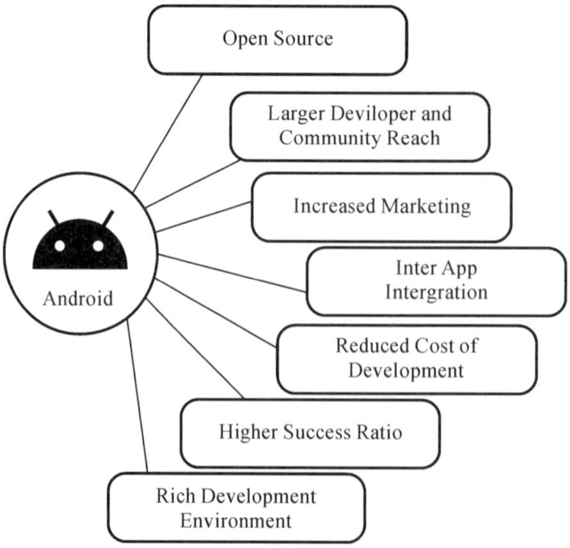

图 1.5.2　Android 的开发趋势

（1）开放源代码。

（2）众多开发者及强大的社区。

（3）不断增长的市场。

（4）国际化的 App 集成。

（5）低廉的开发成本。

（6）更高的成功概率。

（7）丰富的开发环境。

（三）Android 应用程序

Android 应用程序一般使用 Android 软件开发工具包，采用 Java 语言来开发。一旦开发完成，Android 应用程序可以容易地打包，据统计，Android 在 190 多个国家有数以百万计的移动设备，全球每天有超过 100 万个新的 Android 设备被激活。

（四）Android 架构

Android 操作系统是一个软件组件的栈，如图 1.5.3 所示，在架构图中它大致可以分为 5 个部分和 4 个主要层。

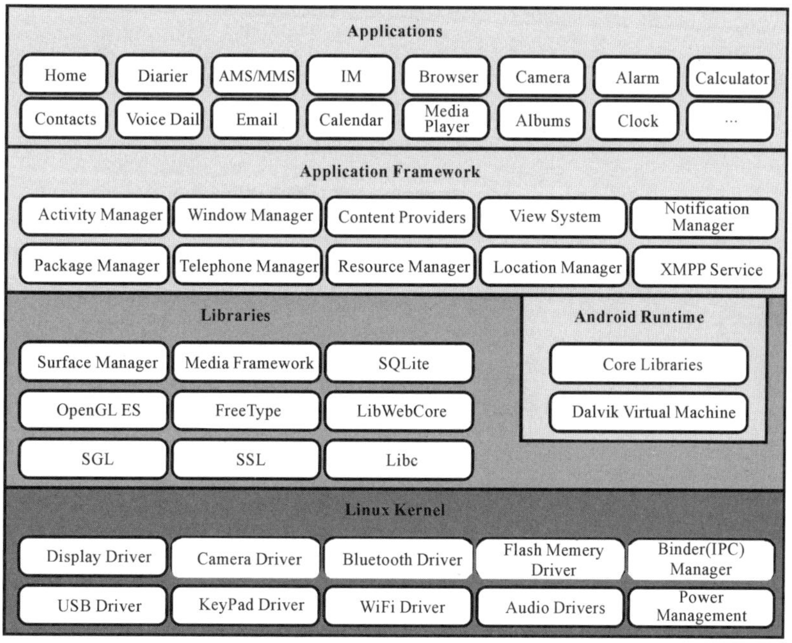

图 1.5.3　Android 操作系统

1. Linux 内核

在所有层的最底下是 Linux——包括约 115 个补丁的 Linux 3.6。内核处理所有 Linux 所擅长的工作，如网络和大量的设备驱动，从而避免兼容大量外围硬件接口带来的不便。

2. 程序库

在 Linux 内核层的上面是一系列程序库的集合，包括开源的 Web 浏览器引擎 Webkit，知名的 libc 库，用于仓库存储和应用数据共享的 SQLite 数据库，用于播放、录制音视频的库，用于网络安全的 SSL 库等。

3. Android 程序库

这个类别包括专门为 Android 开发的基于 Java 的程序库。这个类别程序库的示例包括应用程序框架库，如用户界面构建、图形绘制和数据库访问等。

4. Android Runtime

这是架构中的第三部分，自下而上的第二层。这个部分提供了名为 Dalvik 虚拟机的关键组件，类似于 Java 虚拟机，但专门为 Android 设计和优化。

Android Runtime 同时提供一系列核心的库，以方便 Android 应用程序开发者使用标准的 Java 语言来编写 Android 应用程序。

5. 应用框架

应用框架层以 Java 类的形式为应用程序提供许多高级的服务。应用程序开发者被允许在应用中使用这些服务。

6. 应用程序

顶层中有所有的 Android 应用程序。开发者编写的应用程序将被安装在该层。这些应用程序包括通讯录、浏览器、游戏等。

任务实施

任务 1　家庭安防系统方案设计

【任务描述】

本任务为系统总体方案设计，包含案例分析、关键产品介绍、软硬件方案设计三大部分，通过完成本任务，让读者对家庭安防系统的设计与实施有一个整体的认知，并养成良好的方案设计习惯。

【任务目标】

（1）了解家庭安防系统产业市场环境。
（2）了解相关关键产品设备。
（3）掌握系统软硬件的方案设计方法。

一、案例分析

智能家居安防系统可采用手机或者平板式计算机对系统进行布防、撤防；可实现家居安防报警点的布防，并采用逻辑判断，一旦发生报警，系统自动确认报警信息、状态及位置。

如图 1.5.4 所示，某小区住户需要部署一套智能家居安防系统，要求能够远程实时监控和控制家里摄像头，并且能远程实时查看烟雾报警器、门磁传感器等传感器状态；能够对整个系统进行撤防布防，根据自定义配置逻辑报警。

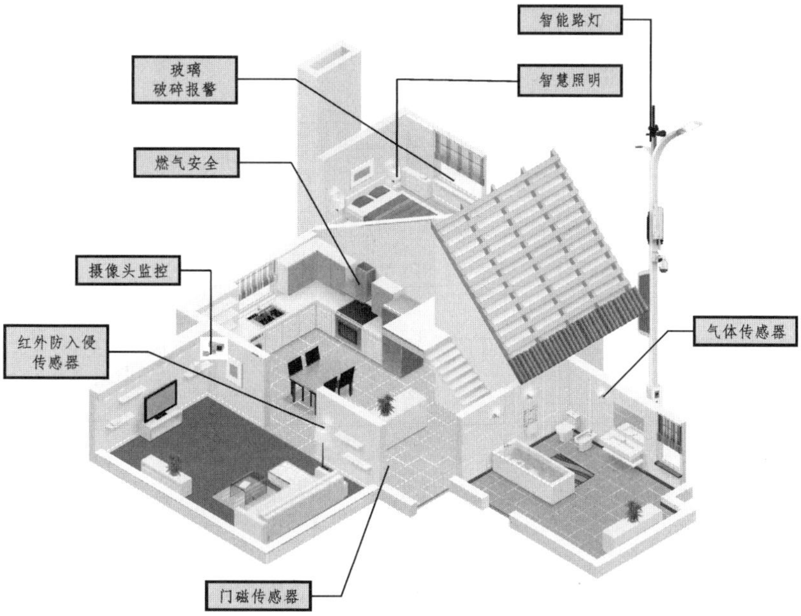

图 1.5.4　案例分析

二、方案设计

（一）系统结构设计

本案主要分为两大部分，视频监控系统和报警监控系统，都是通过家庭无线网络进行上云，整体结构比较简单，如图 1.5.5 所示。

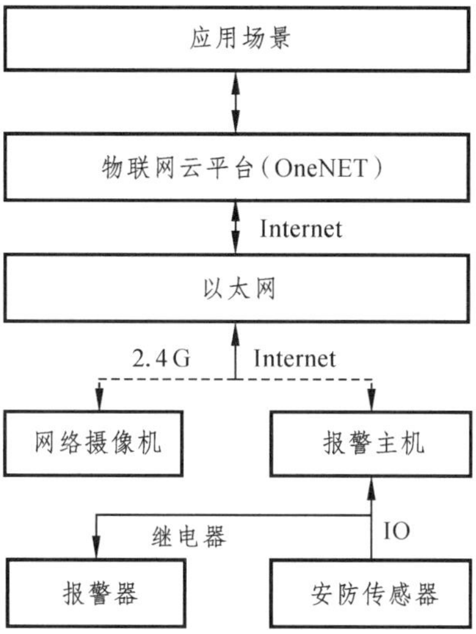

图 1.5.5　家庭安防系统结构

（二）硬件结构设计

在完成关键产品选型之后，便可以进行硬件方案设计。在硬件方案设计时应考虑电源问题、接口问题、尺寸问题等。

在硬件方案设计框图（见图 1.5.6）中，包含安防传感器、网络摄像机、无线路由器、报警器、电源、PC 和报警主机等。

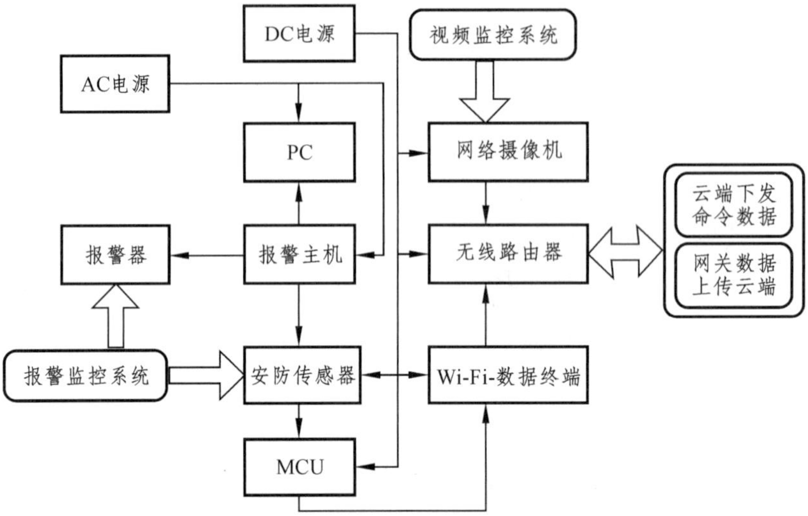

图 1.5.6　家庭安防系统硬件设计

视频监控系统：安防摄像头采用专用电源适配器供电，摄像头录制画面通过无线连接到路由器，无线路由器再将监控画面传送到云平台进行远程实时监控。

报警监控系统：电源主要为安防传感器、报警器和智能采集终端（智能采集终端）供电。安防传感器和报警器连接到报警主机，安防传感器监测到异常情况时，将信号发送给报警主机，报警主机根据软件设置的安防策略控制报警器报警，并将报警信息、防区状态等信息通过路由器发送给 PC。智能采集终端（智能采集终端）直接采集安防传感器数据，通过 Wi-Fi 数据终端上传到云平台进行远程实时监控。

（三）家庭安防系统逻辑设计

如图 1.5.7 所示，家庭安防系统分为报警系统和监控系统两个子系统，在报警系统中，报警主机监测到各种安防传感器触动后，根据软件设置的报警策略，控制相应输出继电器，从而控制报警器报警或电话报警、短信报警等，并将传感器状态和报警信息通过网线上传到 PC。传感器状态经过智能采集终端（智能采集终端）处理后上传到云平台，PC 根据信息上传到云平台显示。在监控系统中，通过软件设置对监控设备配置，监控设备将监控画面上传到云端直接实现远程实时监控。

三、关键设备选型

（一）安防传感器

目前，安防传感器主要包括气体传感器、人体感应传感器、烟雾传感器、门磁传感器等几种类型。下面以红外防入侵传感器为例，介绍关键设备的选型方法。

红外传感器是将辐射能转换为电能的一种传感器，又称为红外探测器。常见的红外探测器有两大类：热探测器和光子探测器。

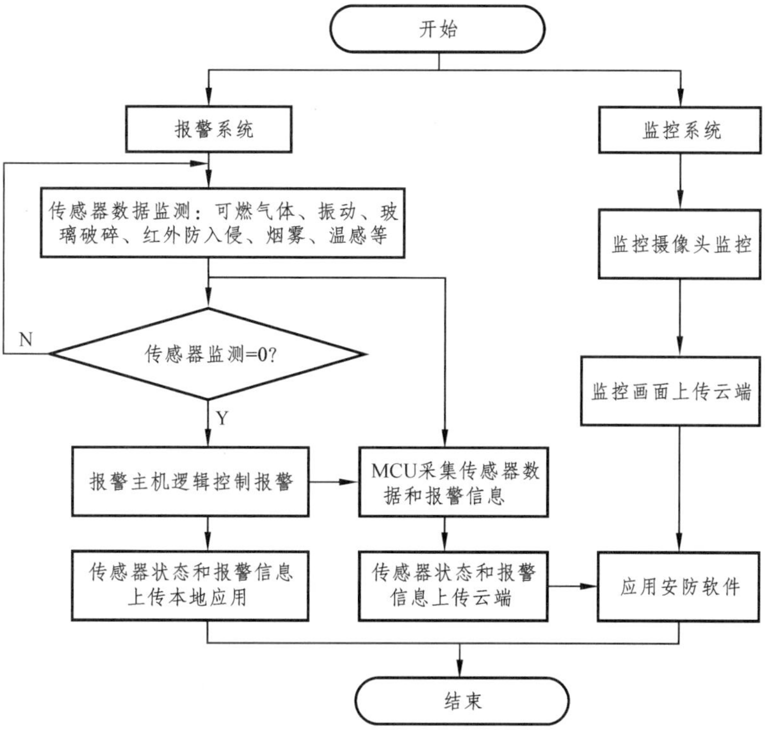

图 1.5.7　家庭安防系统逻辑设计

1. 选型要求

（1）传感器电源供电为 DC 12 V。

（2）传感器报警输出：NC/NO 可选，默认 NC。

（3）传感器响应时间：<5 s。

2. 设备选型表

请参照选型要求，查阅相关资料，完成设备选型表 1.5.2。

表 1.5.2　烟雾传感器设备选型表

烟雾传感器选型表			日期：	
注意	1. 除以下选型参数外，还应考虑安装尺寸和供电； 2. 通常大量程精度稍低，小量程精度较高			
型号	检测原理	传感器技术参数	应用领域	价格
烟雾传感器（RS-485）	光电式	电源：DC 9～30 V； 报警输出：ModBusRTU； 响应时间：<3 s	室内、办公楼	价格较贵
0301	光电式	电源：DC 9～35 V； 报警输出：NC/NO 可选； 响应时间：5 s	餐饮、工厂	价格便宜
VDO-003	光电式	电源：DC 12～24 V； 报警输出：NC/NO 可选； 响应时间：2 s	智能家居	价格适中
选择传感器型号为：VDO-003。 选型理由：传感器技术参数符合选型要求，价格适中，品牌知名				

经过选型，最终选择传感器型号为 VDO-003。烟雾传感器外观如图 1.5.8 所示，该传感器的具体参数如表 1.5.3 所示。

图 1.5.8　烟雾传感器外观

表 1.5.3　烟雾传感器参数表

参数名称	参数内容
工作电压	DC 12～24 V
静态电流	≤2 mA
报警电流	≤10 mA
工作温度	−10～+50 °C
环境湿度	≤95%RH
报警方式	输出 LED 指示报警
检测面积	20 m²
报警输出	NC/NO 可选
外形尺寸	ϕ104 mm×51 mm

其他安防传感器设备选型需按照表 1.5.4 的设备选型参数要求，参照烟雾传感器的选型步骤和选型方法完成设备选型表。

表 1.5.4　安防传感器设备选型参数要求表

序号	传感器名称	传感器技术参数	其他说明
1	烟雾传感器	1）传感器电源供电为 DC 12 V； 2）传感器报警输出：NC/NO 可选，默认 NC； 3）传感器响应时间：<5 s	光电式感烟探测器采用烟雾中的颗粒折射红外光的原理探测火灾，电路主要由红外发射部分和接收部分组成
2	玻璃破碎传感器	1）传感器电源供电为 DC 12 V； 2）传感器报警输出：NC/NO 可选，默认 NC； 3）传感器响应时间：<5 s	玻璃破碎传感器是对玻璃破碎做出报警响应的仪器
3	振动传感器	1）传感器电源供电为 12 V DC； 2）传感器报警输出：NC/NO 可选，默认 NC； 3）传感器响应时间：<5 s； 4）灵敏度可调	振动传感器采用压电振动传感原理，集振动传感器、振动分析仪于一身，配合微处理技术，通过振动声源的波长和频率来感应

续表

序号	传感器名称	传感器技术参数	其他说明
4	温度探测报警传感器	1）传感器电源供电为 DC 12 V； 2）传感器报警输出：NC/NO 可选，默认 NC； 3）传感器响应时间：<5 s； 4）灵敏度可调	温度探测报警传感器能灵敏地探测温度，在正常通电工作时，当探测到温度升高时，传感器会发出清晰的报警声
5	可燃气体传感器	1）传感器电源供电为 DC 12 V； 2）传感器报警输出：NC/NO 可选，默认 NC； 3）传感器响应时间：<5 s； 4）灵敏度可调	可燃气体传感器一旦检测到可燃气体就会报警
6	门磁传感器	1）传感器报警输出：NC/NO 可选，默认 NC； 2）传感器响应时间：<5 s； 3）尺寸 64 mm×13 mm×13 mm，监测距离 15～25 mm	门磁传感器采用干簧管进行监测，无须电源供电，常开/常闭信号输出

（二）报警主机

报警主机设备选型参数要求如表 1.5.5 所示，请参照选型要求，查阅相关资料，完成设备选型表。

表 1.5.5　报警主机设备选型要求表

序号	名称	技术参数	其他说明
1	报警主机	1）电源输入为 AC 220 V； 2）拥有至少 8 个防区； 3）支持多种报警数据输出方式； 4）支持多种总线扩展； 5）支持自定义报警策略配置	报警主机是用物理方法或电子技术，自动探测发生在布防监测区域内的侵入行为，产生报警信号，并提示值班人员发生报警的区域部位，显示可能采取对策的系统

（三）监控摄像头

监控摄像头设备选型参数要求如表 1.5.6 所示。请参照选型要求，查阅相关资料，完成设备选型表。

表 1.5.6　监控摄像头设备选型参数要求表

序号	名称	技术参数	其他说明
1	监控摄像头	1）电源输入为 AC 220 V； 2）支持 WiFi 数据传输； 3）支持手机 App 端和 PC 端配置及实时画面视频流监测； 4）支持多角度云台控制； 5）视频画面至少支持 1080P（高清）； 6）支持夜视和监控视频本机保存	监控摄像头是视频安防监控系统的一个终端设备，也就是我们经常在公共场合看到的“电子眼”，作为录像监控系统的前端设备，它对整体周围环境的监控起着前锋的作用

（四）无线路由器

无线路由器设备选型参数要求如表 1.5.7 所示。请参照选型要求，查阅相关资料，完成设备选型表。

表 1.5.7　无线路由器设备选型参数要求表

序号	名称	技术参数	其他说明
1	无线路由器	1）频率范围：2.4 GHz、5 GHz（双频）； 2）网络接口：至少 1 个以太广域网 WAN 口、3 个以太局域网 LAN 口； 3）网络协议：CSMA/CA、CSMA/CD、TCP/IP、DHCP、ICMP、NAT、PPPoE； 4）最高传输速率：500 Mb/s； 5）支持无线标准 802.11 b/g/n	无线路由器就是一种将有线网络信号转换成无线电波发射出来，并且可以接收无线信号的设备

（五）Wi-Fi 数据终端

Wi-Fi 数据终端设备选型参数要求如表 1.5.8 所示。请参照选型要求，查阅相关资料，完成设备选型表。

表 1.5.8　Wi-Fi 数据终端设备选型参数要求表

序号	名称	技术参数	其他说明
1	Wi-Fi 数据终端	1）传感器电源供电为 DC 12 V； 2）支持 RS-232 接口和 RS-485 接口； 3）支持 OneNET 云平台； 4）自带继电器，支持远程命令控制继电器； 5）支持无线标准 802.11 b/g/n	Wi-Fi 数据终端是指一类通过 Wi-Fi 自组网将其他协议转换为 TCP/IP 的设备，终端拥有多种接口，可连接不同协议的数据采集设备，在配置好终端后，将采集设备传输的数据转换为 TCP/IP 数据包上传到指定云平台服务器

四、任务报告

（一）任务报告要求

（1）设计系统架构；写明系统架构所有设备名称，并说明其作用；绘制经过实验验证、完善后的系统框架图。

（2）设计硬件方案；写明硬件方案所有硬件设备名称，并说明其作用；绘制经过实验验证、完善后的硬件方案图；列出设计参考资料。

（3）设计系统运行逻辑方案；绘制经过实验验证、完善后的系统运行逻辑方案流程图；编写设计说明、使用说明。

（4）关键设备选型；绘制所用提及设备选型表；列出选型参考资料。

（二）任务报告评价标准

任务报告评价标准见表 1.5.9。

表 1.5.9　评价标准

项目名称	家庭安防系统项目设计与实施				
任务名称	家庭安防系统方案设计				
考核方式	任务报告单				
说明	主要评价学生在任务学习过程中的理论知识、操作方式、学习态度、课堂表现、学习能力等				
考核内容与评价标准					
序号	内容	评价标准			评价比例/%
		优秀	良好	合格	
1	基本理论	能完全掌握该任务中所用到的基本理论知识；具有较强的发散思维	能较好掌握该任务中所用到的基本理论知识；具有良好的发散思维	能基本掌握该任务中所用到的基本理论知识；具有较好的发散思维	30
2	实践操作	能独立完成系统架构设计，且设计完整、合理；能够根据需求完成全部功能设计。硬件方案设计合理，电气、线路等设计无错误。系统运行逻辑方案设计完整，无明显逻辑错误。设备选型参数对比，选型理由充分合理	能完成系统架构设计，且设计完整、合理；能够根据需求完成全部功能设计。硬件方案设计合理，电气、线路等设计无错误。系统运行逻辑方案设计完整，无明显逻辑错误。设备选型参数对比，选型理由充分合理	能配合小组完成系统架构设计，且设计完整、合理；能够根据需求完成功能设计。硬件方案设计合理，电气、线路等设计无错误。系统运行逻辑方案设计完整，无明显逻辑错误。设备选型参数对比，选型理由充分合理	30
3	核心能力	具有良好的项目方案设计思维；具有严谨的科学态度	具有较好的项目方案设计思维；具有良好的科学态度	具有较好的项目方案设计思维；具有较好的科学态度	10
4	学习态度	具有良好的自主学习能力，能主动分析解决问题，勤学好问	具有较好的学习能力，具有一定分析解决问题的能力	能主动学习，能配合小组分析和解决问题	10
5	小组评价	具有良好的团队合作能力和团队沟通交流能力，热心帮助小组成员解决问题	具有较好的团队合作能力和团队沟通交流能力，能帮助小组成员解决问题	具有一定的团队合作能力和团队沟通交流能力，能配合小组成员完成任务	10
6	教师评价	涵盖以上所有内容	涵盖以上所有内容	涵盖以上所有内容	10

任务 2　视频监控系统应用部署

【任务描述】

本任务为无线视频监控系统的认知与部署，涉及无线监控系统的搭建、手机端监控和计算机端监控方法。

【任务目标】

（1）了解无线视频监控系统的发展和应用。
（2）掌握视频监控设备的部署及功能调试。
（3）掌握无线视频监控系统的部署和调试。
（4）学会本地和远程视频监控方法。

一、系统结构分析

如图 1.5.9 所示，视频监控系统的结构很简单，网络监控摄像机直接通过家庭无线网络上云，应用 App 可以通过局域网直接访问网络摄像机，也可以通过广域网通过云端访问网络摄像机。

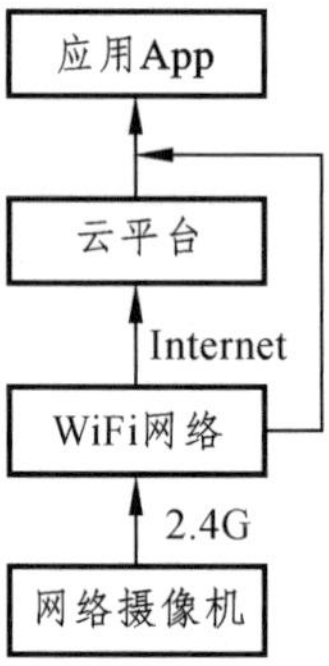

图 1.5.9　视频监控系统结构

二、视频监控系统搭建及调试

1. 摄像机安装

互联网摄像机底座用 M4 螺丝、螺母安装在网孔板上，然后将机身顺时针旋转拧紧在底座上，安装示意图如图 1.5.10 所示。

2. 摄像机接线

如图 1.5.11 所示，使用互联网摄像机的电源适配器插入互联网摄像机的 DC 电源口。

图 1.5.10　摄像机安装图

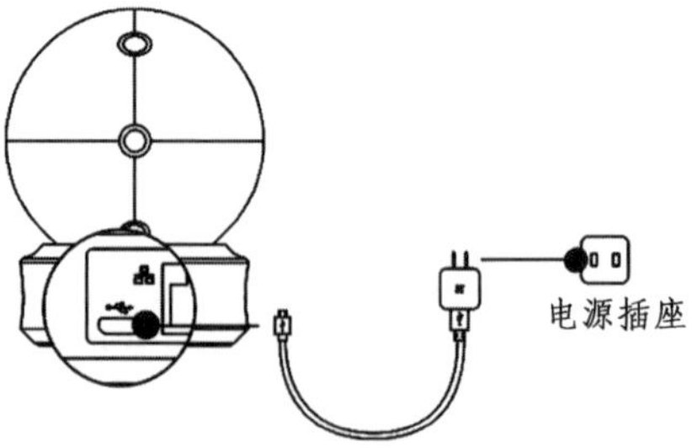

图 1.5.11　摄像机接线图

3. 摄像机配置

手机联网，扫描图 1.5.12 中二维码，下载安装后根据提示完成用户注册。

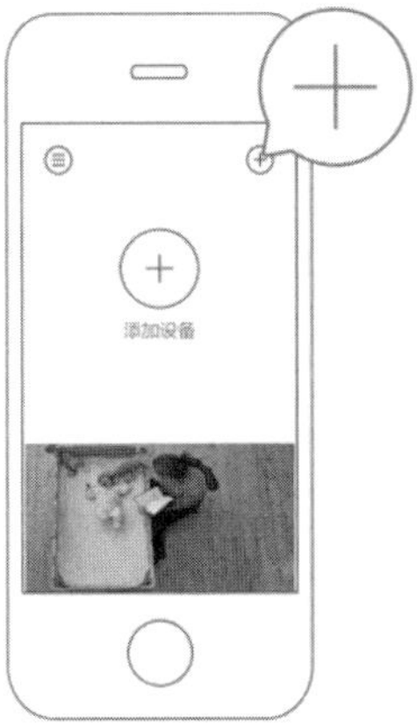

图 1.5.12　摄像机配置

登录“萤石云视频”客户端，选择添加设备，根据界面提示将摄像机添加到“萤石云视频”。

4. 手机端远程监控

添加成功后，显示如图 1.5.13 所示画面。

图 1.5.13　手机远程监控画面

点击视频下的主界面，会进入摄像机的控制监视界面。上部分是摄像机的监视主画面。下半部分是摄像机的功能选项，如图 1.5.14 所示，分别有截图、录像、云台、360°全景图、对讲等功能。

图 1.5.14　摄像机功能选项

截图：把摄像机监控的画面截屏到手机中。
录像：把摄像机监控的画面录像到手机中。
云台：可 360°控制摄像机监视画面。
360°全景图：摄像机自动扫描周围环境生成 360°画面，可根据画面进行摄像机移动。

三、应用软件部署及调试

1. 打开萤石云官网

打开萤石云官网，选择开放平台，登录账号。

2. 进入控制台

如图 1.5.15 所示，选择设备列表。注意：在手机端配置完成摄像头后此处才有设备。

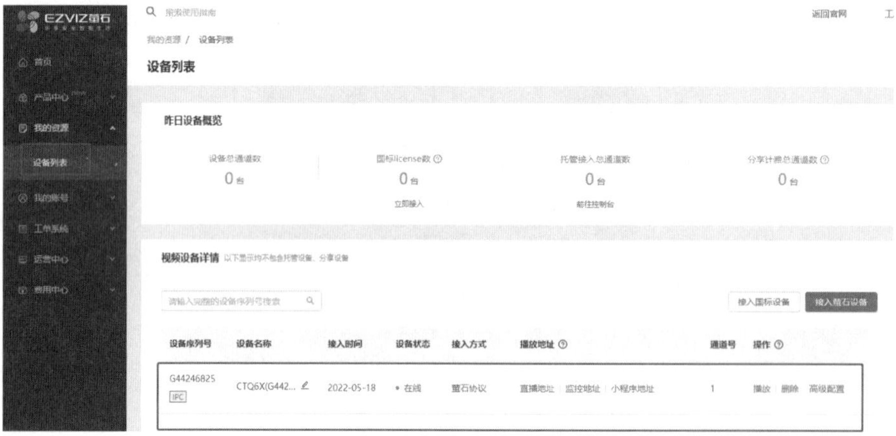

图 1.5.15　设备列表

3. PC 软件监控

（1）如图 1.5.16 所示，选择应用信息，记录 AppKey、Secret 信息。

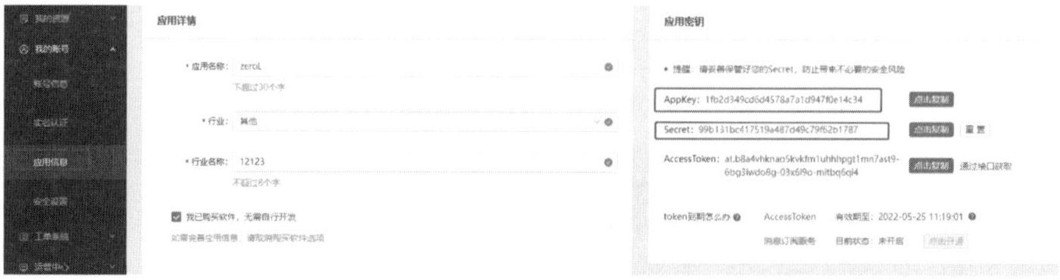

图 1.5.16　设备详情

（2）打开 PC 软件，选择设置（路径：\典型物联网应用项目设计与实施\05 项目五 家庭安防系统项目设计与实施\03 软件及工具\02 PC 视频监控软件）。

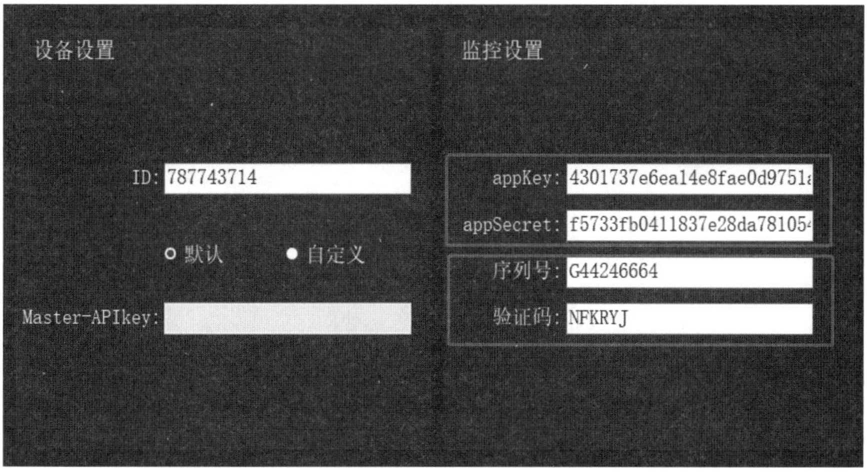

图 1.5.17　监控参数配置

如图 1.5.17 所示，监控设置中，appKey 和 appSecret 为萤石云上相应信息，序列号和验证码可从摄像头底部信息中获取。保存设置，打开视频监控。监控画面如图 1.5.18 所示，可控制摄像头方向和转动速度。

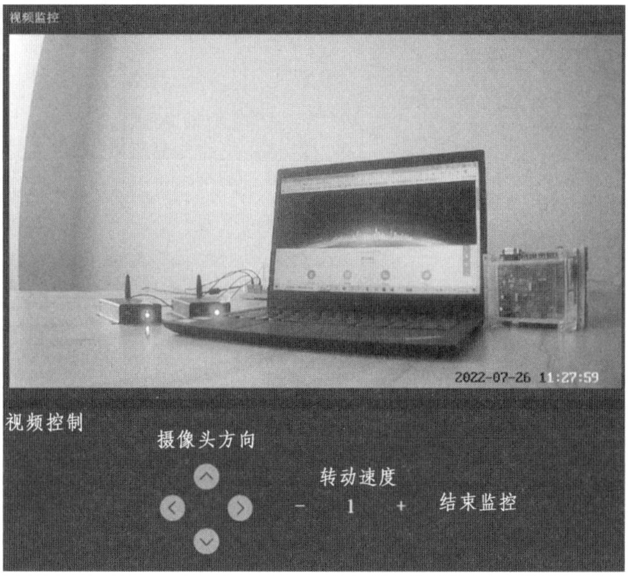

图 1.5.18　PC 端远程监控

四、任务报告

（一）任务报告要求

（1）分析系统架构；写明系统架构所有设备名称，并说明其作用；绘制经过实验验证、完善后的系统框架图。

（2）详细记录视频监控系统搭建及调试过程、结论，列出注意事项。

（3）完成应用调试软件调试与验证，提出调试与验证结论；列出在调试与验证中出现的问题或 BUG，说明如何解决问题；列出未解决的问题，并思考解决思路，及时反思。

（二）任务报告评价标准

任务报告评价标准见表 1.5.10。

表 1.5.10　评价标准

项目名称	家庭安防系统项目设计与实施				
任务名称	视频监控系统应用部署				
考核方式	任务报告单				
说明	主要评价学生在任务学习过程中的理论知识、操作方式、学习态度、课堂表现、学习能力等				
考核内容与评价标准					
序号	内容	评价标准			评价比例/%
		优秀	良好	合格	
1	基本理论	能完全掌握该任务中所用到的基本理论知识；具有较强的发散思维	能较好掌握该任务中所用到的基本理论知识；具有良好的发散思维	能基本掌握该任务中所用到的基本理论知识；具有较好的发散思维	30
2	实践操作	能熟练使用各种工具查询和收集相关资料，能将系统结构分析清晰，并且提出分析结论；能够按照分析结论进行系统部署。视频监控系统部署与调试思路清晰、控制效果良好；部署过程记录清晰，设备参数记录完整；调试过程记录清晰，有最终调试结果与功能演示	能较熟练使用各种工具查询和收集相关资料，能将系统结构分析清晰；能够按照分析结论进行系统部署。视频监控系统部署与调试思路清晰、控制效果较好；有部署记录和设备参数记录；调试过程记录清晰，有最终调试结果与功能演示	能将系统结构分析清晰；能够按照分析结论进行系统部署。有部署记录和设备参数记录；调试过程记录清晰，有最终调试结果与功能演示	30
3	核心能力	具有良好的项目方案设计思维；具有严谨的科学态度	具有较好的项目方案设计思维；具有良好的科学态度	具有较好的项目方案设计思维；具有较好的科学态度	10
4	学习态度	具有良好的自主学习能力，能主动分析解决问题，勤学好问	具有较好的学习能力，具有一定分析解决问题的能力	能主动学习，能配合小组分析和解决问题	10
5	小组评价	具有良好的团队合作能力和团队沟通交流能力，热心帮助小组成员解决问题	具有较好的团队合作能力和团队沟通交流能力，能帮助小组成员解决问题	具有一定的团队合作能力和团队沟通交流能力，能配合小组成员完成任务	10
6	教师评价	涵盖以上所有内容	涵盖以上所有内容	涵盖以上所有内容	10
合计					100

任务 3　视频监控 App 应用开发

【任务描述】

本任务为视频监控 App 的应用开发，要求运用 Java 语言进行手机端监控软件的开发。

【任务目标】

（1）了解 Android Studio 安装配置。

（2）了解萤石云视频 SDK 安装。

（3）掌握摄像机参数获取方法。

（4）掌握实时视频播放应用开发。

一、Android Studio 安装

进入 Android 官网下载并安装 AndroidStudio 软件。

二、萤石 SDK 安装

1. 新建工程

首先新建视频监控的工程，方法如图 1.5.19 所示。

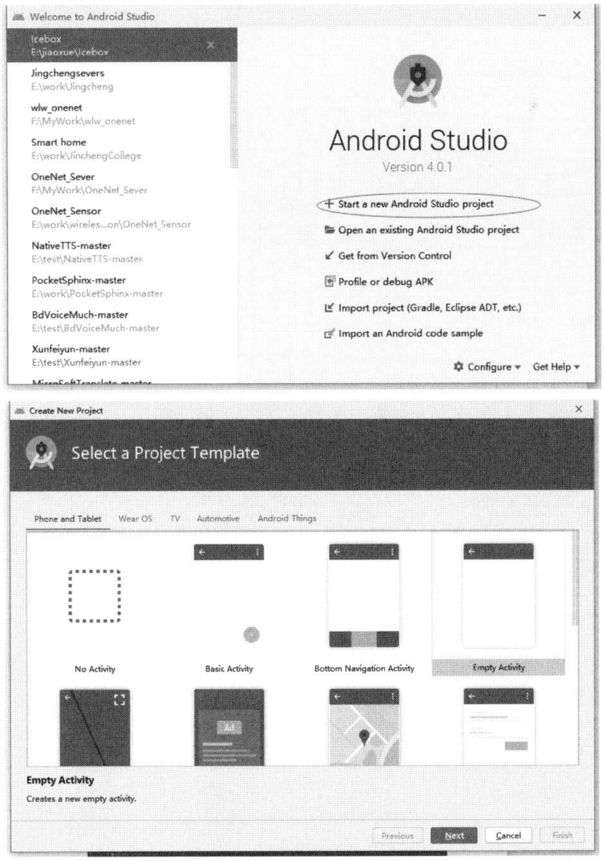

图 1.5.19　新建工程

选择默认的“Empty Actvity”，点击“Next”后进入模板选择。将 App 名称设置为“Video_monitoring”，API 选择 21 版本，即 Android 5.0 版本。最后点击“Finish”，等待完成后工程就新建成功了。

2. 萤石云视频监控 SDK 安装

首先要安装萤石云视频监控官方 SDK，方法是在 build.gradle 中如图 1.5.20 所示位置加入以下代码。

```
implementation 'com.google.code.gson:gson:2.8.6'
/*萤石 SDK 核心模块，必须依赖*/
implementation 'io.github.ezviz-open:ezviz-sdk:4.16.6.3'
/*视频通话模块，按需使用*/
implementation 'io.github.ezviz-open:videotalk:1.2.2'
/*码流获取模块，按需使用*/
implementation 'io.github.ezviz-open:streamctrl:1.2.2'
```

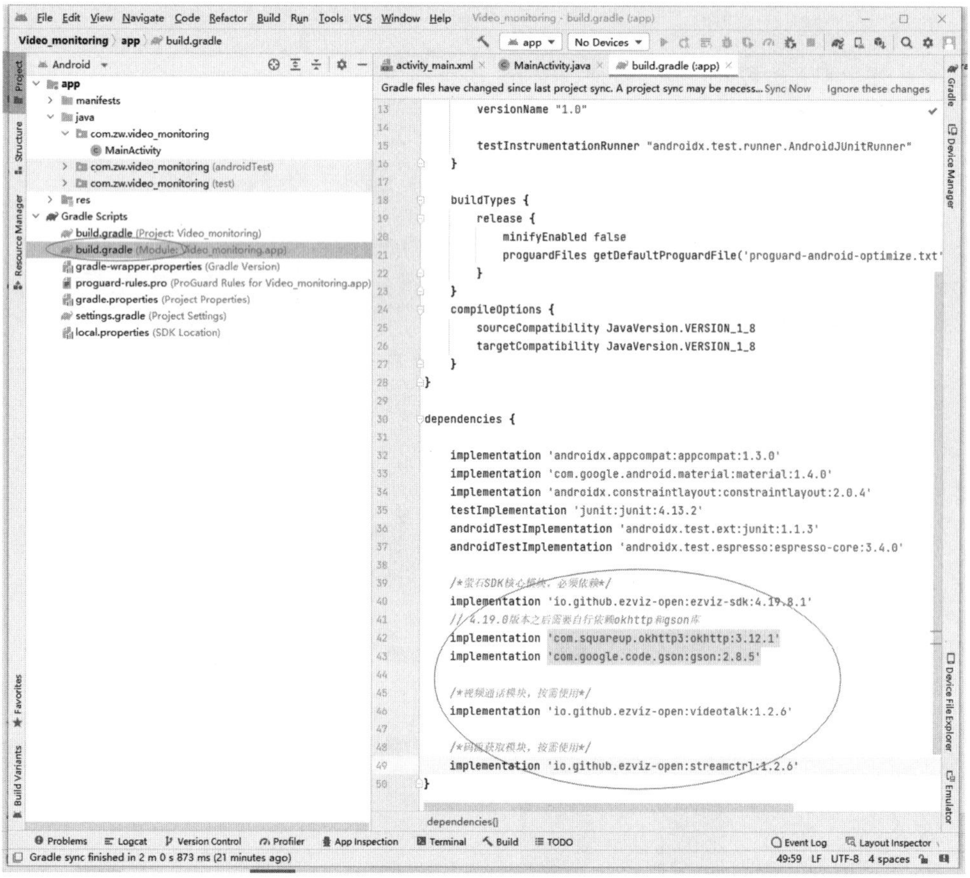

图 1.5.20　SDK 安装

然后在 manifests 中加上以下权限，如图 1.5.21 所示。

```
    <!-- 以下是 sdk 所需权限 -->
<!-- 基础功能所需权限 -->
<uses-permission android:name="android.permission.INTERNET" />
<uses-permissionandroid:name="android.permission.READ_PHONE_STATE" />
<!-- 配网所需权限 -->
<uses-permission android:name="android.permission.INTERNET" />
<uses-permissionandroid:name="android.permission.CHANGE_NETWORK_STATE" />
<uses-permission android:name="android.permission.ACCESS_Wi-Fi_STATE" />
<uses-permission android:name="android.permission.CHANGE_Wi-Fi_STATE" />
<uses-permission android:name="android.permission.ACCESS_FINE_LOCATION" />
<uses-permission android:name="android.permission.ACCESS_NETWORK_STATE" />
<uses-permission  android:name="android.permission.CHANGE_Wi-Fi_MULTICAST_STATE"
/>
<!-- 对讲所需权限 -->
<uses-permission android:name="android.permission.MODIFY_AUDIO_SETTINGS" />
<uses-permission android:name="android.permission.RECORD_AUDIO" />
<!-- 视频通话权限所需 -->
<uses-permission android:name="android.permission.CAMERA" />
<uses-permission android:name="android.permission.RECORD_AUDIO" />
<uses-permission android:name="android.permission.BLUETOOTH" />
<!-- 以上是 sdk 所需权限 -->
```

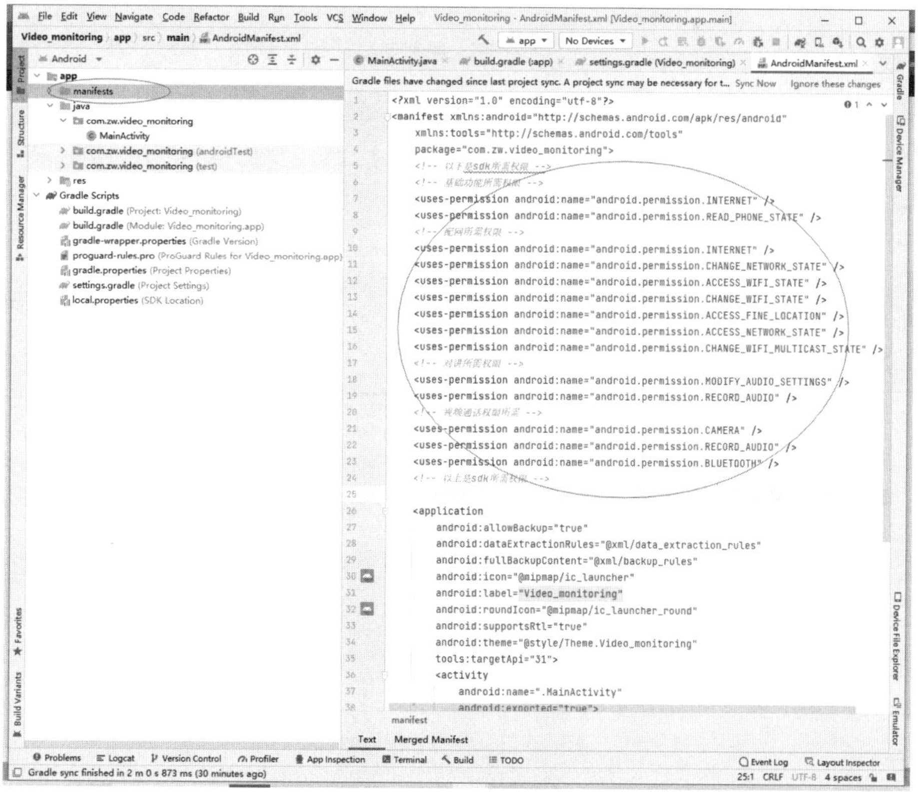

图 1.5.21　添加权限

配置 build.gradle：

```
defaultConfig {
        ...
ndk {
            //自 4.8.8 版本开始支持 arm64-v8a，按需使用
             abiFilters "armeabi-v7a"
        }
    }
sourceSets {
        main {
jniLibs.srcDirs = ['libs']
        }
    }
```

将模块中的 okhttp 文件夹复制到 Java 目录下用户自定义的（工程名）目录中，如图 1.5.22 所示，完成后同步即可。

图 1.5.22　添加 okhttp 文件夹

三、摄像机参数获取

1. 获取 appKey 和 Secret

这两个参数需要进入萤石开放平台（https://open.ys7.com/cn/s/index）进行获取。登录后进入控制台，控制台界面如图 1.5.23 所示。

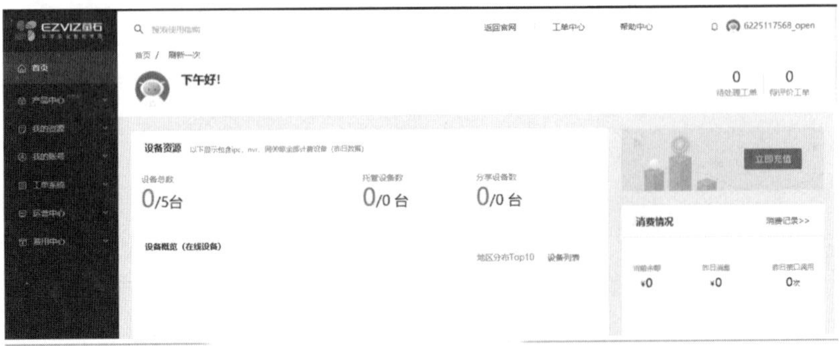

图 1.5.23　萤石云控制台

依次点击“我的账号”→“应用信息”。

如图 1.5.24 所示，右边应用密钥中有 AppKey 和 Secret（如果没有，在左边写好应用详情，提交后就会出现）。

图 1.5.24　应用信息

2. 绑定摄像机

依次点击“我的资源”→“设备列表”，弹出设备列表界面如图 1.5.25 所示。

图 1.5.25　设备列表

点击接入萤石设备。

在图 1.5.26 界面中输入摄像机底部的设备序列号与设备验证码，点击“确定”即可绑定设备。

图 1.5.26　添加设备

四、视频播放功能实现

1. 增加视频播放框和按钮

点击 res/layout 下的 activity_main.xml，拖动 SurfaceView 和 button 到界面上，如图 1.5.27 所示。

图 1.5.27　界面 UI

将按钮 ID 改为 onoff，文本改为播放。然后在 MainActivity 里声明和实例化控件，代码如下：

```
package com.zw.video_monitoring;
import androidx.appcompat.app.AppCompatActivity;
import android.os.Bundle;
import android.view.SurfaceView;
import android.widget.Button;
public class MainActivity extends AppCompatActivity {
    SurfaceViewsurfaceView;
    Button onoff;
    public String appKey="4301737e6ea14e8fae0d9751af205bdc";
    public String appSecret="f5733fb0411837e28da7810549ac0cbd";
    public String serialNo="G44246825";
    public String code="MXHMEM";
    @Override
    protected void onCreate(Bundle savedInstanceState) {
super.onCreate(savedInstanceState);
setContentView(R.layout.activity_main);
surfaceView=findViewById(R.id.surfaceView);
onoff=findViewById(R.id.onoff);
onoff.setOnClickListener(new View.OnClickListener() {
            @Override
            public void onClick(View view) {
            }
        });
    }
}
```

2. SDK 初始化

一般建议在 application 中进行初始化。

```
/** * sdk 日志开关，正式发布需要去掉 */
EZOpenSDK.showSDKLog(true);
/** * 设置是否支持 P2P 取流,详见 api */
EZOpenSDK.enableP2P(false);
/** * APP_KEY 请替换成自己申请的 */
EZOpenSDK.initLib(this, APP_KEY);
```

3. 获取 accessToken

因为 accessToken 是随时都在变化的，所以不能使用网站上的，需要用 appKey 和 Secret 通过获取 accessToken 的接口来获取，获取方法如下：

```
    RequestManager rt = new RequestManager(this);
    HashMap<String, String> map = new HashMap<>();
    map.put("appKey", appKey);
    map.put("appSecret", appSecret);
    rt.requestAsyn("https://open.ys7.com/api/lapp/token/get",
RequestManager.TYPE_POST_FORM, map, new ReqCallBack<Object>() {
@Override
public void onReqSuccess(Object result) {
try {
JSONObjectjs = new JSONObject(result.toString());
JSONObjectjb = js.getJSONObject("data");
//获取和设置 Token
EZOpenSDK.getInstance().setAccessToken(jb.getString("accessToken"));
} catch (Exception ex) {
Toast.makeText(getApplicationContext(),"监控设备初始化错误
    ",Toast.LENGTH_SHORT).show();
}
}
@Override
public void onReqFailed(String errorMsg) {
Toast.makeText(getApplicationContext(),"监控设备初始化错误
    ",Toast.LENGTH_SHORT).show();
}
    });
```

4. 播放与停止

首先通过 EZOpenSDK.getInstance().getDeviceList 获取账号下的设备信息列表。需要注意的是：该方法必须在线程下。

```
    new Thread() {
@Override
public void run() {
super.run();
try {
//获取前 20 个设备。
mDeviceInfoList = EZOpenSDK.getInstance().getDeviceList(0, 20);
mHandler.sendEmptyMessage(1);
} catch (Exception e) {
e.printStackTrace();
}
}
    }.start();
```

获取到设备信息列表后就可以通过序列号 serialNo 获取到摄像头的设备信息对象，因为构造 EZPlayer 对象需要设备的通道信息，所以需要写一个方法去获取，具体如下：

```
    /**
    * 通过 ezdevice 得到其中通道信息
    * @param deviceInfo
    * @return
    */
    public static EZCameraInfogetCameraInfoFromDevice(EZDeviceInfodeviceInfo, int
camera_index) {
if (deviceInfo == null) {
  return null;
}
if (deviceInfo.getCameraNum() > 0 &&deviceInfo.getCameraInfoList() != null
&&deviceInfo.getCameraInfoList().size() >camera_index) {
return deviceInfo.getCameraInfoList().get(camera_index);
}
return null;
    }
```

获取到 EZPlayer 对象后就可以通过 EZPlayer.setSurfaceHold 来设置播放的窗体控件，通过 EZPlayer.startRealPlay()开始播放。具体的播放方法如下：

```
    private Handler mHandler = new Handler() {
            @Override
            public void handleMessage(Message msg) {
                switch (msg.what){
                    case 1:
                        //开始播放
startPlay();
                        break;
                }
            }
    };
    private List<EZDeviceInfo>mDeviceInfoList;//获取账号下设备信息列表
EZCameraInfocameraInfo;//设备信息
    private EZPlayermEZPlayer = null;//播放器对象
    private SurfaceHoldermRealPlaySh;//播放器显示的 surface 的 holder
    private booleanisstart=false;
    private void startPlay() {
EZDeviceInfodeviceInfo = null;
            for (EZDeviceInfoezDeviceInfo :mDeviceInfoList) {
Log.d("EZDeviceInfo", ezDeviceInfo.getDeviceName() + ";;SN=" +
ezDeviceInfo.getDeviceSerial() + ";; type=" + ezDeviceInfo.getDeviceType());
                //比较自己的摄像头底部上写的序列号
                if (serialNo.equals(ezDeviceInfo.getDeviceSerial())) {
deviceInfo = ezDeviceInfo;
                    break;
                }
            }
if(deviceInfo == null){
                return;
            }
            //获取使用的摄像头信息
cameraInfo = getCameraInfoFromDevice(deviceInfo,0);
            //创建播放器对象
mEZPlayer = EZOpenSDK.getInstance().createPlayer(cameraInfo.getDeviceSerial(),
cameraInfo.getCameraNo());
            if (mEZPlayer == null)
```

```
                return;
            if (cameraInfo == null) {
                return;
            }
            //设置 handler，该 handler 被用于从播放器向 handler 传递消息
mEZPlayer.setHandler(mHandler);
mRealPlaySh = surfaceView.getHolder();
            //设置播放器显示的 surface
mEZPlayer.setSurfaceHold(mRealPlaySh);
            //开始播放
mEZPlayer.startRealPlay();
            //视频的加密密码，默认为摄像头的验证码
mEZPlayer.setPlayVerifyCode(code);
isstart=true;
onoff.setText("停止");
    }
```

停止播放的方法很简单，直接用 EZPlayer.stopRealPlay()方法就可以停止播放了，最后再用 EZPlayer.release()来清空资源。

现在播放与停止的方法都有了，将其写入按钮点击事件，代码如下：

```
    onoff.setOnClickListener(new View.OnClickListener() {
      @Override
      public void onClick(View view) {
          if (isstart) {
              if (mEZPlayer != null) {
mEZPlayer.stopRealPlay();
mEZPlayer.release();
              }
isstart = false;
onoff.setText("播放");
          } else {
              new Thread() {
                  @Override
                  public void run() {
super.run();
                      try {
```

```
mDeviceInfoList = EZOpenSDK.getInstance().getDeviceList(0, 20);
mHandler.sendEmptyMessage(1);
                                } catch (Exception e) {
e.printStackTrace();
                                }
                            }
}.start();
            }
        }
  });
```

5. 编译运行程序

首先将代码中的 appKey、appSecret、serialNo、code 替换成自己的账号及账号绑定的设备。运行代码后效果如图 1.5.28 所示。

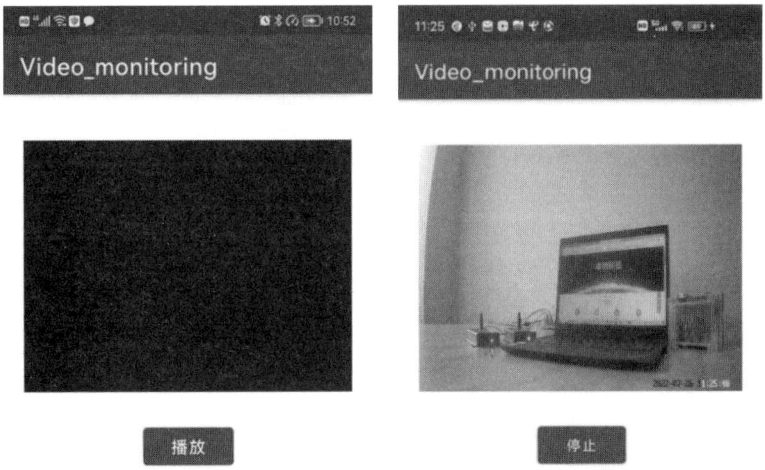

图 1.5.28　监控画面

五、任务报告

（一）任务报告要求

（1）根据教程，绘制视频监控 App 应用开发过程图，分析每个步骤。

（2）绘制视频监控 App 应用开发软件逻辑图；检查逻辑，并在实际调试过程中记录开发过程与所遇到的问题，以及如何解决。

（3）编写代码实现视频播放功能。

（4）记录开发和调试过程。

（二）任务报告评价标准

任务报告评价标准见表 1.5.11。

表 1.5.11　评价标准

项目名称	家庭安防系统项目设计与实施				
任务名称	视频监控 App 应用开发				
考核方式	任务报告单				
说明	主要评价学生在任务学习过程中的理论知识、操作方式、学习态度、课堂表现、学习能力等				
考核内容与评价标准					
序号	内容	评价标准			评价比例/%
		优秀	良好	合格	
1	基本理论	能完全掌握该任务中所用到的基本理论知识；具有较强的发散思维	能较好掌握该任务中所用到的基本理论知识；具有良好的发散思维	能基本掌握该任务中所用到的基本理论知识；具有较好的发散思维	30
2	实践操作	能熟练使用各种开发软件和工具，具有很强的逻辑思维能力和实际动手操作能力；视频监控 App 应用开发与调试思路清晰、效果良好；部署过程记录清晰，设备参数记录完整；调试过程记录清晰，有最终调试结果与功能演示	能较熟练使用各种开发软件和工具，具有较强的逻辑思维能力和实际动手操作能力；视频监控 App 应用开发与调试思路清晰、效果良好；部署过程记录清晰，设备参数记录完整；调试过程记录清晰，有最终调试结果与功能演示	能上手使用各种开发软件和工具，具有一定的逻辑思维能力和实际动手操作能力；视频监控 App 应用开发与调试思路清晰、效果良好；部署过程记录清晰，设备参数记录完整；调试过程记录清晰，有最终调试结果与功能演示	30
3	核心能力	具有良好的项目方案设计思维；具有严谨的科学态度	具有较好的项目方案设计思维；具有良好的科学态度	具有较好的项目方案设计思维；具有较好的科学态度	10
4	学习态度	具有良好的自主学习能力，能主动分析解决问题，勤学好问	具有较好的学习能力，具有一定分析解决问题的能力	能主动学习，能配合小组分析和解决问题	10
5	小组评价	具有良好的团队合作能力和团队沟通交流能力，热心帮助小组成员解决问题	具有较好的团队合作能力和团队沟通交流能力，能帮助小组成员解决问题	具有一定的团队合作能力和团队沟通交流能力，能配合小组成员完成任务	10
6	教师评价	涵盖以上所有内容	涵盖以上所有内容	涵盖以上所有内容	10
合计					100

任务 4　智能报警系统应用部署

【任务描述】

本任务为报警监控系统的认知与部署，涉及 Wi-Fi 网络技术、报警主机的配置、报警系统的搭建、云平台监控方法。

【任务目标】

（1）了解报警传感器相关知识。

（2）掌握报警传感器的安装部署和配置。

（3）掌握报警主机本地配置方法。

（4）掌握物联网远程报警系统监控系统部署和调试。

（5）掌握使用智能采集终端采集报警信息，并通过使用 Wi-Fi 数据终端将报警信息上传到 OneNET 云平台。

（6）学会使用 Lua 脚本语言编写数据解析脚本，使用脚本调试器测试解析脚本。

（7）学会 OneNET 云平台的使用（注册、产品添加、设备添加、上传解析脚本、数据流展示等）。

一、系统结构分析

本案例报警监控方案采用海康威视报警主机方案，但海康威视报警主机暂时不能兼容于 OneNET 云平台，所以本案例在报警主机内加入一个智能采集终端和 Wi-Fi 数据终端用来对安防传感器数据进行采集，并上传至 OneNET 云端。结构如图 1.5.29 所示。

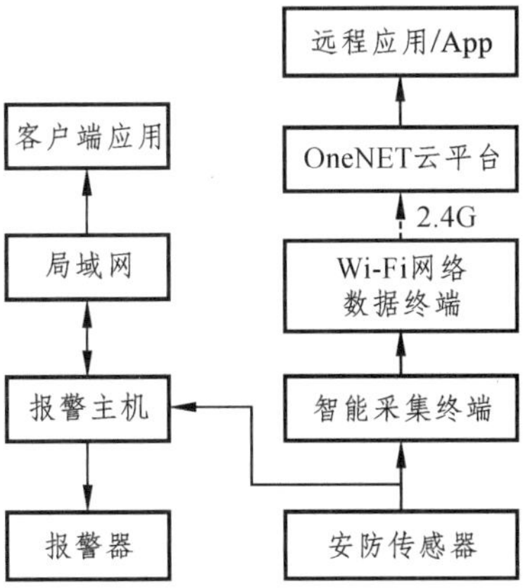

图 1.5.29　智能报警系统结构

从图 1.5.29 可以看出，海康威视报警主机的数据通过以太网可以接入局域网的任意客户端应用；而智能采集终端采集安防传感器数据通过 Wi-Fi 数据终端上传至 OneNET 云平台，然后通过远端的客户端或 App 应用访问云平台数据实现远程实时监控。

二、Wi-Fi 数据终端配置与测试

详见模块 1 Wi-Fi 数据终端配置与测试。

三、安防传感器的配置与测试

下面以红外防入侵传感器为例进行配置安装，图 1.5.30 为安防传感器配置与测试硬件连接示意图，其他传感器操作类似。

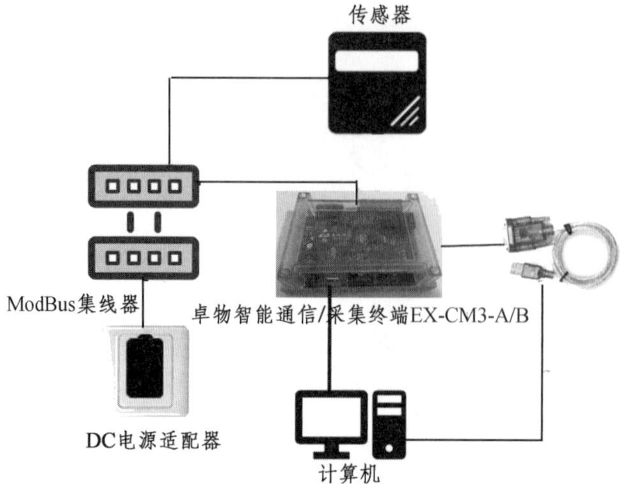

图 1.5.30　安防传感器配置与测试硬件连接示意图

1. 设备固定安装

旋开红外传感器外壳，安装孔位于设备两侧中部位置，安装孔径 4 mm，孔距 105 mm，准备螺丝刀、M4 螺丝螺母，在网孔板上进行安装。电压电源输入 12 V，有报警输出端口和防拆输出端口。如图 1.5.31 所示，实训架上的设备只将电源和报警输出端口引线而出。报警输出接口为 IO + 和 IO –，连接好电源线和报警输出线后，旋上外壳。

注意：电源线不要接反或插错端口，应用万用表打到蜂鸣挡检查好后上电。

图 1.5.31　安防传感器的固定

2. 连接电源

如图 1.5.32 所示，使用 DC 12 V 电源给传感器供电。

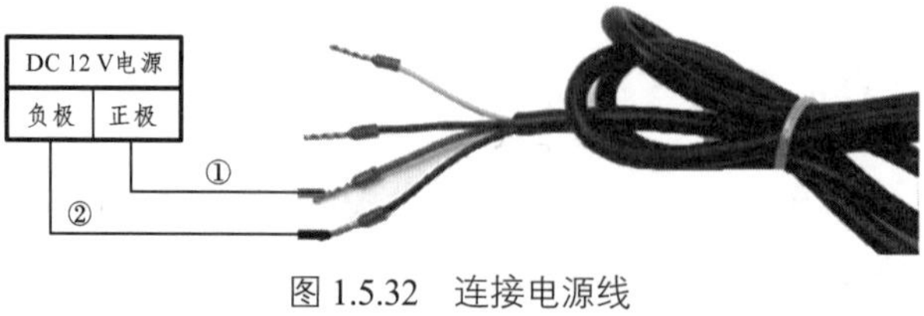

图 1.5.32　连接电源线

（1）传感器棕色线接电源正极。

（2）传感器黑色线接电源负极。

注意：不要带电接线，确认接线无误后才可上电，以防电源接反导致设备损坏。

按照图 1.5.33 对安防传感器进行布线，注意：

（1）通过 12 V 电源为红外传感器和智能采集终端供电（可以使用电源适配器或实训架上电源）；

（2）通过线缆将红外传感器的 IO + 和 IO-连接到智能采集终端的 IO 和 GND 接口；

（3）USB 转串口线缆的 DB9 连接到智能采集终端的串口 DB9，USB 口连接到计算机。

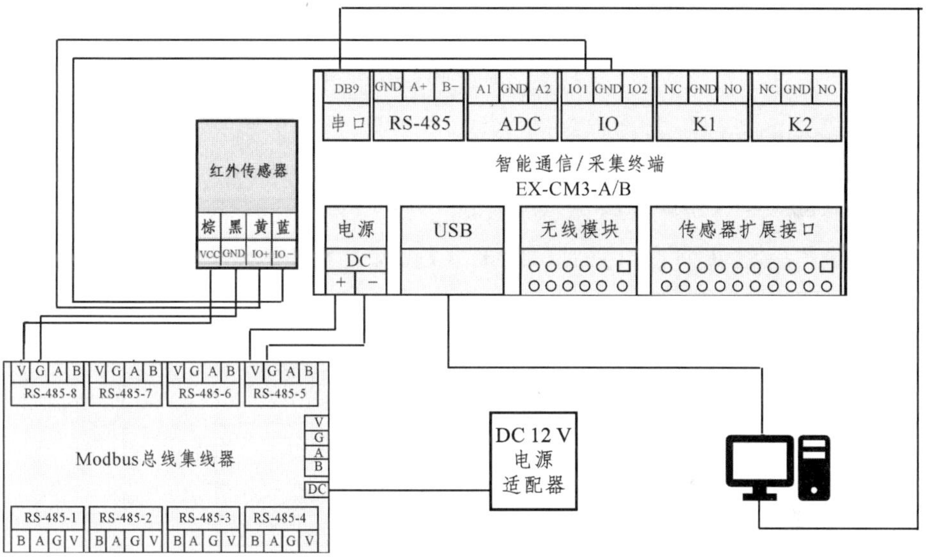

图 1.5.33　安防传感器布线

3. 打开红外传感器工程文件

路径：\典型物联网应用项目设计与实施\05 项目五家庭安防系统项目设计与实施\02 程序源码\Keil。

4. 编译工程

略。

5. 下载程序

略。

6. 打开卓物串口助手

选择串口号，选择波特率“115200”，勾选 RTS 和 DTU，点击“打开串口”。

图 1.5.34 所示为系统程序验证结果，可以发现，当红外探测器未监测到目标时，输出信息“waiting...”；当有人经过红外探测传感器时，红外探测传感器红色指示灯常亮，并且卓物串口助手接收到红外报警信息“Infrared alarm!”。

```
[Rx <-][COM4][09:02:29:262]
ASCII码
waiting...

[Rx <-][COM4][09:02:30:263]
ASCII码
waiting...

[Rx <-][COM4][09:02:31:263]
ASCII码
waiting...

[Rx <-][COM4][09:02:32:264]
ASCII码
waiting...

[Rx <-][COM4][09:02:33:264]
ASCII码
waiting...
Infrared alarm!
```

图 1.5.34　系统程序验证结果

四、安防报警系统安装部署及调试

（一）设备安装及布线连接

本案例的布线以物联网应用工程实训系统为例，安防报警布线示意图如图 1.5.35 所示，学生也可以按照模式自行布线。

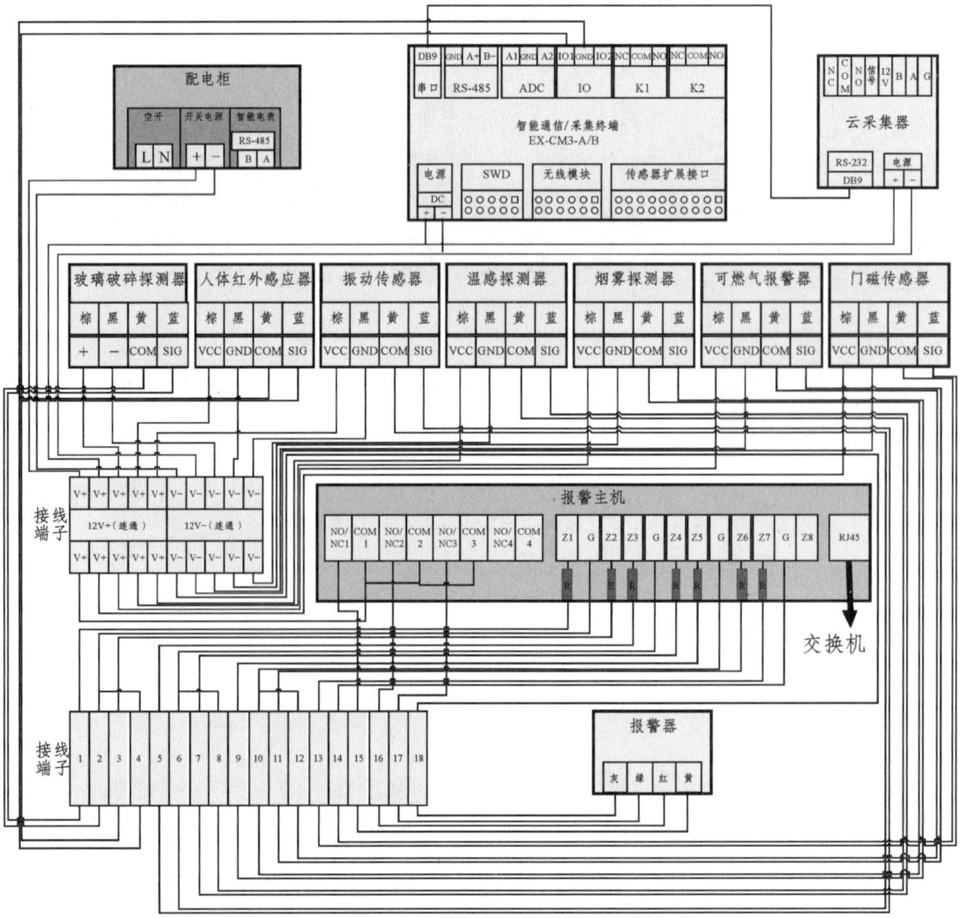

图 1.5.35　安防报警系统布线

说明：

（1）本案例直流电源布线通过接线端子 1 进行转接，方便后续扩展及维护。

（2）本案例所有安防传感器的信号线通过接线端子 2 进行转接，方便后续扩展及维护。

（3）物联网应用工程实训系统该部分默认没有接智能采集终端和 Wi-Fi 数据终端，需学生自行扩展连接。

（4）智能采集终端默认只有 2 路 IO 采集，学生可选择使用（以上将人体红外传感器信号线连接到智能采集终端的 IO1 端）。

（5）报警主机直接接入 AC 220 V，须在老师指导下连接（默认已经连接好，只需要外接品字电源线即可）。

（6）安防传感器连接报警主机时需串联一个 8.2 kΩ的电阻（NC），或并联一个 8.2 kΩ的电阻（NO），如图 1.5.36 所示。

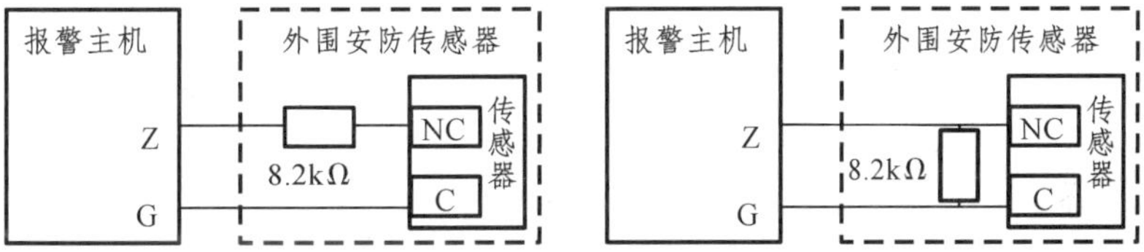

（a）常闭类型传感器　　（b）常开类型传感器

图 1.5.36　安防传感器外接电阻示意图

注意：不要带电接线，确认接线无误后才可上电，以防电源接反导致设备损坏。

（二）报警主机本地配置与布防

按照布线图 1.5.35，连接好硬件设备，用网线将报警主机与计算机连接（需在同一局域网内）。下面以配置红外传感器为例（其他传感器类似），介绍报警主机的防区配置和软件的使用。

1. 安装软件

打开“iVMS-4200（V3.6.1.5_C）.exe”，安装 iVMS-4200 配置软件，路径：\典型物联网应用项目设计与实施\05 项目五 家庭安防系统项目设计与实施\03 软件及工具\01 iVMS-4200。

2. 创建用户

如图 1.5.37 所示，填写用户名和密码，创建用户。

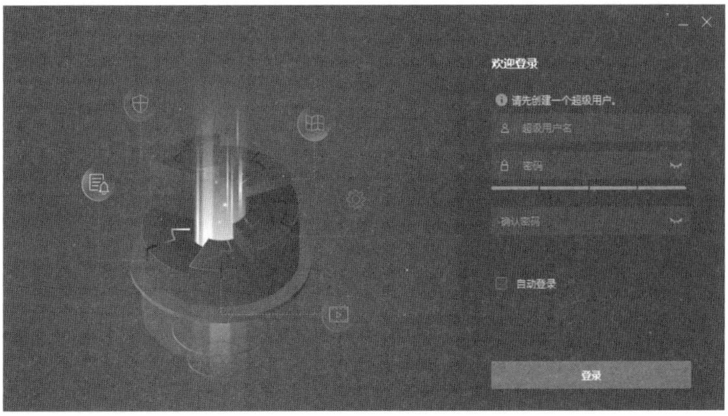

图 1.5.37　创建用户

3. 设备管理

如图 1.5.38 所示，选择设备管理选项。

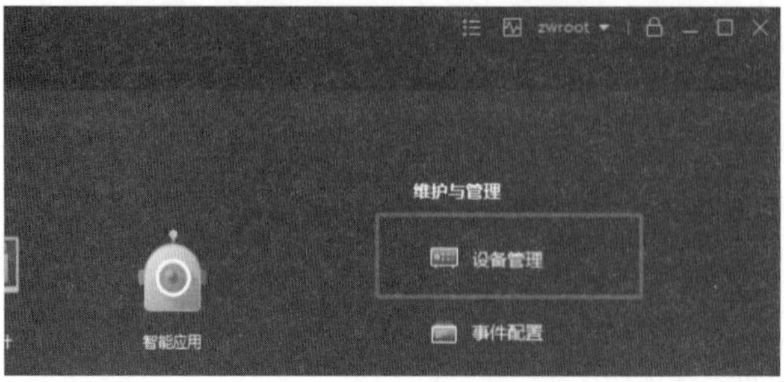

图 1.5.38　设备管理

4. 添加报警主机

如图 1.5.39 所示，依次点击设备、在线设备、添加，填写好相关信息，添加报警主机设备。

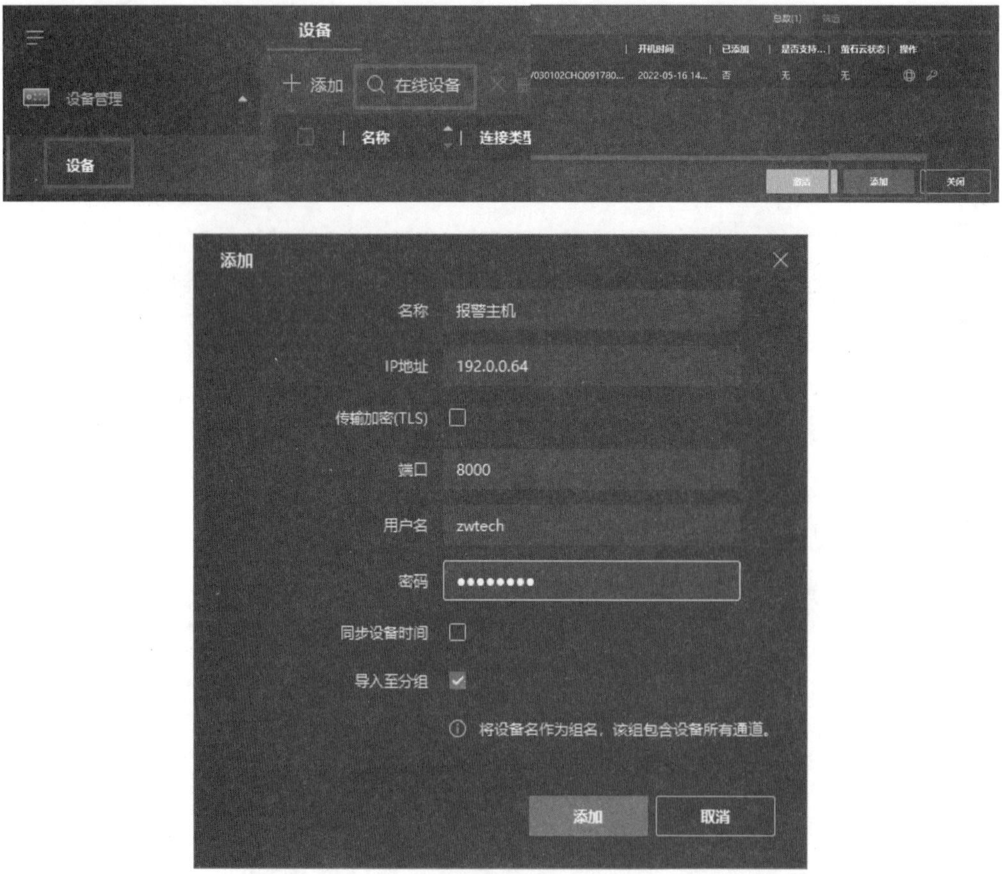

图 1.5.39　添加报警主机

设置名称、IP 地址、端口，输入用户名和密码信息，然后点击“添加”。

注意：计算机 IP 需要设置与报警主机在同一网段，设置静态 IP 地址如图 1.5.40 所示。

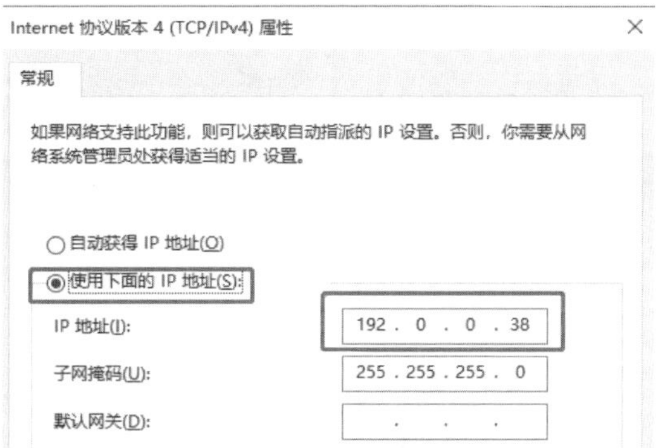

图 1.5.40　设置静态 IP

添加好设备后，确保设备在线，设备状态如图 1.5.41 所示，点击“配置”按钮。

图 1.5.41　报警主机配置

5. 报警主机配置

（1）如图 1.5.42 所示，打开警号 1。

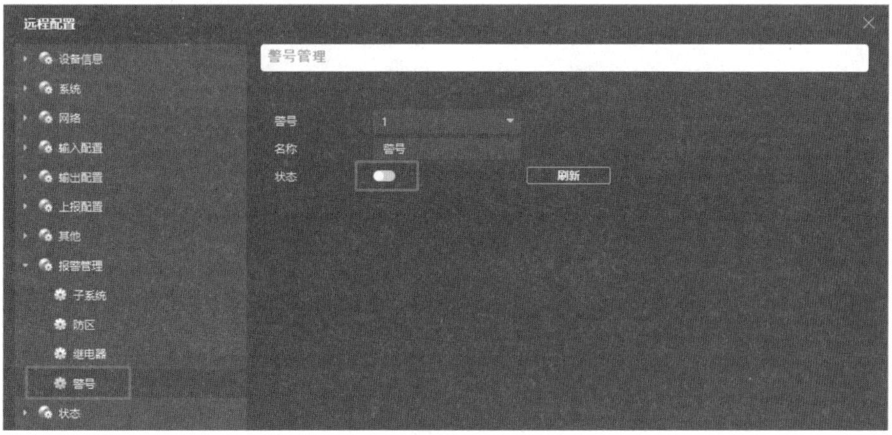

图 1.5.42　报警主机警号

（2）如图 1.5.43 所示，点击“防区”→“设置”，设置防区。

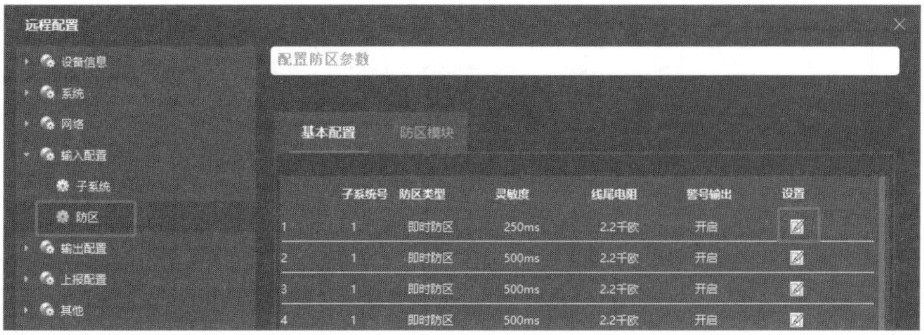

图 1.5.43　报警主机防区

如图 1.5.44 所示，可看到本报警主机所对应的所有防区，双击防区或点击最后设置图标即可配置对应防区参数。这里建议只修改名称、防区类型、防拆类型，其他的默认即可。

图 1.5.44　防区关联警号和继电器

设置名称、探测器类型，关联警号 1，关联继电器 1，点击“保存”。

6. 主机布防

如图 1.5.45 所示，点击选择设置好的防区，然后点击“布防”，进行主机布防。

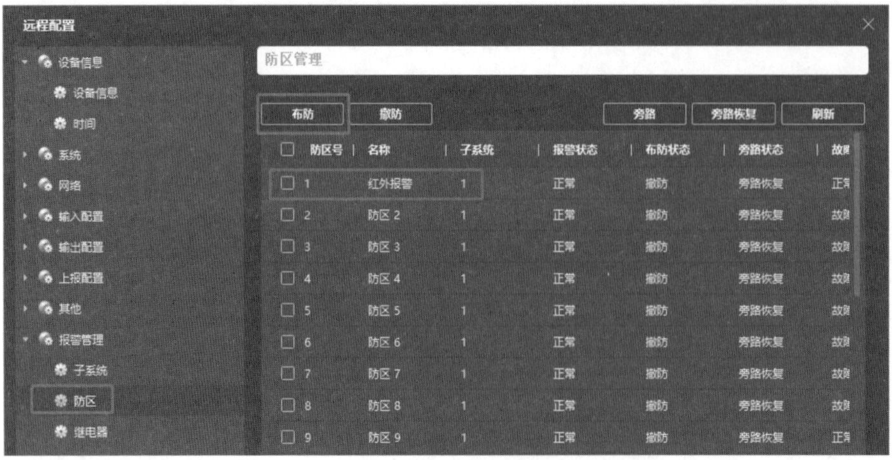

图 1.5.45　主机布防

7. 安防验证

将手放在红外探测器前，红外探测器红灯亮起，可以看到图 1.5.46 和图 1.5.47 中报警主机报警、继电器动作。

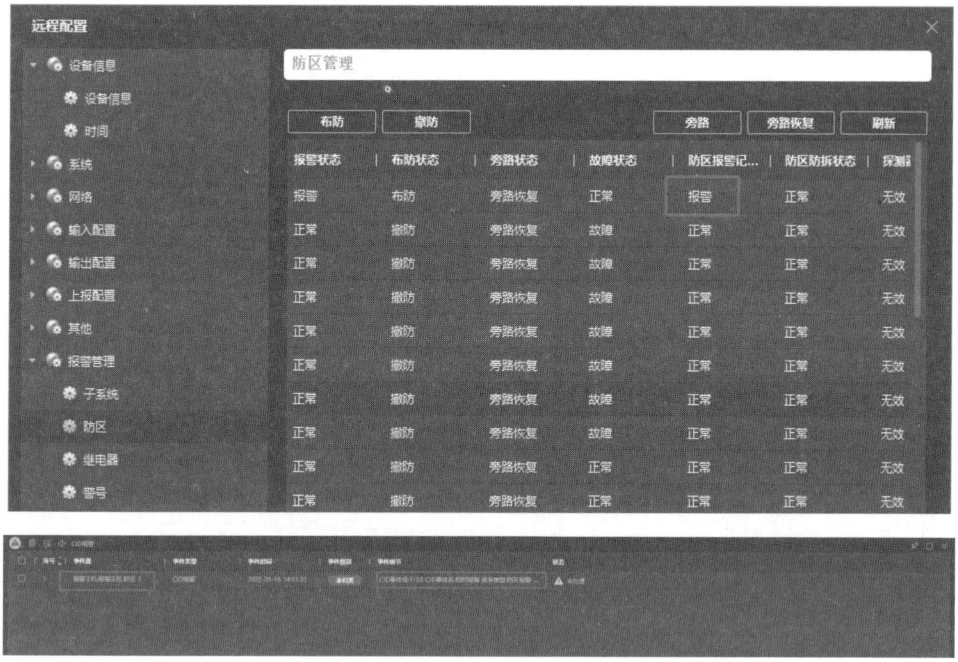

图 1.5.46　防区安防报警输出验证

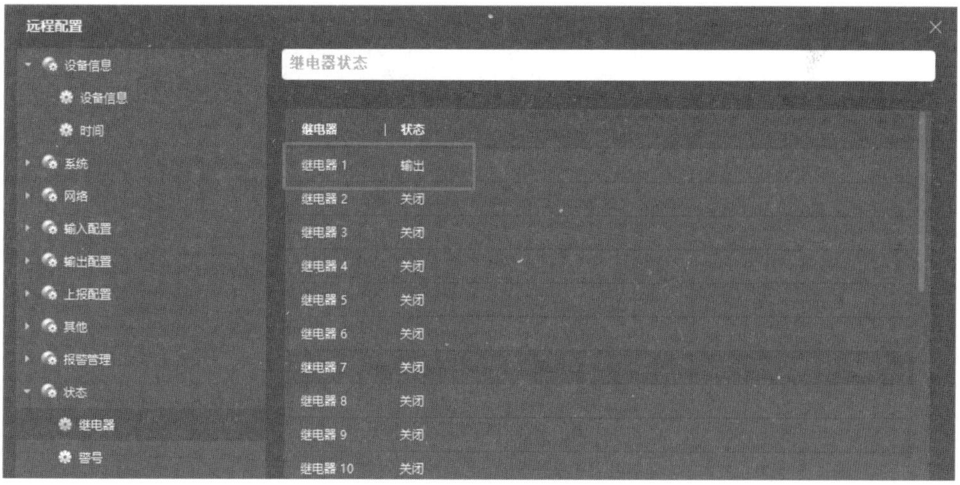

图 1.5.47　继电器安防验证

其他传感器可按照上述步骤配置，不再赘述。至此，报警主机的本地配置完成。

（三）物联网云平台部署与远程监控

1. OneNET 云平台注册

如果没有在 OneNET 云平台注册的读者（用户）应先注册，注册方式详见模块 4 OneNET 云平台应用部署。已经在 OneNET 云平台注册的读者（用户）可以直接登录。

2. 云平台添加产品及设备

添加产品及设备的方法详见模块 4 OneNET 云平台应用部署。

注意：如果有产品，可以在该产品下直接添加设备。

这里需要添加 1 个产品，以及在该产品下需要添加 7 个设备，建好之后完成表 1.5.12。

表 1.5.12　OneNET 云平台设备参数表

产品 ID					
工位号	设备名称	设备 ID	Lua 名称	鉴权信息（auth_info）	APIKEY
	Wi-Fi 数据终端（云采集器）				

注：① 产品 ID、设备 ID 是添加产品和设备时云平台自动生成的编号；
② Lua 名称是上传脚本用户自定义名称，在第 3 步完成后填写；
③ 鉴权信息（auth_info）是用户添加设备自定义的关键参数；
④ APIKEY 是设备添加后用户可以自定义的一组或多组设备参数，一般是在访问云平台数据流时使用（App 或客户端获取云平台设备数据时使用）。

3. 云平台脚本撰写

本案例中只需要对安防传感器数据流进行解析。

```
--设备数据分析函数
function device_data_analyze(dev)
local t={}
local a=0
-- 添加用户自定义代码 --
-- 例如： --
local s = dev：size()
    if s >=1 then
      --将获取到的设备数据添加到 table 中
      add_val(t,"zwtest",a,dev:bytes(1,s))
end
dev：response()
-- return $1，$2 --
-- 例如： --
return s，to_json(t)
end
```

以上脚本直接输出数据，数据流名称为 zwtest，数据为 s 个字符串。

完整脚本文件详见路径：\典型物联网应用项目设计与实施\05 项目五家庭安防系统项目设计与实施\01 OneNet 解析脚本。

4. 云平台脚本上传

进入 OneNET 云平台产品中的设备列表中，点击“上传脚本”，自定义脚本名称，选择编辑好的脚本文件，点击“上传”即可。

注意：上传之后完成第 2 步中的“OneNET 云平台设备参数表”中的 Lua 名称一列。

5. Wi-Fi 数据终端参数配置

明确各个设备的关键参数，如表 1.5.13 所示。

表 1.5.13　Wi-Fi 数据终端参数配置

参数名称	参数值	说明
WiFi 名（SSID）		配置终端热点名称（无线路由器或 AP 的 SSID 名称）
WiFi 密码		配置加入网络的密码
服务器 IP	183.230.40.40（默认）	网络服务器 IP(默认为 OneNet 云平台 TCP 透传服务器 IP：183.230.40.40） 注意：如要修改，在工具中输入：183.230.040.040
服务器端口号	1811	网络服务器端口号(默认为 OneNet 云平台 TCP 透传服务器端口号：1811）
产品 ID		OneNe 云平台中对应产品 ID（Product ID）
产品密码		OneNe 云平台中对应设备的鉴权信息
LUA		OneNe 云平台中对应设备的脚本名称
RS-232_RS-485		RS-232 和 RS-485 接口选择 （本案例中云采集器需要设置为 RS-485）
设置波特率		串口波特率设置 （本案例中 Wi-Fi 数据终端的波特率需要与智能采集终端设置一致）

配置完之后核实每个参数，如图 1.5.48 所示，无误后断电重启。

```
****************配置信息
*****************
wifi ssid     :zwtech
wifi passWord:zw123456
Sever ip      :183.230.40.40
Sever port    :1811
OneNet ProductId:437844
OneNet DevKey    :wifidtu00
OneNet Lua       :zwtest
心跳始能：禁止
RS232_RS485：RS232
波特率：115200
*************************************
****
```

图 1.5.48　Wi-Fi 数据终端参数配置

注：Wi-Fi 数据终端的配置方法详见模块 1 Wi-Fi 数据终端配置与测试。

6. 智能采集终端代码编写

编程要点：

（1）上电后进行系统初始化，包括延时函数初始化、LED 初始化、继电器初始化、串口 USART1 初始化和 RS-485 初始化。

（2）编写传感器处理函数，使用外部中断方式获取 IO 传感器状态，并根据状态执行对应程序。

（3）使用 USART 相关函数实现数据接收和发送。

代码分析：

下面分析核心代码，外设初始化函数详见模块 4 智能采集终端工程模板。

1）主函数

```
int main()
{
      delay_init();                 //延时函数初始化
      LED_Init();                   //LED 初始化
      USART1_init(115200);          //串口 1 初始化，波特率 115200
      io_sensor_Init();             //IO 传感器采集初始化
      while( 1 )
      {
       RS485_sensor_handle();  //传感器处理函数
      }
}
```

在主函数中，先将系统所用到的外设硬件初始化，包括 LED、继电器、串口、RS-485 的初始化，然后进行传感器扫描，并将传感器数据发送到串口 1。其中，LED 闪烁表示程序运行状态。

2）传感器处理函数

```
void RS485_sensor_handle(void)
{
//printf("waiting...\n");
  if(IRQIO1_Flag == 1)                          //外部中断 1 标志位
  {
       printf("Infrared alarm!\n");             //打印报警信息
       IRQIO1_Flag = 0;                         //标志位清零
  }
  if(IRQIO2_Flag == 1)                          //外部中断 2 标志位
  {
```

```
        printf("Smoke alarm!\n");                    //打印报警信息
        IRQIO2_Flag = 0;                             //标志位清零
    }
        GPIO_TogglePin(GPIOB, GPIO_Pin_3);           //LED 显示状态
        delay_ms(1000);
    }
```

在传感器处理函数中，采用中断方式读取 IO 传感器的状态，当红外传感器状态为 1 时，打印输出“Infrared alarm!”报警，当烟雾报警传感器状态为 1 时，打印输出“Smoke alarm!”报警。

3）外部中断服务函数

采用外部中断触发方式处理 IO 传感器状态，当 IO 传感器状态改变时，触发外部中断，在服务函数中对相关状态进行处理。下面将 IO 传感器标志位置 1，并清除中断标志位。

```
void EXTI2_IRQHandler(void)
{
//确保是否产生了 EXTI Line 中断
  if(EXTI_GetITStatus(EXTI_Line2) != RESET)
{
      IRQIO1_Flag=1;
      //清除中断标志位
      EXTI_ClearITPendingBit(EXTI_Line2);
}
}
```

完整工程路径为：\典型物联网应用项目设计与实施\05 项目五家庭安防系统项目设计与实施\02 程序源码\Keil。

7. 功能验证

编译工程并下载程序，打开 OneNET 云平台，将手放在红外探测器前，云平台收到报警信息，如图 1.5.49 所示，本地报警主机输出报警信息，关联继电器 1 动作 30 s（可设置），如图 1.5.50 所示。

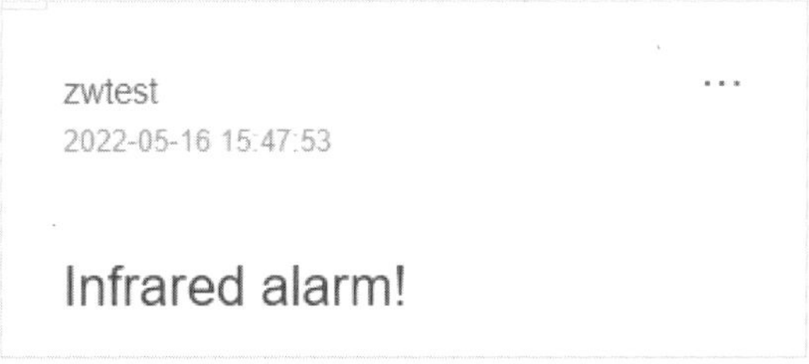

图 1.5.49　云平台报警信息输出

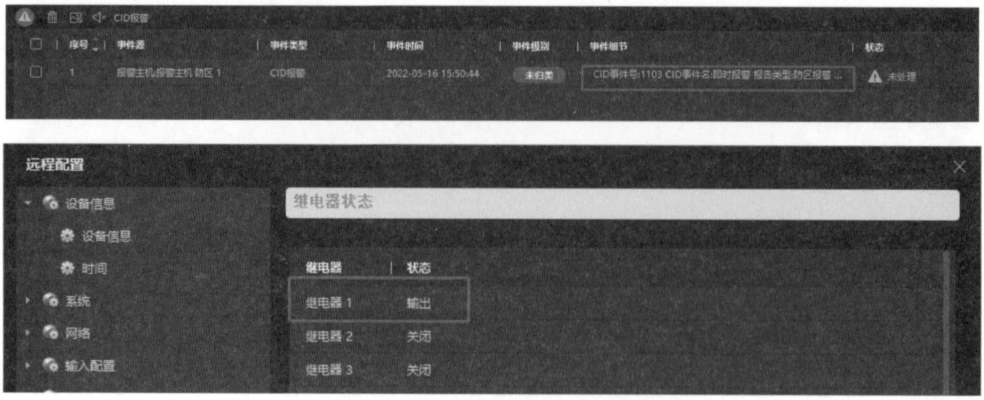

图 1.5.50　报警主机报警信息输出

至此，实现了报警主机本地探测报警情况，自动根据布防报警，并通过 Wi-Fi 数据终端将报警信息上传至云平台的功能。

五、任务报告

（一）任务报告要求

（1）详细记录 Wi-Fi 数据终端配置与测试过程、结论；绘制 Wi-Fi 数据终端配置参数表，撰写 Wi-Fi 数据终端配置与测试详细步骤和测试结果。

（2）详细记录安防传感器配置与测试过程、结论；绘制安防传感器配置参数表，撰写安防传感器配置与测试详细步骤和测试结果。

（3）详细记录安防报警系统的本地配置与布防过程记录、结论分析，列出注意事项。

（4）安防报警系统远程控制系统调试过程、结论；详细记录云平台部署与调试过程，列出部署与调试过程中遇到的问题以及解决方案，思考优化方案。

（二）任务报告评价标准

任务报告评价标准见表 1.5.14。

表 1.5.14　评价标准

项目名称	家庭安防系统项目设计与实施				
任务名称	智能报警系统应用部署				
考核方式	任务报告单				
说明	主要评价学生在任务学习过程中的理论知识、操作方式、学习态度、课堂表现、学习能力等				
考核内容与评价标准					
序号	内容	评价标准			评价比例/%
		优秀	良好	合格	
1	基本理论	能完全掌握该任务中所用到的基本理论知识；具有较强的发散思维	能较好掌握该任务中所用到的基本理论知识；具有良好的发散思维	能基本掌握该任务中所用到的基本理论知识；具有较好的发散思维	30

续表

序号	内容	评价标准			评价比例/%
		优秀	良好	合格	
2	实践操作	能熟练使用各种开发软件和工具，具有很强的逻辑思维能力和实际动手操作能力；智能报警系统应用部署与调试思路清晰、效果良好；部署过程记录清晰，设备参数记录完整；调试过程记录清晰，有最终调试结果与功能演示。	能较熟练使用各种开发软件和工具，具有较强的逻辑思维能力和实际动手操作能力；智能报警系统应用部署与调试思路清晰、效果良好；部署过程记录清晰，设备参数记录完整；调试过程记录清晰，有最终调试结果与功能演示	能上手使用各种开发软件和工具，具有一定的逻辑思维能力和实际动手操作能力；智能报警系统应用部署与调试思路清晰、效果良好；部署过程记录清晰，设备参数记录完整；调试过程记录清晰，有最终调试结果与功能演示	30
3	核心能力	具有良好的项目方案设计思维；具有严谨的科学态度	具有较好的项目方案设计思维；具有良好的科学态度	具有较好的项目方案设计思维；具有较好的科学态度	10
4	学习态度	具有良好的自主学习能力，能主动分析解决问题，勤学好问	具有较好的学习能力，具有一定分析解决问题的能力	能主动学习，能配合小组分析和解决问题。	10
5	小组评价	具有良好的团队合作能力和团队沟通交流能力，热心帮助小组成员解决问题	具有较好的团队合作能力和团队沟通交流能力，能帮助小组成员解决问题	具有一定的团队合作能力和团队沟通交流能力，能配合小组成员完成任务	10
6	教师评价	涵盖以上所有内容	涵盖以上所有内容	涵盖以上所有内容	10
合计					100

任务5　报警系统客户端应用开发

【任务描述】

本任务为报警监控系统的应用开发，涉及 C#开发技术，运用 C#语言进行 PC 端报警主机监控软件开发。

【任务目标】

（1）了解 VS2015 安装配置。

（2）了解海康威视 SDK 安装。

（3）掌握报警主机参数获取方法。

（4）掌握报警主机应用开发。

一、VS2015 安装

在微软官网下载 Visual Studio 最新版本，根据软件提示进行安装。

注：微软官网只提供最新版本，也可以通过第三方渠道下载需要的版本。

二、海康威视 SDK 安装

1. 新建工程

如图 1.5.51 所示，打开 VS2015，点击新建工程，模板选择 c#里的 window 窗体应用程序，版本选择.net4.5.2。

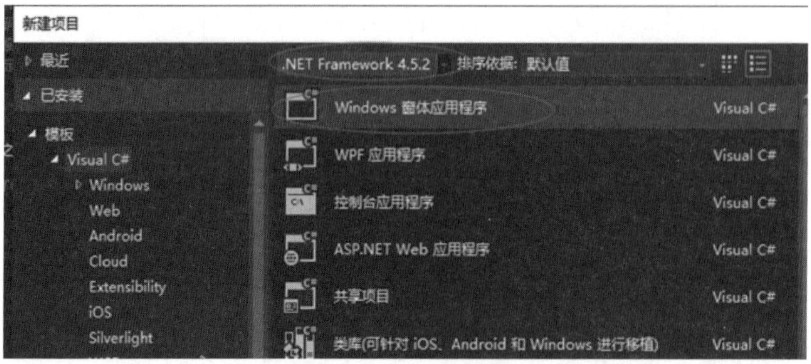

图 1.5.51　新建项目

设置好名称和路径后点击“确定”，完成新建项目，其界面如图 1.5.52 所示。

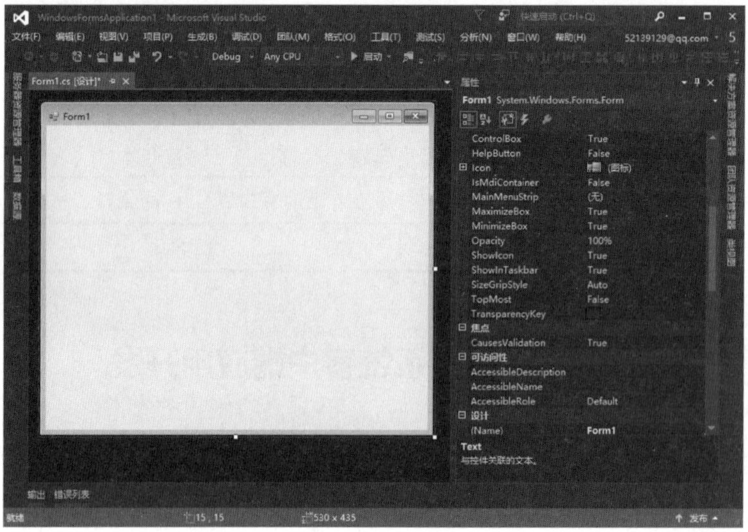

图 1.5.52　新建界面

2. 海康威视 SDK 安装

从海康威视官网（https://open.hikvision.com/download/5cda567cf47ae80dd41a54b3?type＝10）下载“设备网络 SDK_Win64”的 SDK（32 位系统下载设备网络 SDK_Win32），将下载好的压缩包解压，得到如图 1.5.53 所示的文件夹。

图 1.5.53　海康威视 SDK

进入库文件，将里面的文件都复制到用户自己应用程序下的\bin\DeBUG 中，然后将 SDK 包中的 Demo 示例\3- C# 开发示例\4-报警布防监听\AlarmCSharpDemo 下的 CHCNetSDK.cs 复制到用户自己的应用目录下。

回到 VS2015，在工程中展开解决方案资源管理器，点击图 1.5.54 中圈出的按钮。

图 1.5.54　添加 SDK

在显示的文件中找到刚才复制的 CHCNetSDK.cs，鼠标右击，然后在弹出的菜单中选择“包括在项目中”，如图 1.5.55 所示。

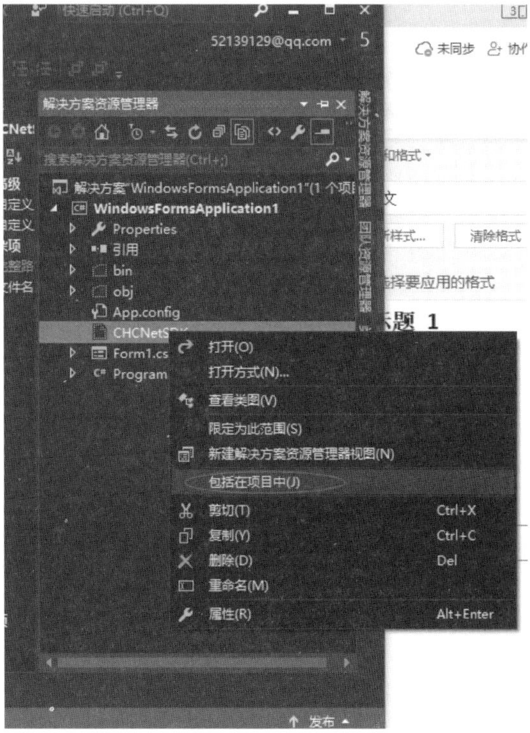

图 1.5.55　包含项目

完成后打开 CHCNetSDK.cs，将 namespace 改成用户的自定义工程名，如图 1.5.56 所示。

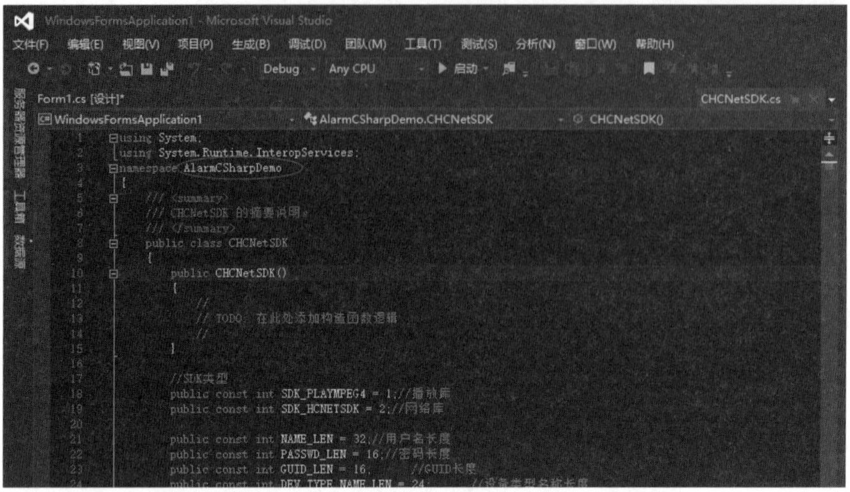

图 1.5.56　修正 namespace

三、报警主机状态获取开发

1. 增加文本与按钮

如图 1.5.57 所示，增加 14 个 label 到 form 上，其中 7 个的文本分别为“门磁报警:”“玻璃破碎报警:”“振动报警:”，“人体红外报警:”“烟感探测器:”“可燃气体探测器:”“温感探测器:”。另外 7 个的文本全为“安全”，字体颜色为 Lime，ID 对应其他 7 个，分别为 mc、blpc、zd、rthw、yg、krqt、wg。

添加 1 个按钮，文本为“监听”，ID 为 monitor。

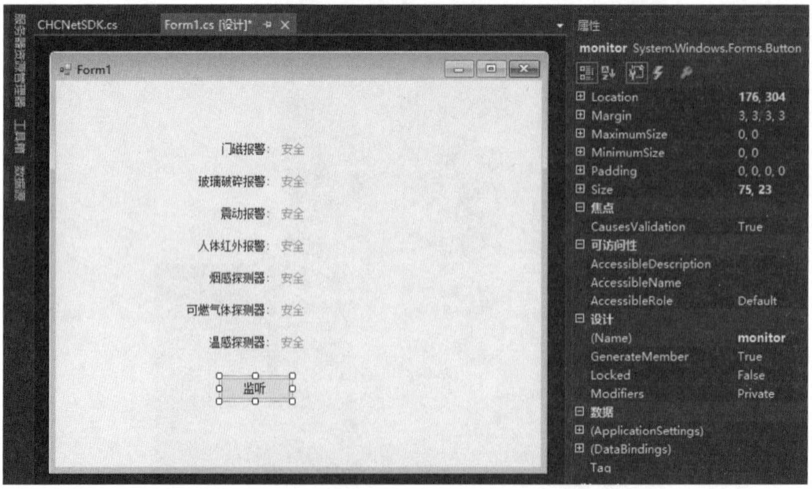

图 1.5.57　增加文本与按钮

2. SDK 初始化

使用 CHCNetSDK.NET_DVR_Init()就可以初始化了。初始化成功后需要设置报警回调、异常信息回调等，代码如下：

```
    public Form1()
    {
InitializeComponent();
afbind();
    }
    private Int32 m_lUserID = -1;
    private Int32[] m_lAlarmHandle = new Int32[200];
    private Int32 iListenHandle = -1;
    private int iDeviceNumber = 0; //添加设备个数
    private int iFileNumber = 0; //保存的文件个数
    private uintiLastErr = 0;
    private string strErr;
    public CHCNetSDK.LOGINRESULTCALLBACKLoginCallBack = null;
    private CHCNetSDK.EXCEPYIONCALLBACKm_fExceptionCB = null;
    private CHCNetSDK.MSGCallBack_V31 m_falarmData_V31 = null;
    private CHCNetSDK.MSGCallBackm_falarmData = null;
    public delegate void UpdateTextStatusCallback(string strLogStatus, IntPtrlpDeviceInfo);
    public delegate void UpdateListBoxCallback(string strAlarmTime, string strDevIP, string
strAlarmMsg);
    public delegate void UpdateListBoxCallbackException(string strAlarmTime, int lUserID,
string strAlarmMsg);
    public delegate void jbCallback(string cid, ushortfq);
   CHCNetSDK.NET_VCA_TRAVERSE_PLANEm_struTraversePlane = new
   CHCNetSDK.NET_VCA_TRAVERSE_PLANE();
    CHCNetSDK.NET_VCA_AREAm_struVcaArea = new
    CHCNetSDK.NET_VCA_AREA();
    CHCNetSDK.NET_VCA_INTRUSIONm_struIntrusion = new
    CHCNetSDK.NET_VCA_INTRUSION();
    CHCNetSDK.UNION_STATFRAMEm_struStatFrame = new
    CHCNetSDK.UNION_STATFRAME();
    CHCNetSDK.UNION_STATTIMEm_struStatTime = new
    CHCNetSDK.UNION_STATTIME();
    public void afbind()
    {
bool m_bInitSDK = CHCNetSDK.NET_DVR_Init();
if (m_bInitSDK == false)
{
```

```
MessageBox.Show("NET_DVR_Init error!");
return;
}
 else
{
byte[] strIP = new byte[16 * 16];
uintdwValidNum = 0;
Boolean bEnableBind = false;
//保存 SDK 日志 To save the SDK log
CHCNetSDK.NET_DVR_SetLogToFile(3, "C:\\SdkLog\\", true);
//设置透传报警信息类型
CHCNetSDK.NET_DVR_LOCAL_GENERAL_CFGstruLocalCfg = new
    CHCNetSDK.NET_DVR_LOCAL_GENERAL_CFG();
struLocalCfg.byAlarmJsonPictureSeparate = 1;//控制 JSON 透传报警数据和图片是否分离, 0-不分离(COMM_VCA_ALARM 返回), 1-分离（分离后走 COMM_ISAPI_ALARM 回调返回）
Int32 nSize = Marshal.SizeOf(struLocalCfg);
IntPtrptrLocalCfg = Marshal.AllocHGlobal(nSize);
Marshal.StructureToPtr(struLocalCfg, ptrLocalCfg, false);
if (!CHCNetSDK.NET_DVR_SetSDKLocalCfg(17, ptrLocalCfg))
    //NET_DVR_LOCAL_CFG_TYPE_GENERAL
{
iLastErr = CHCNetSDK.NET_DVR_GetLastError();
strErr = "NET_DVR_SetSDKLocalCfg failed, error code= " + iLastErr;
MessageBox.Show(strErr);
}
Marshal.FreeHGlobal(ptrLocalCfg);
for (int i = 0; i< 200; i++)
{
m_lAlarmHandle[i] = -1;
}
//设置异常消息回调函数
if (m_fExceptionCB == null)
{
m_fExceptionCB = new CHCNetSDK.EXCEPYIONCALLBACK(cbExceptionCB);
}
CHCNetSDK.NET_DVR_SetExceptionCallBack_V30(0, IntPtr.Zero, m_fExceptionCB,
```

```
IntPtr.Zero);
//设置报警回调函数
if (m_falarmData_V31 == null)
{
m_falarmData_V31 = new CHCNetSDK.MSGCallBack_V31(MsgCallback_V31);
}
CHCNetSDK.NET_DVR_SetDVRMessageCallBack_V31(m_falarmData_V31, IntPtr.Zero);
}
    }
```

异常消息回调函数和报警回调函数:

```
    public void cbExceptionCB(uintdwType, int lUserID, int lHandle, IntPtrpUser)
    {
//异常消息信息类型
string stringAlarm = "异常消息回调，信息类型：0x" + Convert.ToString(dwType, 16) + ",
      lUserID:" + lUserID + ", lHandle:" + lHandle;
    }
    public bool MsgCallback_V31(int lCommand, ref
CHCNetSDK.NET_DVR_ALARMERpAlarmer, IntPtrpAlarmInfo, uintdwBufLen, IntPtrpUser)
    {
//通过 lCommand 来判断接收到的报警信息类型,不同的 lCommand 对应不同的 pAlarmInfo
内容
AlarmMessageHandle(lCommand, ref pAlarmer, pAlarmInfo, dwBufLen, pUser);
return true; //回调函数需要有返回，表示正常接收到数据
    }
    public void AlarmMessageHandle(int lCommand, ref
CHCNetSDK.NET_DVR_ALARMERpAlarmer, IntPtrpAlarmInfo, uintdwBufLen, IntPtrpUser)
{
//通过 lCommand 来判断接收到的报警信息类型,不同的 lCommand 对应不同的 pAlarmInfo
内容
switch (lCommand)
{
case CHCNetSDK.COMM_ALARMHOST_CID_ALARM://报警主机 CID 报警上传
ProcessCommAlarm_CIDAlarm(ref pAlarmer, pAlarmInfo, dwBufLen, pUser);
break;
}
    }
```

3. 处理报警信息

报警信息在回调里的 pAlarmInfo 中，这个参数是指针，需要转换为 CHCNetSDK.NET_DVR_CID_ALARM 的对象，并对其解析，方法如下：

```
    private void ProcessCommAlarm_CIDAlarm(ref
CHCNetSDK.NET_DVR_ALARMERpAlarmer, IntPtrpAlarmInfo, uintdwBufLen, IntPtrpUser)
    {
CHCNetSDK.NET_DVR_CID_ALARMstruCIDAlarm = new
CHCNetSDK.NET_DVR_CID_ALARM();
uintdwSize = (uint)Marshal.SizeOf(struCIDAlarm);
struCIDAlarm = (CHCNetSDK.NET_DVR_CID_ALARM)Marshal.PtrToStructure(pAlarmInfo,
typeof(CHCNetSDK.NET_DVR_CID_ALARM));
//报警设备 IP 地址
string strIP = System.Text.Encoding.UTF8.GetString(pAlarmer.sDeviceIP).TrimEnd('\0');
//报警时间：年月日时分秒
string strTimeYear = (struCIDAlarm.struTriggerTime.wYear).ToString();
string strTimeMonth = (struCIDAlarm.struTriggerTime.byMonth).ToString("d2");
string strTimeDay = (struCIDAlarm.struTriggerTime.byDay).ToString("d2");
string strTimeHour = (struCIDAlarm.struTriggerTime.byHour).ToString("d2");
string strTimeMinute = (struCIDAlarm.struTriggerTime.byMinute).ToString("d2");
string strTimeSecond = (struCIDAlarm.struTriggerTime.bySecond).ToString("d2");
string strTime = strTimeYear + "-" + strTimeMonth + "-" + strTimeDay + " " + strTimeHour +
":" + strTimeMinute + ":" + strTimeSecond;
string stringAlarm = "报警主机 CID 报告，sCIDCode：" +
System.Text.Encoding.UTF8.GetString(struCIDAlarm.sCIDCode).TrimEnd('\0')
        + "，sCIDDescribe：" +
System.Text.Encoding.UTF8.GetString(struCIDAlarm.sCIDDescribe).TrimEnd('\0')
        + "，报告类型：" + struCIDAlarm.byReportType + "，防区号：" +
struCIDAlarm.wDefenceNo + "，报警触发时间：" + strTime;
if (InvokeRequired)
{
object[] paras = new object[2];
paras[0] = System.Text.Encoding.UTF8.GetString(struCIDAlarm.sCIDCode).TrimEnd('\0'); //当
前 PC 系统时间
paras[1] = struCIDAlarm.wDefenceNo;
this.BeginInvoke(new jbCallback(jb), paras);
}
```

```
else
{
jb(System.Text.Encoding.UTF8.GetString(struCIDAlarm.sCIDCode).TrimEnd('\0'),
struCIDAlarm.wDefenceNo);
}
    }
```

这样便可获取到报警主机 CID 报告、类型、防区号、报警触发时间。这里的防区号对应的是各个报警传感器，CID 标识报警信息，如 1103 标识警报、3103 标识安全。这里以 jb 的方法用来刷新控件，需要注意的是，报警回调是在线程中的，所以需要用 InvokeRequired 来判断是否需要异步刷新控件。

```
        public void jb(string cid, ushortfq)
        {
            switch(fq)//区别防区
            {
                case 0://门磁
                    if (cid == "1103")
                    {
mc.Text = "警报！ ";
mc.ForeColor = Color.Red;
                    }
                    if (cid == "3103")
                    {
mc.Text = "安全";
mc.ForeColor = Color.Lime;
                    }
                    break;
                case 1://烟感
                    if (cid == "1103")
                    {
yg.Text = "警报！ ";
yg.ForeColor = Color.Red;
                    }
                    if (cid == "3103")
                    {
yg.Text = "安全";
yg.ForeColor = Color.Lime;
                    }
```

```
                        break;
                    case 2://可燃气体
                        if (cid == "1103")
                        {
krqt.Text = "警报！ ";
krqt.ForeColor = Color.Red;
                        }
                        if (cid == "3103")
                        {
krqt.Text = "安全";
krqt.ForeColor = Color.Lime;
                        }
                        break;
                    case 3://温感
                        if (cid == "1103")
                        {
wg.Text = "警报！ ";
wg.ForeColor = Color.Red;
                        }
                        if (cid == "3103")
                        {
wg.Text = "安全";
wg.ForeColor = Color.Lime;
                        }
                        break;
                    case 4://振动
                        if (cid == "1103")
                        {
zd.Text = "警报！ ";
zd.ForeColor = Color.Red;
                        }
                        if (cid == "3103")
                        {
zd.Text = "安全";
zd.ForeColor = Color.Lime;
                        }
                        break;
                    case 5://人体红外
```

```
                            if (cid == "1103")
                            {
rthw.Text = "警报！ ";
rthw.ForeColor = Color.Red;
                            }
                            if (cid == "3103")
                            {
rthw.Text = "安全";
rthw.ForeColor = Color.Lime;
                            }
                            break;
                        case 6://玻璃破脆
                            if (cid == "1103")
                            {
blpc.Text = "警报！ ";
blpc.ForeColor = Color.Red;
                            }
                            if (cid == "3103")
                            {
blpc.Text = "安全";
blpc.ForeColor = Color.Lime;
                            }
                            break;
                    }
                }
```

4. 登录/登出与布防/撤防

登录报警主机前需要获取报警主机的 IP、用户名和密码，并使用 CHCNetSDK.NET_DVR_USER_LOGIN_INFO 对象设置 IP、用户名和密码。使用 CHCNetSDK.NET_DVR_Login_V40 进行登录并获取到 m_lUserID：

```
    public void Login()
    {
CHCNetSDK.NET_DVR_USER_LOGIN_INFOstruLogInfo = new
CHCNetSDK.NET_DVR_USER_LOGIN_INFO();
//设备 IP 地址或者域名
byte[] byIP = System.Text.Encoding.Default.GetBytes("192.168.43.200");
struLogInfo.sDeviceAddress = new byte[129];
```

```
byIP.CopyTo(struLogInfo.sDeviceAddress, 0);
//设备用户名
byte[] byUserName = System.Text.Encoding.Default.GetBytes("admin");
struLogInfo.sUserName = new byte[64];
byUserName.CopyTo(struLogInfo.sUserName, 0);
//设备密码
byte[] byPassword = System.Text.Encoding.Default.GetBytes("zw123456");
struLogInfo.sPassword = new byte[64];
byPassword.CopyTo(struLogInfo.sPassword, 0);
struLogInfo.wPort =8000;//设备服务端口号
struLogInfo.cbLoginResult = LoginCallBack;
struLogInfo.bUseAsynLogin = false; //是否异步登录：0-否，1-是
struLogInfo.byLoginMode = 0; //0-Private, 1-ISAPI, 2-自适应
struLogInfo.byHttps = 0; //0-不适用 tls，1-使用 tls 2-自适应
CHCNetSDK.NET_DVR_DEVICEINFO_V40 DeviceInfo = new
CHCNetSDK.NET_DVR_DEVICEINFO_V40();
//登录设备 Login the device
m_lUserID = CHCNetSDK.NET_DVR_Login_V40(ref struLogInfo, ref DeviceInfo);
if (m_lUserID< 0)
{
iLastErr = CHCNetSDK.NET_DVR_GetLastError();
strErr = "登录失败, error code= " + iLastErr; //登录失败，输出错误号 Failed to login and
output the error code
MessageBox.Show(strErr);
}
else
{
//登录成功
iDeviceNumber++;
string str1 = "" + m_lUserID;
bf();
//   listViewDevice.Items.Add(new ListViewItem(new string[] { str1, textBoxIP.Text, "未布防
" }));//将已注册设备添加进列表
}
        }
```

登录成功后就可以布防了，使用 CHCNetSDK.NET_DVR_SetupAlarmChan_V41 来进行布防：

```
            public void bf()
            {
CHCNetSDK.NET_DVR_SETUPALARM_PARAMstruAlarmParam = new
CHCNetSDK.NET_DVR_SETUPALARM_PARAM();
struAlarmParam.dwSize = (uint)Marshal.SizeOf(struAlarmParam);
struAlarmParam.byLevel = 0; //0-一级布防,1-二级布防
struAlarmParam.byAlarmInfoType = 1;//智能交通设备有效，新报警信息类型
struAlarmParam.byFaceAlarmDetection = 1;//1-人脸侦测
                int err = CHCNetSDK.NET_DVR_SetupAlarmChan_V41(m_lUserID, ref
struAlarmParam);
                if (err < 0)
                {
iLastErr = CHCNetSDK.NET_DVR_GetLastError();
strErr = "布防失败，错误号：" + iLastErr; //布防失败，输出错误号
MessageBox.Show(strErr);
                }
                else
                {
monitor.Text = "停止";
                }
            }
```

如要撤防则使用 CHCNetSDK.NET_DVR_CloseAlarmChan_V30，登出则用 CHCNetSDK.NET_DVR_Logout。

```
            public void cf()
            {
                if
(!CHCNetSDK.NET_DVR_CloseAlarmChan_V30(m_lAlarmHandle[m_lUserID]))
                {
iLastErr = CHCNetSDK.NET_DVR_GetLastError();
strErr = "撤防失败，错误号：" + iLastErr; //撤防失败，输出错误号
                }
                else
                {
                    //注销登录
CHCNetSDK.NET_DVR_Logout(m_lUserID);
monitor.Text = "监听";
m_lUserID = -1;
                }
            }
```

这样登录/登出与布防/撤防就完成了，接着双击 form 上的按钮进入按钮点击事件，编写下面的代码：

```
private void monitor_Click(object sender, EventArgs e)
{
    if(m_lUserID<0)
    {
Login();
    }
    else
    {
cf();
    }
}
```

5. 编译运行程序

确保报警主机与计算机在同一局域网，并且 IP、用户名、密码确保设置无问题后，运行程序。

如图 1.5.58 所示，点击监听，如有传感器报警，则会显示红色的警报。报警状态如图 1.5.59 所示。

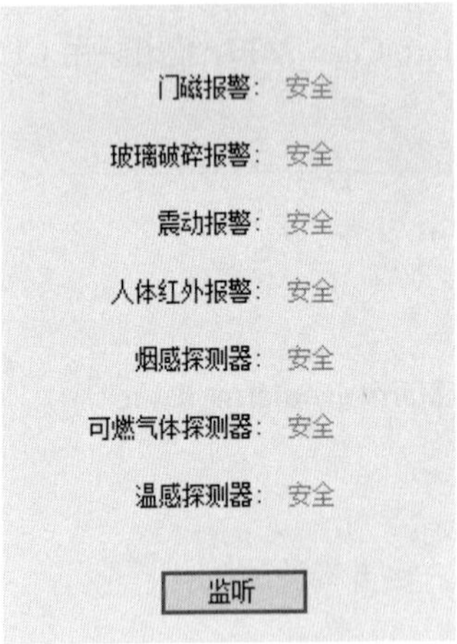

图 1.5.58　安全状态

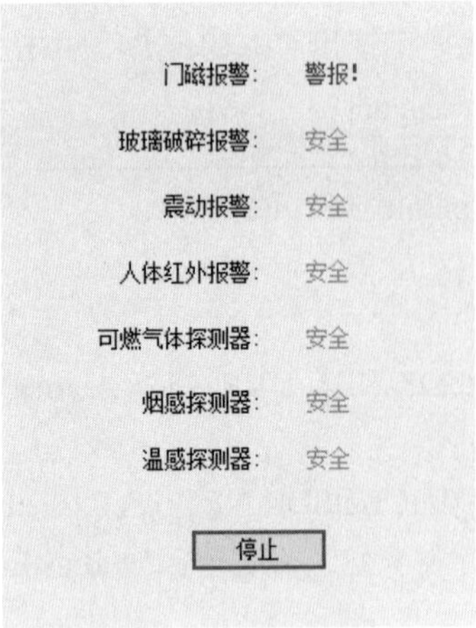

图 1.5.59　报警状态

四、任务报告

（一）任务报告要求

（1）根据教程绘制报警系统客户端应用开发过程图，分析每个步骤。

（2）绘制报警系统客户端应用开发软件逻辑图；检查逻辑，并在实际调试过程中记录开发过程与所遇到的问题，以及如何解决。

（3）编写代码，实现报警主机状态实时获取监控功能。

（4）记录开发和调试过程。

（二）任务报告评价标准

任务报告评价标准如表 1.5.15。

表 1.5.15　评价标准

项目名称	家庭安防系统项目设计与实施				
任务名称	报警系统客户端应用开发				
考核方式	任务报告单				
说明	主要评价学生在任务学习过程中的理论知识、操作方式、学习态度、课堂表现、学习能力等				
考核内容与评价标准					
序号	内容	评价标准			评价比例/%
		优秀	良好	合格	
1	基本理论	能完全掌握该任务中所用到的基本理论知识；具有较强的发散思维	能较好掌握该任务中所用到的基本理论知识；具有良好的发散思维	能基本掌握该任务中所用到的基本理论知识；具有较好的发散思维	30
2	实践操作	能熟练使用各种开发软件和工具，具有很强的逻辑思维能力和实际动手操作能力；报警系统客户端应用开发与调试思路清晰、效果良好；部署过程记录清晰，设备参数记录完整；调试过程记录清晰，有最终调试结果与功能演示	能较熟练使用各种开发软件和工具，具有较强的逻辑思维能力和实际动手操作能力；报警系统客户端应用开发与调试思路清晰、效果良好；部署过程记录清晰，设备参数记录完整；调试过程记录清晰，有最终调试结果与功能演示	能上手使用各种开发软件和工具，具有一定的逻辑思维能力和实际动手操作能力；报警系统客户端应用开发与调试思路清晰、效果良好；部署过程记录清晰，设备参数记录完整；调试过程记录清晰，有最终调试结果与功能演示	30
3	核心能力	具有良好的项目方案设计思维；具有严谨的科学态度	具有较好的项目方案设计思维；具有良好的科学态度	具有较好的项目方案设计思维；具有较好的科学态度	10
4	学习态度	具有良好的自主学习能力，能主动分析解决问题，勤学好问	具有较好的学习能力，具有一定分析解决问题的能力	能主动学习，能配合小组分析和解决问题	10
5	小组评价	具有良好的团队合作能力和团队沟通交流能力，热心帮助小组成员解决问题	具有较好的团队合作能力和团队沟通交流能力，能帮助小组成员解决问题	具有一定的团队合作能力和团队沟通交流能力，能配合小组成员完成任务	10
6	教师评价	涵盖以上所有内容	涵盖以上所有内容	涵盖以上所有内容	10
合计					100

项目拓展训练

【任务目标】

（1）了解项目拓展的一般方向。

（2）掌握项目拓展中提供的拓展思路。

（3）学会项目总结。

一、拓展方向与目标

1. 报警主机添加关联报警器和执行设备

（1）在关联继电器中进行报警关联。

（2）根据配置，连接报警器和执行设备到继电器。

2. 视频监控的有线方式

（1）用网线连接监控摄像头和计算机。

（2）打开 iVMS-4200 软件并添加设备。

（3）视频监控。

可以查看到监控画面，并能够通过云台控制转动摄像头。

二、项目思考与总结

巩固训练：

（1）简述 IO 型传感器的数据采集方法和数据处理方法。

（2）简述 OneNET 云平台的添加设备方法和脚本解析方法。

（3）简述视频监控系统的基本结构。

（4）简述报警系统的基本结构和控制思路。

（5）简述报警主机的配置方法。

（6）简述安防系统 SDK 二次开发方法。

（7）简述 Wi-Fi 数据终端设备的配置方法。

第2篇

公共实训模块

模块 1　Wi-Fi 数据终端配置与测试

实训任务

【任务描述】

本任务主要完成对 Wi-Fi 数据终端的安装与调试。通过对 Wi-Fi 数据终端参数（SSID、密码、服务器 IP、服务器端口号等）的配置，实现网络连接，并进行数据通信；通过对 OneNet 云平台及设备参数（云平台服务器 IP、云平台服务器端口号、设备 ID、设备 Lua 信息等）的配置，实现云端连接、云端数据交互、远程数据监测及设备控制等功能。

【任务目标】

（1）了解市面上各类 Wi-Fi 数据终端的基本功能及应用场景等。
（2）掌握 Wi-Fi 数据终端的基本参数配置、网络连接、数据传输等。
（3）掌握 Wi-Fi 数据终端连接 OneNet 云平台的基本方法。
（4）了解各类串口配置工具及其基本使用方法。

【任务调研】

搜集材料，了解 Wi-Fi 数据终端相关信息，并完成表 2.1.1。

表 2.1.1　任务调研

Wi-Fi 数据终端产品主要形态	
Wi-Fi 数据终端产品主要应用场景	
Wi-Fi 数据终端产品市场价格	
Wi-Fi 数据终端应用基本结构	
其他补充信息	

实训设备/工具

设备/工具清单见表 2.1.2。

表 2.1.2　设备/工具清单

序号	设备名称	数量	规格说明	备注
1	Wi-Fi 数据终端	1 台	数据采集终端（Wi-Fi）	
2	USB 转串口线	1 根	市面上 USB 转 DB9 线缆均可	注意驱动芯片需要与计算机驱动匹配
3	串口线	1 根	母转母交叉线	若 USB 转串口线 DB9 端为母口，可不要此线缆
4	电源适配器	1 个	DC 12 V	
5	计算机	1 台	Windows 系统	

注：表 2.1.2 所列清单仅供参考，具体以实际为准。

实训内容

一、Wi-Fi 数据终端认知

图 2.1.1 为 Wi-Fi 数据终端外观图，Wi-Fi 数据终端主要用来快速连接 OneNet 云平台，实现串口（RS-232 或 RS-485）与 OneNet 云平台数据实时透传功能；同时自带 1 路继电器控制，可以实现 OneNet 云平台远程实时控制各种开关型设备。其数据接口外观如图 2.1.2 所示，各接口功能说明如表 2.1.3 所示。

图 2.1.1　Wi-Fi 数据终端

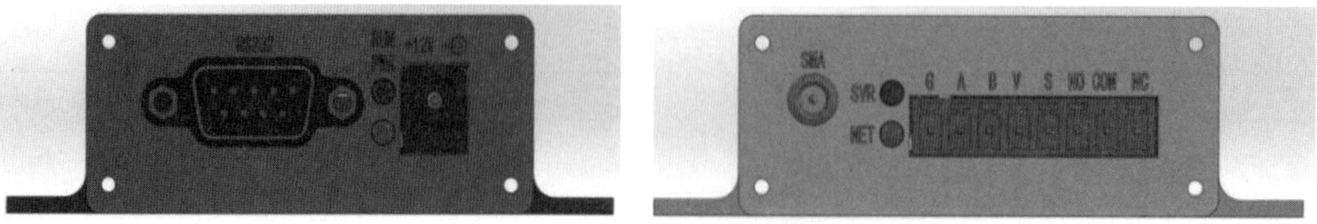

（a）　（b）

图 2.1.2　Wi-Fi 数据终端接口

表 2.1.3 Wi-Fi 数据终端接口说明

标识	功能说明	标识	功能说明
RS-232	DB9 串口	SMA	天线接口
+12 V	DC 电源接口	SVR	服务器连接指示灯
RUN	运行指示灯	NET	网络连接指示灯
PWR	电源指示灯	G	电源地
NO	常开输出	A	RS-485-A
COM	公共端	B	RS-485-A
NC	常闭输出	V	电源正极（DC 12 V）
		S	信号输入

注：Wi-Fi 数据终端是一个通用说法，在物联网应用工程实训系统中该设备的名称有如下几个说法：Wi-Fi 通信终端、传感器云采集仪、LED 灯云控制器、OneNET 数据终端（WiFi）等。

二、快速配置

第一步：连接设备。

图 2.1.3 为 Wi-Fi 数据终端配置硬件连线图，具体为：

（1）将电源适配器（DC 12 V）接入通信终端电源口。

（2）用 USB 转串口线缆连接通信终端的 DB9 串口和计算机的 USB 接口。

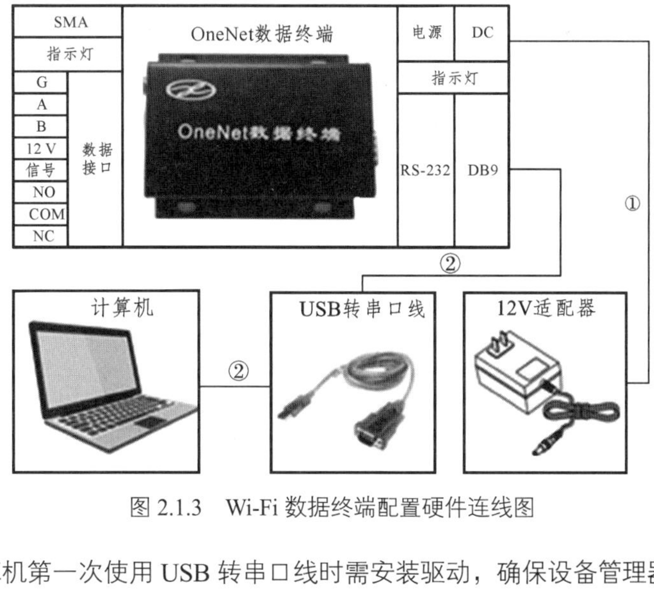

图 2.1.3 Wi-Fi 数据终端配置硬件连线图

注意：计算机第一次使用 USB 转串口线时需安装驱动，确保设备管理器正确识别线缆，并能正确分配到 COM 口，如图 2.1.4 所示。

图 2.1.4 COM 口分配

第二步：设置卓物调试助手。

打开卓物物联网终端调试助手（或串口超级终端），设置参数。波特率为“115200”，数据为“8”，如图 2.1.5 所示。

图 2.1.5　串口助手配置参数

注意：串口号的选择以实际为准。

配置好串口后点击“打开串口”。在基本配置窗口中配置接收区数据格式为“GB2312”码（中文显示），发送区数据格式为“ASCII 码”，如图 2.1.6 所示。

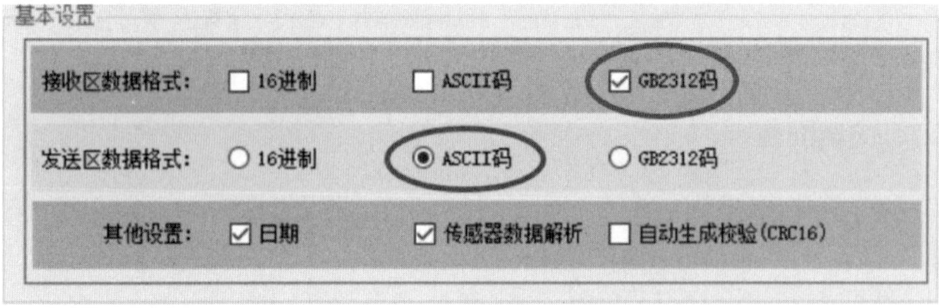

图 2.1.6　基本配置窗口

第三步：进入配置模式。

上电 Wi-Fi 数据终端（如若处于上电状态需要重新上电），5 s 内在发送窗口中输入“cfg”+“回车”，然后点击“发送”按钮，进入配置模式（超过 5 s 会显示“Start”进入启动模式，需要重新上电再输入“cfg”），如图 2.1.7 所示。

注意：此处一定要加入“回车”命令后，再发送。

成功进入配置模式会出现如图 2.1.8 所示菜单。

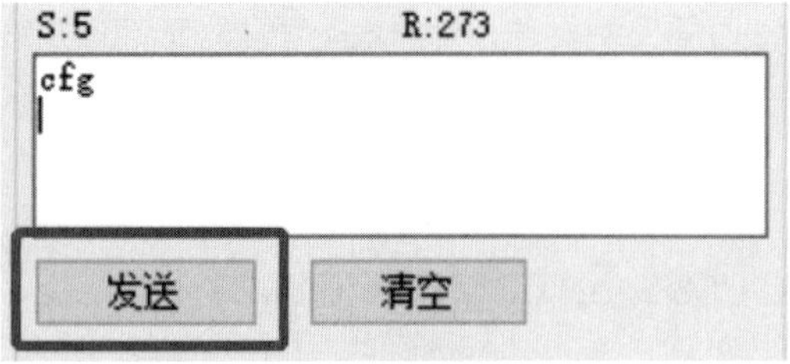

图 2.1.7　进入配置模式

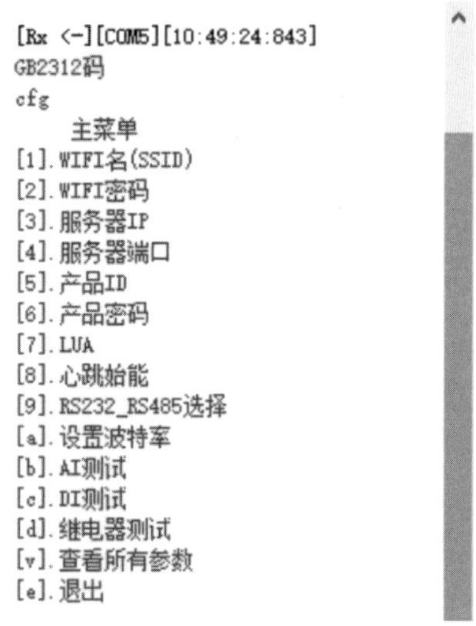

图 2.1.8　配置菜单

其中，配置菜单各项功能说明如表 2.1.4 所示。

表 2.1.4　Wi-Fi 数据终端配置菜单说明

命令号	命令名称	功能说明
1	WIFI 名（SSID）	配置终端热点名称（无线路由器或 AP 的 SSID 名称）
2	WIFI 密码	配置加入网络的密码
3	服务器 IP	网络服务器 IP（默认为 OneNet 云平台 TCP 透传服务器 IP：183.230.40.40）
4	服务器端口号	网络服务器端口号(默认为 OneNet 云平台 TCP 透传服务器端口号：1811）
5	产品 ID	OneNe 云平台中对应产品 ID（Product ID）
6	产品密码	OneNe 云平台中对应设备的鉴权信息
7	LUA	OneNe 云平台中对应设备的脚本名称
8	心跳使能	网络心跳设置
9	RS-232_RS-485	RS-232 和 RS-485 接口选择
a	设置波特率	串口波特率设置
b	AI 测试	模拟输入测试
c	DI 测试	数字输入测试
d	继电器测试	继电器功能测试
v	查看所有参数	查看配置的所有参数
e	退出	退出当前命令

第四步：查看所有参数信息。

在配置菜单下，在发送窗口输入“v”＋“回车”，点击“发送”，即可出现如图 2.1.9 所示内容。

图 2.1.9　所有参数信息

以上为默认配置，可以根据用户实际设备参数进行配置。

第五步：设备参数配置步骤。

在第四步中输入“e”回到菜单命令模式，然后输入对应的“命令号”＋“回车”，即可进行对应参数的配置。

（1）在发送窗口输入“命令号” + “回车”，点击“发送”按钮；
（2）在发送串口输入“配置的参数值” + “回车”，点击“发送”按钮；
（3）在发送窗口输入“y” + “回车”，点击“发送”按钮。

下面以配置 SSID 为例进行介绍，其他类似。

```
>[Tx ->]COM5[10:57:22:689]
        1
[Rx <-][COM5][10:57:22:906]
        GB2312 码
        1
                WIFI 名字(SSID)
        说明:设置设备名称,总长<32Bytes
             回车确认
        [e/E].退出
        WIFI 名(SSID)  当前值:zwtech
>[Tx ->]COM5[10:57:51:132]
        zwtech
[Rx <-][COM5][10:57:51:356]
        GB2312 码
        zwtech  长度: 6  个字符
        WIFI 名(SSID): zwtech
        [y/Y]  确认.
        [n/N]  重设.
        [e/E]  退出.
>[Tx ->]COM5[10:57:58:531]
        y
[Rx <-][COM5][10:57:58:764]
        GB2312 码
        y
        设置完成
```

配置完成后会自动回到配置菜单，进行下一个参数的配置。

配置结束后在发送窗口输入“e” + “回车”，点击“发送”按钮，即可退出。

三、TCP 数据透传操作

先明确需要连接的服务器 IP 及端口号，局域网或者广域网内均可。下面以局域网为例进行介绍。

第一步：设备连接。

图 2.1.10 为 Wi-Fi 数据终端 TCP 数据透传的设备连接示意图，注意：

（1）确保 Wi-Fi 数据终端通过 USB 转串口线连接到计算机。

（2）确保计算机的网络连接到 AP 或无线路由器（有线或无线）。

（3）确保计算机中有串口和 TCP 工具。

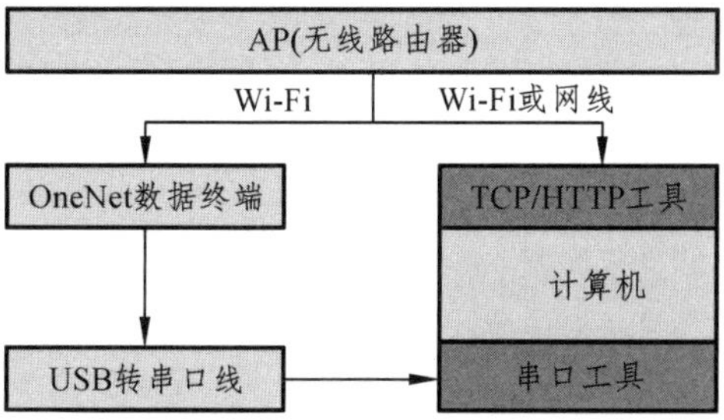

图 2.1.10　设备连接示意图

第二步：明确网络参数。

（1）明确 AP（或无线路由器）的 SSID 名称及密码。

如图 2.1.11 所示，此处无线 AP 名称为：zwtech，密码为：zw123456。

（2）明确计算机的局域网 IP（如是广域网需明确广域网 IP）。

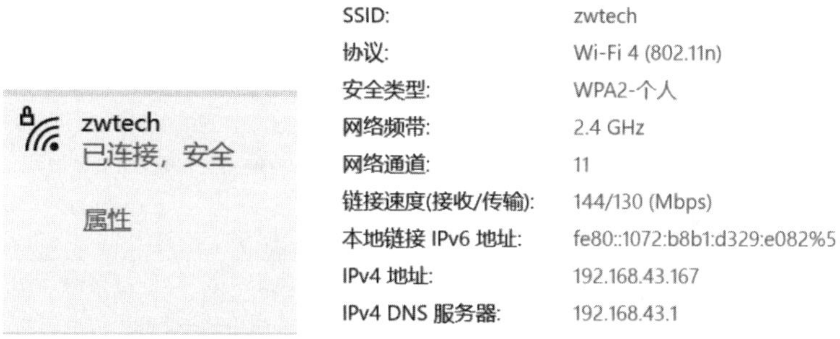

图 2.1.11　明确网络参数

第三步：创建 TCP 服务器。

打开 TCP 调试工具，如图 2.1.12 所示，并创建 TCP Server 服务器，端口号此处设置为：6000。

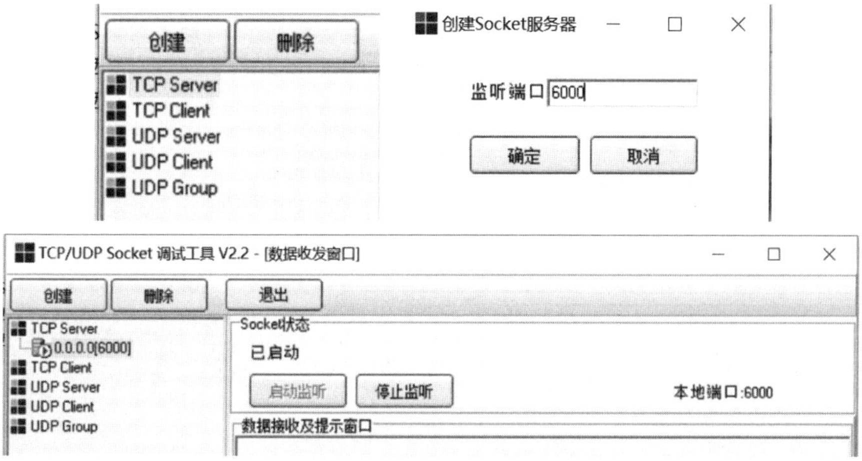

图 2.1.12　创建 TCP 服务器

第四步：配置 Wi-Fi 数据终端参数。

按照“快速配置”操作步骤对 Wi-Fi 数据终端进行参数配置。其他参数可不设置，设置好的配置信息如图 2.1.13 所示。

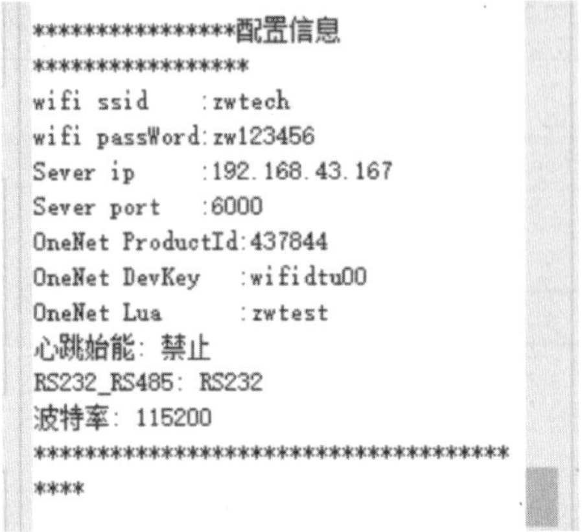

图 2.1.13 配置信息

配置完后重启通信终端。

第五步：TCP 数据透传。

重启通信终端，Wi-Fi 数据终端会自动去连接 TCP 服务器，连接成功如图 2.1.14 所示。

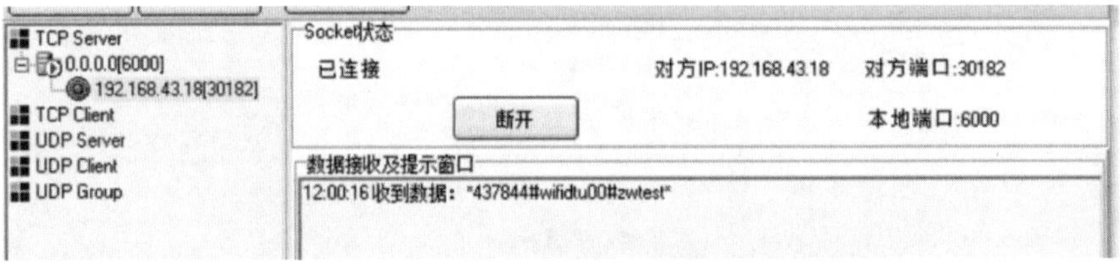

图 2.1.14 Wi-Fi 数据终端连接到服务器

图 2.1.15 为 TCP 服务器发送数据到 Wi-Fi 数据终端和 Wi-Fi 数据终端发送到 TCP 服务器的数据通信测试。

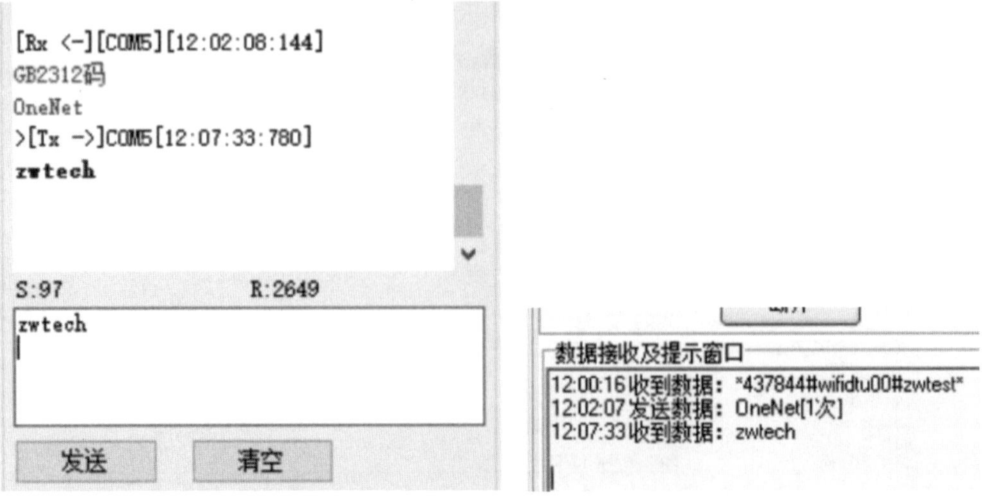

图 2.1.15 Wi-Fi 数据终端与服务器通信测试

继电器控制命令：

+++<JDQx.0：继电器断开；+++<JDQx.1：继电器闭合。

通过 TCP 工具发送继电器命令，如图 2.1.16 所示，可以听到继电器断开闭合的声音。

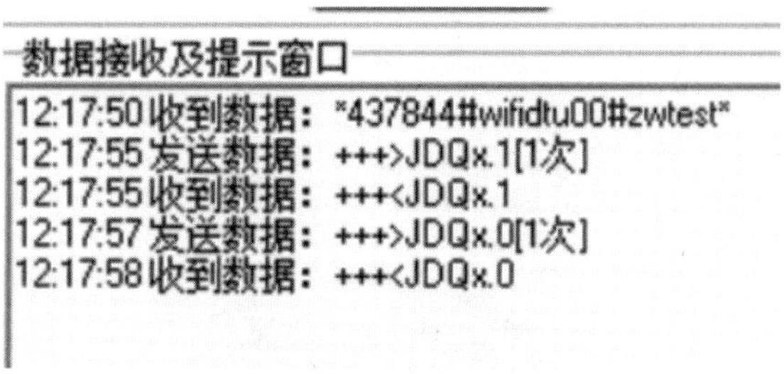

图 2.1.16　继电器命令测试

说明：每次 Wi-Fi 数据终端成功连接服务器后均会发送一包数据（“产品 ID#设备鉴权信息#设备脚本名称”），这包数据是用来 OneNET 平台注册用。

四、接入 OneNET 云平台

进行 OneNET 云平台实验前，应先在 OneNET 云平台上进行注册，同时添加产品、设备等，详见“模块 4 OneNET 云平台部署及应用”。OneNET 云平台有如下几个工作需要提前完成，才能正常接入设备。

（1）云平台注册。

（2）添加产品。

（3）添加设备。

（4）编辑脚本并上传。

第一步：上传脚本。

进入 OneNET 云平台产品中的设备列表中，点击“上传脚本”，如图 2.1.17 所示，脚本名称设置为“zwtest”，选择编辑好的脚本文件，点击“上传”即可。

图 2.1.17　上传脚本

图 2.1.18 为脚本解析函数详情，可见脚本只是把数据包前两个字节转化为数据流：zwtest:xx。

```
function device_data_analyze(dev)
    local t={}
    local a=0
    -- 添加用户自定义代码 --
    -- 例如： --
    local s = dev:size()
    if s >=2 then
        add_val(t,"zwtest",a,dev:bytes(1,2))
    end
    end
    dev:response()
    -- return $1,$2 --
    -- 例如： --
    return s,to_json(t)
```

图 2.1.18　脚本详情

第二步：明确 OneNET 参数。

如图 2.1.19 所示，在 OneNET 云平台上查看设备相关参数。

wifissid：zwtech。

wifi 密码：zw123456。

服务器 IP：183.230.40.40。

服务器端口号：1811。

OneNET 产品 ID：437844。

OneNET 设备鉴权信息：wifidtu00。

OneNET 设备对应脚本名称：zwtest。

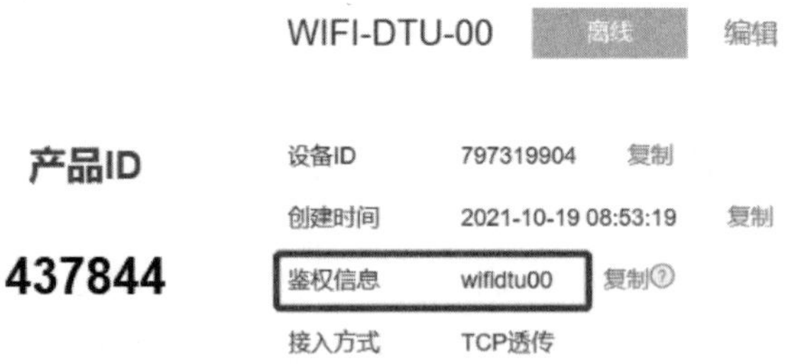

图 2.1.19　明确 OneNET 参数

第三步：配置 Wi-Fi 数据终端参数。

按照“快速配置”操作步骤，分别对以上参数逐一配置，保证配置后参数如图 2.1.20 所示。

```
****************配置信息
*****************
wifi ssid    :zwtech
wifi passWord:zw123456
Sever ip     :183.230.40.40
Sever port   :1811
OneNet ProductId:437844
OneNet DevKey   :wifidtu00
OneNet Lua      :zwtest
心跳始能：禁止
RS232_RS485：RS232
波特率：115200
**************************************
****
```

图 2.1.20　配置参数

注意：配置 IP 时每一段必须是 3 个数字，前面不够用 0 补充。例如，服务器 IP 为，183.230.40.40，实际配置时输入为 183.230.040.040，如图 2.1.21 所示。

第四步：数据上传。

配置完后重启设备，保证 AP 能正常连接外网（由于校园网很多时候需要登录，建议用手机作为热点）。

打开云平台，在图 2.1.22 中可以看到设备此时已经在线。

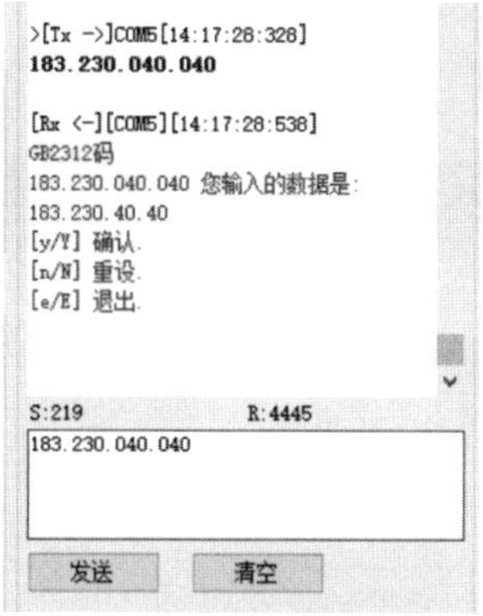

图 2.1.21　服务器 IP 参数配置

图 2.1.22　云平台数据流

此时通过串口发送两个字节数据（字符），云平台上看到该数据流“zwtest”下的“56”字符。

注意：串口需要 ASCII 数据上传。

第五步：远程控制。

如图 2.1.23 所示，在“更多操作”处选择下发命令，进行远程控制继电器功能调试。

图 2.1.23　命令下发

继电器控制命令：

+++>JDQx.0：继电器断开；Wi-Fi 数据终端返回：+++>JDQx.0。

+++>JDQx.1：继电器闭合；Wi-Fi 数据终端返回：+++>JDQx.1。

如果此时 Wi-Fi 数据终端的 RS-232 串口连接到了 PC 或者手机，那么可以在配置工具中看到从云平台下发的命令，并能够听到终端继电器动作的声音。

模块 2　物联网网关配置与测试

实训任务

【任务描述】

本任务主要完成对物联网网关的安装与调试。通过对物联网网关参数（服务器 IP、服务器端口号等）的配置，实现网络连接，并进行数据通信；通过对 OneNet 云平台及设备参数（云平台服务器 IP、云平台服务器端口号、设备 ID、设备 Lua 信息等）的配置，实现云端连接、云端数据交互、远程数据监测等功能。

【任务目标】

（1）了解市面上各类物联网网关的基本功能及应用场景等。

（2）掌握物联网网关的基本参数配置、网络连接、数据传输等。

（3）掌握物联网网关连接 OneNet 云平台的基本方法。

（4）了解各类串口配置工具及其基本使用方法。

【任务调研】

搜集材料，了解物联网网关相关信息，并完成表 2.2.1。

表 2.2.1　任务调研

物联网网关产品主要形态	
物联网网关产品主要应用场景	
物联网网关产品市场价格	
物联网网关应用基本结构	
其他补充信息	

实训设备/工具

设备/工具清单见表 2.2.2。

表 2.2.2　设备/工具清单

序号	设备名称	数量	规格说明	备注
1	物联网网关	1 台	串口转以太网（参考：EX-GatyWay）	支持 OneNET 云平台
2	USB 转串口线	1 根	市面上 USB 转 DB9 线缆均可	注意驱动芯片需要与计算机驱动匹配
3	串口线	1 根	母转母交叉线	若 USB 转串口线 DB9 端为母口，可不要此线缆
4	电源适配器	1 个	DC 12 V	
5	计算机	1 台	Windows 系统	
6	网线	1 根	成品网线	若非成品网线，需自行准备水晶头及网线压线钳

注：表 2.2.2 所列清单仅供参考，具体以实际为准。

实训内容

一、物联网网关认知

物联网网关拥有多种接口，可连接不同协议的数据采集设备，在配置好网关后，将采集设备传输的数据转换为 TCP/IP 数据包上传到指定云平台服务器。物联网网关主要用来快速连接 OneNET 云平台，实现多串口（RS-232 或 RS-485）与 OneNET 云平台数据实时透传功能。提供基于物联网云平台开发 API 开发接口，第三方软件或者 App 能够通过物联网云平台获取物联网网关数据或发送命令至网关。图 2.2.1 所示为物联网网关外观，其相关参数见表 2.2.3。

图 2.2.1　物联网网关

表 2.2.3　物联网网关参数

参数	技术指标
主控芯片	兼容 CortxM3 系列芯片
外壳	工业铝型材外壳
数据接口	包含 3 个 RS-232 串口、1 个 RS-485 串口和 1 个以太网 RJ45 接口
无线支持	支持 ZigBee 无线自组网络（2.4G ISM 全球免费频段）
供电电源	DC 9～24 V（典型工作电压 DC 12 V）
平台支持	支持直接接入物联网云平台，能与物联网云平台进行数据交互，能在物联网云平台上进行设备管理、数据流展示、下发控制命令等操作
通信端口	RS-485/RS-232
供电电源	DC 6～36 V
耗电	≤0.15 W（DC 12 V，25 °C）
运行温度	－20～＋50 °C
工作湿度环境	15%～95%RH（相对湿度）、无凝露
工作压力范围	标准大气压±10%
外形尺寸	110 mm×85 mm×44 mm

如图 2.2.2，物联网网关包含 3 路 RS-232 接口、1 路 RS-485 接口、1 个 RJ45 以太网接口和 1 个 ZigBee 天线接口。网关可以通过多种方式连接传感器采集设备，将各类不同的协议转换为 TCP，并通过 RJ45 接口连接到以太网。物联网网关接口功能说明见表 2.2.4。

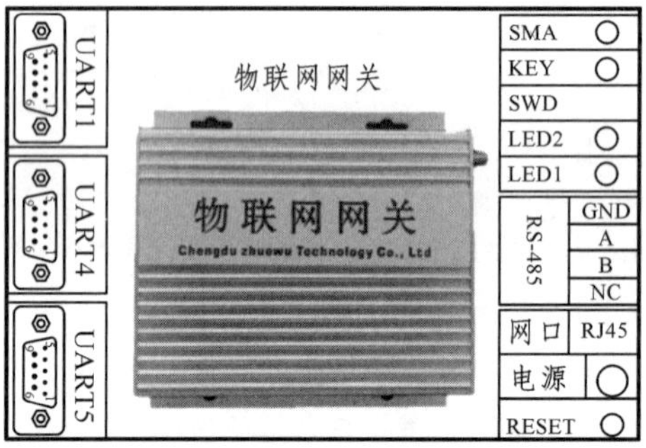

图 2.2.2　物联网网关接口

表 2.2.4　物联网网关接口说明

关键字	功能说明	关键字	功能说明
UART1	RS-232 串口 1/DB9	RS-485	RS-485 接口标志
UART4	RS-232 串口 4/DB9	A	RS-485 接口 A＋/R＋
UART5	RS-232 串口 5/DB9	B	RS-485 接口 B-/R-
LED1/2	功能指示灯	G	电源负（接地）
SWD	主控器程序下载接口	NC	空
SMA	ZigBee 天线接口	电源	DC 12 V 电源接口（DC 5.5）
RJ45	以太网接口	RESET	复位按键
KEY	功能按键		

二、快速配置

第一步：物联网网关配置连接。

图 2.2.3 所示为物联网网关配置测试硬件连接示意图，具体操作步骤为：

（1）将电源适配器（DC 12 V）接入物联网网关器的电源口。

（2）用 USB 转串口线缆连接物联网网关的 UART1 串口和计算机的 USB 接口。

注意：计算机第一次使用 USB 转串口线时需安装驱动，确保设备管理器正确识别线缆，并能正确分配到 COM 口。

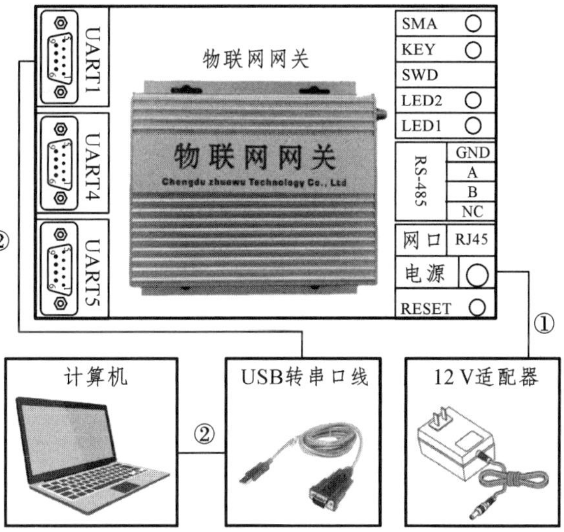

图 2.2.3　物联网网关配置测试硬件连接示意图

第二步：创建服务器端。

将物联网网关接入局域网或广域网，在局域网或广域网内创建 TCP 服务器。

以下物联网网关在广域网进行功能测试，本案例选用的远端服务器参数如下：

服务器 IP：139.9.242.199；

服务器端口号：4700。

在远端服务器采用 TCP 调试工具创建服务器并启动监听，如图 2.2.4 所示。

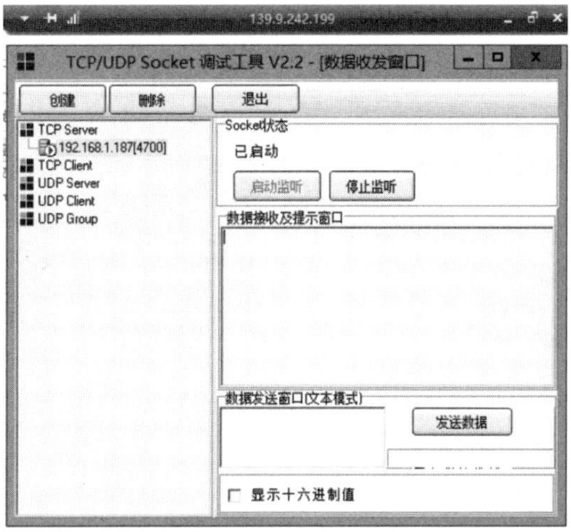

图 2.2.4　创建服务器

注意：远端云服务器需要提前在后台映射开放端口。

第三步：打开配置工具。

打开卓物串口助手，如图 2.2.5 所示，设置 COM 口，波特率为“115200”，按照图示勾选“RTS”和“DTR”，接收区数据格式勾选“GB2312 码”（中文显示），发送区数据格式选择“ASCII 码”。

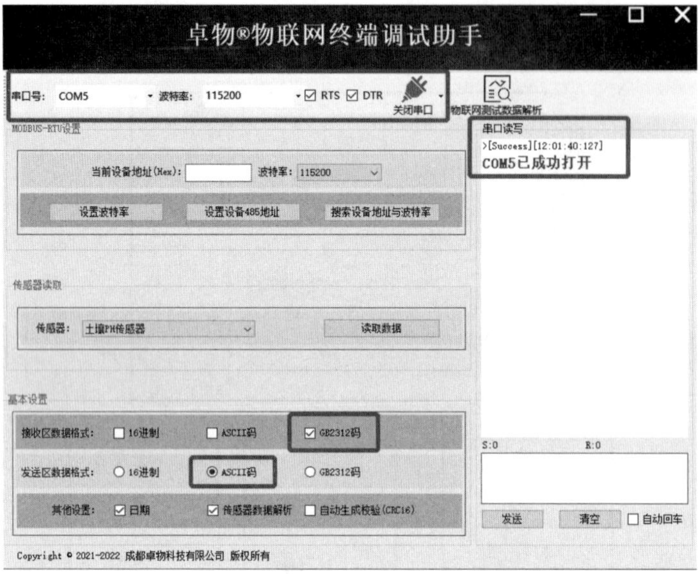

图 2.2.5　配置工具

注：COM 口以实际为准。

第四步：进入配置模式。

物联网网关上电（如若处于上电状态需要重新上电），串口会输出网关默认配置信息，如图 2.2.6（a）所示；然后在 5 s 内在发送窗口中输入“set” + “回车”，然后点击“发送”按钮，进入配置模式。成功进入配置模式会出现如图 2.2.6（b）所示主菜单。

注意：此处一定要加入“回车”命令后再发送。

（a）

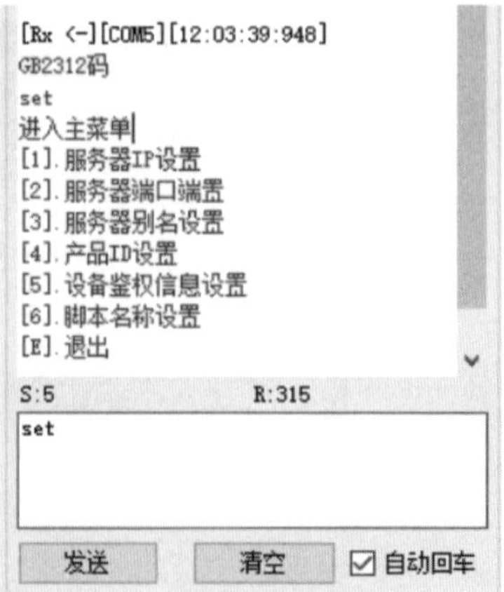

（b）

图 2.2.6　进入配置模式

配置菜单功能说明如表 2.2.5 所示。

表 2.2.5　物联网网关配置菜单说明

命令号	命令名称	功能说明
1	服务器 IP 设置	网络服务器 IP（默认为 OneNET 云平台 TCP 透传服务器 IP：183.230.40.40）
2	服务器端口号	网络服务器端口号（默认为 OneNET 云平台 TCP 透传服务器端口号：1811）
3	服务器别名设置	设置服务器别名
4	产品 ID 设置	OneNET 云平台中对应产品 ID（Product ID）
5	设备密码设置	OneNET 云平台中对应设备的鉴权信息
6	解析 LUA 设置	OneNET 云平台中对应设备的脚本名称
E	退出	退出当前命令

第五步：配置物联网网关。

按照菜单提示进行服务器参数配置。

（1）在发送窗口输入“命令号” + “回车”，点击“发送”按钮。

（2）在发送串口输入“配置的参数值” + “回车”，点击“发送”按钮。

（3）在发送窗口输入“O” + “回车”，点击“发送”按钮。

下面以配置服务器 IP 为例进行介绍，其他类似。

这里假定需要配置的服务器 IP 为 192.168.3.111。

```
>[Tx ->]COM5[12:09:58:734]
    1
[Rx <-][COM5][12:09:58:956]
GB2312 码
    1
    [1].服务器 IP 设置
        请直接输入 IP 格式:XXX.XXX.XXX.XXX 回车确认.重启生效
    [E].返回主菜单
>[Tx ->]COM5[12:13:50:241]
    192.168.003.111
[Rx <-][COM5][12:13:50:457]
    GB2312 码
    192.168.003.111
    您输入的数据是: 192.168.3.111
    [O]确认 [E]退出
>[Tx ->]COM5[12:14:01:662]
    O
[Rx <-][COM5][12:14:01:885]
```

```
GB2312 码
O
稍等正在运算...运算结束
```

说明：在输入 IP 时每个段为 3 个数，如 192.168.3.111，在实际输入时需要输入 192.168.003.111。

配置完成后会自动回到配置菜单，进行下一个参数的配置。

配置结束后在发送窗口输入“e” + “回车”，点击“发送”按钮，退出即可，如图 2.2.7（a）所示；重新上电后从网关输出的配置信息可以看出服务器 IP 修改成功，如图 2.2.7（b）所示。其他配置类似。

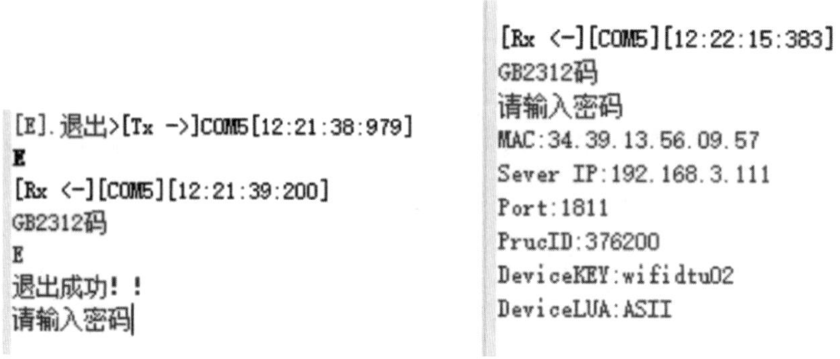

（a）　　（b）

图 2.2.7　参数配置

三、TCP 数据透传实验

第一步：创建远端服务器。

在远端服务器使用 TCP/UDP 工具创建服务器，如图 2.2.8 所示。

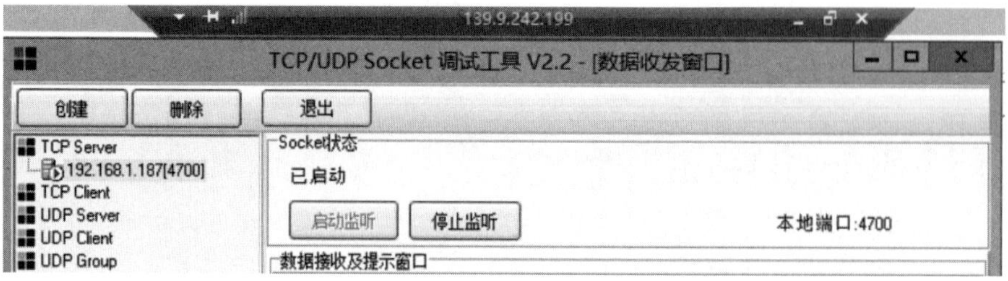

图 2.2.8　创建服务器

服务器参数：

服务器 IP：139.9.242.199。

服务器端口号：4700。

第二步：配置网关参数。

按照“快速配置”操作方法配置服务器 IP 和服务器端口号，配置后重启物联网网关并核实参数，如图 2.2.9 所示。

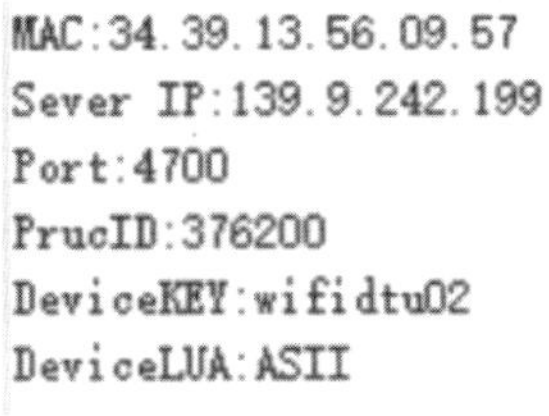

图 2.2.9　配置网关参数

第三步：物联网网关传输连接。

注意：配置连接的是 UART1 串口，数据传输需要连接 UART4 或 UART5 串口。

图 2.2.10 为物联网网关通信测试硬件连接示意图。

（1）将电源适配器（DC 12 V）接入物联网网关器的电源口；

（2）用 USB 转串口线缆连接物联网网关的 UART1 串口和计算机的 USB 接口；

（3）使用网线把物联网网关的网口连接到交换机，确保交换机可以连接到广域网。

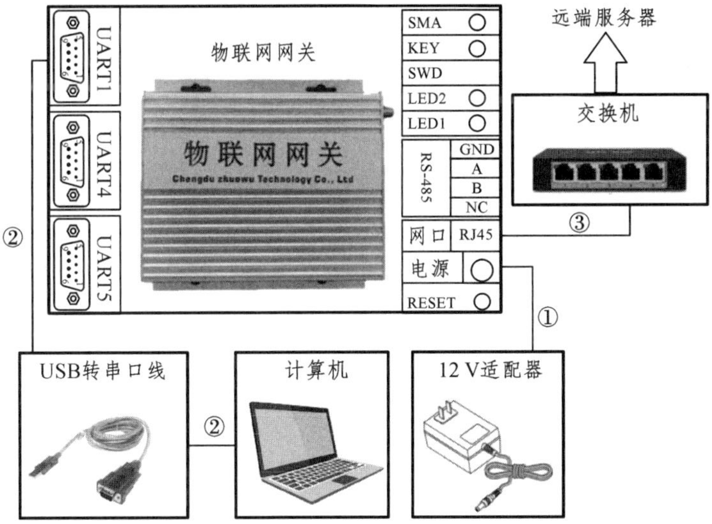

图 2.2.10　物联网网关通信测试硬件连接示意图

第四步：TCP 数据透传。

连接好之后，上电（或重启）物联网网关，物联网网关会自动去连接 TCP 服务器，连接成功如图 2.2.11 所示。

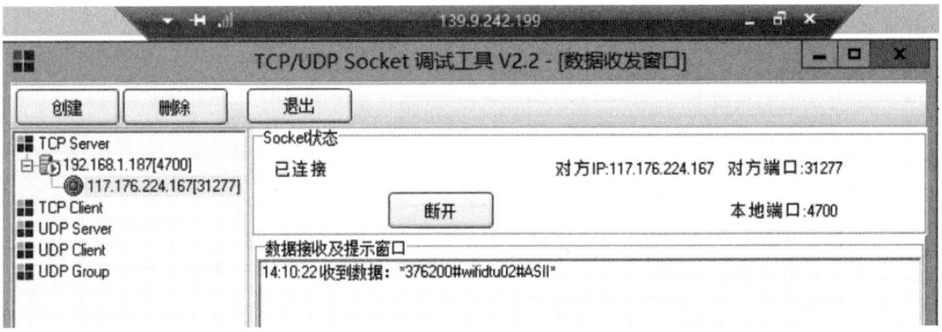

图 2.2.11　TCP 数据透传

注意：连接成功之后，物联网网关会发送一串数据，该串数据是专门针对 OneNET 云平台的注册包，这里可以忽略。

通过云端服务器可以与连接到物联网网关 UART4 或 UART5 的计算机进行数据传输，效果如图 2.2.12 所示。

服务器端向客户端发送数据：www.ex-iot.com。

客户端向服务器端发送数据：chend du zhuowuke ji。

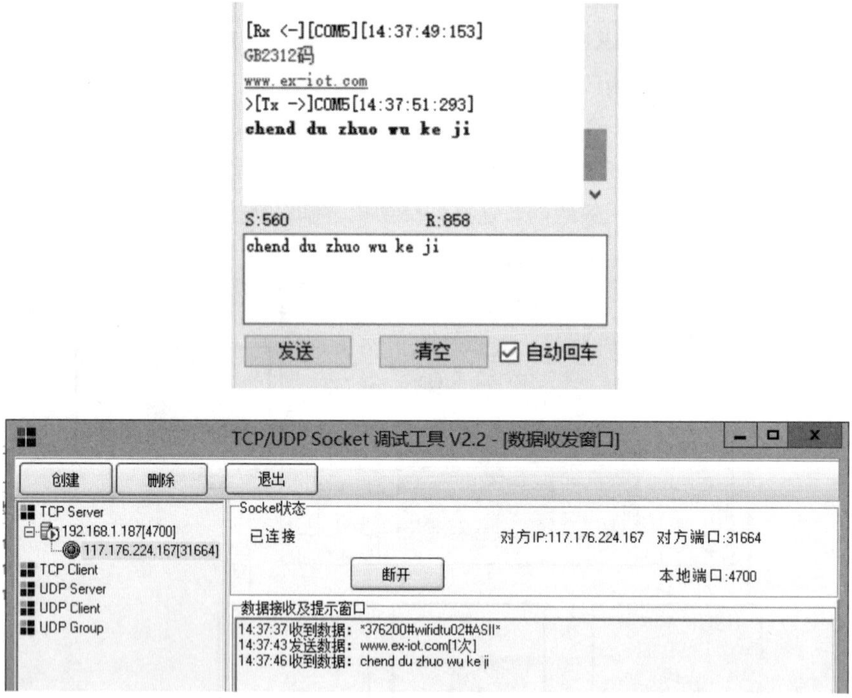

图 2.2.12　数据通信测试

四、接入 OneNET 云平台

进行 OneNET 云平台实验前，应先在 OneNET 云平台上进行注册，同时添加产品、设备等，详见“模块 4 OneNET 云平台部署及应用”。OneNET 云平台有如下几个工作需要提前完成，才能正常接入设备。

（1）云平台注册。

（2）添加产品。

（3）添加设备。

（4）编辑脚本并上传。

第一步：上传脚本。

进入 OneNET 云平台产品中的设备列表中，点击“上传脚本”，如图 2.2.13 所示，脚本名称设置为“zwtest”，选择编辑好的脚本文件，点击“上传”即可。

如图 2.2.14 所示，脚本只是把数据包前两个字节转化为数据流：zwtest:xx。

图 2.2.13　上传脚本

```
function device_data_analyze(dev)
        local t={}
        local a=0
        -- 添加用户自定义代码 --
        -- 例如： --
        local s = dev:size()
        if s >=2 then
          add_val(t,"zwtest",a,dev:bytes(1,2))
        end
        end
        dev:response()
        -- return $1,$2 --
        -- 例如： --
        return s,to_json(t)
```

图 2.2.14　脚本详情

第二步：明确 OneNET 参数。

如图 2.2.15 所示，在 OneNET 云平台上查看设备相关参数。

服务器 IP：183.230.40.40。

服务器端口号：1811。

OneNET 产品 ID：437844。

OneNET 设备鉴权信息：wifidtu00。

OneNET 设备对应脚本名称：zwtest。

图 2.2.15　明确参数

第三步：配置物联网网关参数。

按照“快速配置”操作步骤，分别对以上参数逐一配置，保证配置后参数如图 2.2.16 所示。

```
MAC:34.39.13.56.09.57
Sever IP:183.230.40.40
Port:1811
PrucID:437844
DeviceKEY:wifidtu00
DeviceLUA:zwtest
```

图 2.2.16　配置参数

注意：配置 IP 时每一段必须是 3 个数字，前面不够用 0 补充。例如，服务器 IP 为，183.230.40.40，实际配置时输入为 183.230.040.040。

第四步：数据上传。

配置完后重启设备，保证交换机能正常连接外网。打开云平台，可以看到设备此时已经在线，如图 2.2.17 所示。

此时通过串口发送两个字节数据（字符），如图 2.2.17 所示，云平台上看到该数据流“zwtest”数据为“99”。

图 2.2.17　数据上传

注：

① 由于脚本只截取了前两个字节，发送数据包只会显示前两个字节。

② 发送字符可以是数字，也可以是字母。

第五步：数据下发。

也可以通过云平台下发命令，点击如图 2.2.18 所示“下发命令”按钮。

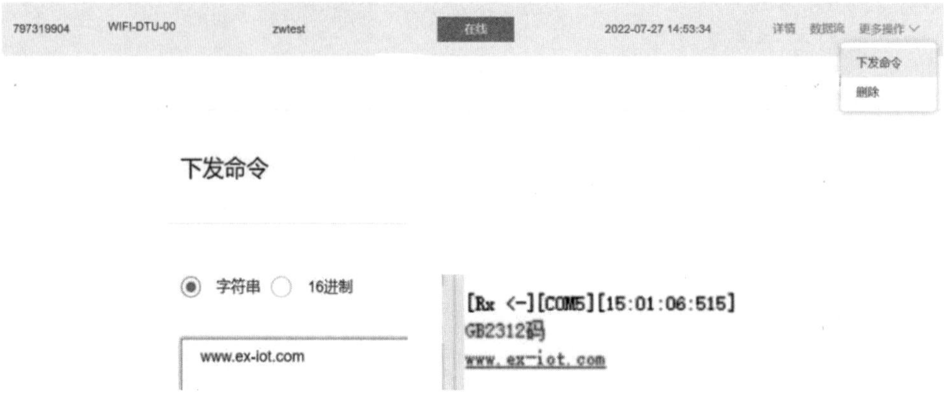

图 2.2.18　命令下发

如图 2.2.18 所示，可以在串口助手中看到下发的数据“www.ex-iot.com”。

模块 3　智能采集终端工程模板使用

工程模板路径：\典型物联网应用项目设计与实施\10 综合程序。

实训任务

【任务描述】

本任务主要对智能采集终端综合程序的结构、功能、关键函数及基本使用方法进行了解。通过对综合程序的工程结构进行梳理，对工程中主要源文件中的关键函数进行介绍，全面掌握整个工程的机制，便于后续进行二次开发。

【任务目标】

（1）了解智能采集终端综合程序的结构、功能、关键函数及基本使用方法。
（2）掌握综合程序中关键函数的功能及使用方法。
（3）掌握外设驱动程序的编程方法。
（4）了解如何利用综合程序进行二次开发。

【任务基础】

进行本任务需要嵌入式开发基础，需提前完成开发硬件及软件平台搭建。平台搭建关键点描述如下：

（1）完成 MDK 开发环境搭建：
① MDK 软件安装。
② 智能采集终端核心芯片（CortexM3/M4）库安装。
③ MDK 工程新建、配置、程序编写、程序编译、程序下载、程序调试等方法。
（2）完成 CortexM3/M4 系列芯片硬件开发环境搭建：
① 智能采集终端接口认知（详见模块 6 常用设备和工具介绍）及连接方法。
② 仿真器/下载器认知及驱动安装（详见模块 6 常用设备和工具介绍）。
③ USB 转串口线认知及驱动安装（详见模块 6 常用设备和工具介绍）。
注：智能采集终端由于版本不同，采用核心芯片不同，应以实际为准。

实训设备/工具

设备/工具清单见表 2.3.1。

表 2.3.1　设备/工具清单

序号	设备名称	数量	规格说明	备注
1	智能采集终端	1 台	CortexM3 或 M4 内核，芯片为 STM32 或 HC32，板载程序下载仿真器，多种数据接入接口。 参考型号：EX-CM3/HC3-B	
2	USB 转串口线	1 根	市面上 USB 转 DB9 线缆均可	注意驱动芯片需要与计算机驱动匹配
3	串口线	1 根	母转母交叉线	若 USB 转串口线 DB9 端为母口，可不要此线缆
4	电源适配器	1 个	DC 12 V	
5	计算机	1 台	Windows 系统	
6	USB 线缆	1 根	USB 公对公数据线	计算机接智能采集终端板载仿真器

注：表 2.3.1 设备/工具清单仅供参考，具体以实际为准。

各个设备及工具详见模块 6 常用设备和工具介绍。

实训内容

一、工程结构认知

工程模板完成了智能采集终端底层驱动代码，封装为各类函数，在使用时只需要调用相关函数即可实现对应的功能，而不要求编写驱动代码。

另外，工程模板还编写了基于“物联网应用工程实训系统”的传感器数据采集代码，包含 ModBus 型传感器、ADC 型传感器和 IO 型传感器的数据采集。在具体使用时，可根据实际情况增删这一部分的代码。

1. 文件结构

打开工程模板，其文件结构如图 2.3.1 所示。

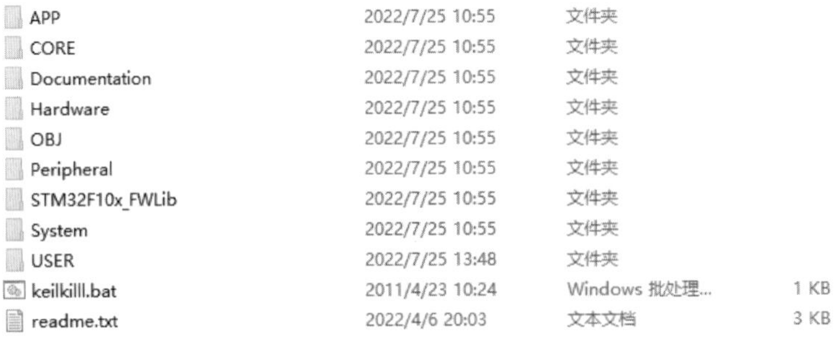

图 2.3.1　文件结构

文件结构说明如下：

App：该文件夹放置应用层文件、主程序。

Core：放置内核文件启动文件等。

Documentation：项目工程相关的说明文件。

Hardware：硬件相关的驱动。

OBJ：输出文件包。AXF、HEX 都存放于此。

Peripheral：芯片自身外围驱动库。

STM32F10x_FWLib：库文件的源文件和头文件包需要增加源文件可以从 STM32F10x_FWLib 文件夹里选择添加。

System：系统需要的一些特殊函数。

USER：工程目录、配置文件、中断函数。

2. 项目结构

使用 Keil 打开工程模板，在软件左侧的项目视图中，可以看到工程模板的项目结构，如图 2.3.2 所示。

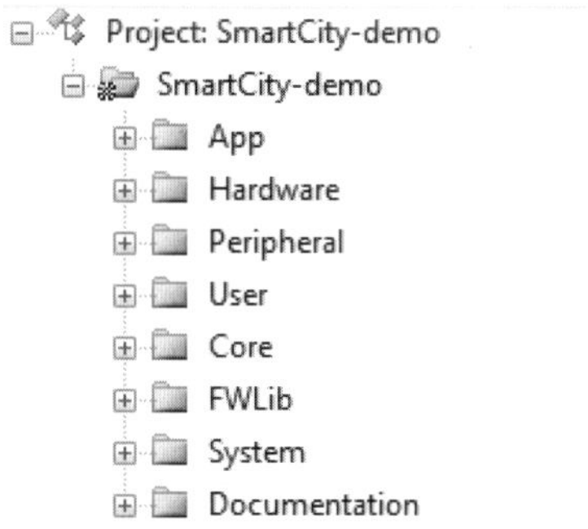

图 2.3.2　项目结构

项目结构说明如下：

App：该文件夹放置应用层文件、主程序。

Hardware；硬件相关的驱动。

Peripheral：芯片自身外围驱动库。

User：工程目录、配置文件、中断函数。

Core：放置内核文件启动文件等。

FWLib：库文件的源文件和头文件包需要增加源文件可以从 STM32F10x_FWLib 文件夹里选择添加。

System：系统需要的一些特殊函数。

Documentation：项目工程相关的说明文件。

二、关键函数分析

1. LED 初始化函数

路径：\Hardware\LED.c。

```
void LED_Init(void)
{
    //GPIO 结构体定义
    GPIO_InitTypeDefGPIO_InitStructure;
    RCC_APB2PeriphClockCmd(RCC_APB2Periph_GPIOB， ENABLE); //使能 PB 时钟
    RCC_APB2PeriphClockCmd(RCC_APB2Periph_AFIO，ENABLE);
    // PB3\PB4\PA15 重映射作为普通 IO。
     GPIO_PinRemapConfig(GPIO_Remap_SWJ_JTAGDisable，ENABLE);
     GPIO_InitStructure.GPIO_Pin = GPIO_Pin_3|GPIO_Pin_4|GPIO_Pin_5;
GPIO_InitStructure.GPIO_Mode = GPIO_Mode_Out_PP;        //推挽输出
GPIO_InitStructure.GPIO_Speed = GPIO_Speed_50MHz;       //IO 口速度为 50MHz
GPIO_Init(GPIOB， &GPIO_InitStructure);
    //根据设定参数初始化 GPIOB
    //PB.3/4/5 输出高（灯灭）
     GPIO_SetBits(GPIOB，GPIO_Pin_3|GPIO_Pin_4|GPIO_Pin_5);
}
```

使用 GPIO_InitTypeDef 结构体定义一个 GPIO 初始化变量，调用 RCC_APB2PeriphClockCmd 函数开启 GPIO 端口时钟，使用 GPIO 之前必须开启对应端口的时钟。使用 GPIO 之前都需要初始化配置它，并且还要添加特殊设置，因为我们使用它作为外设的引脚，一般都有特殊功能。这里设置为普通 IO，向 GPIO 初始化结构体赋值，把引脚初始化成推挽输出模式，并设定 IO 速度为 50 MHz。

2. 继电器初始化函数

路径：\Hardware\relay.c。

```
void RELAY_Init(void)
{
    GPIO_InitTypeDefGPIO_InitStructure;
    //使能 GPIOA 时钟（A11;A12）
    RCC_APB2PeriphClockCmd(RCC_APB2Periph_GPIOA, ENABLE);
GPIO_InitStructure.GPIO_Pin = GPIO_Pin_11|GPIO_Pin_12;
    //推挽输出
GPIO_InitStructure.GPIO_Mode = GPIO_Mode_Out_PP;
    //IO 口速度为 50MHz
GPIO_InitStructure.GPIO_Speed = GPIO_Speed_50MHz;
    //根据设定参数初始化 GPIOA
GPIO_Init(GPIOA， &GPIO_InitStructure);
    //继电器默认处于常闭状态
    GPIO_ResetBits(GPIOA，GPIO_Pin_11|GPIO_Pin_12);
}
```

与 LED 初始化函数类似，设置继电器处于常闭状态。

3. 串口初始化函数

路径：\Peripheral\UART.c。

```
//串口 USART1 配置函数（初始化）
void USART1_init(u32 bound)
{
    GPIO_InitTypeDefGPIO_InitStructure;
    USART_InitTypeDefUSART_InitStructure;
    NVIC_InitTypeDefNVIC_InitStructure;
    //使能 USART1
    RCC_APB1PeriphClockCmd(RCC_APB1Periph_USART1，ENABLE);
    //使能 USART1，GPIOA 时钟（TX1：A9;RX1：A10）
    RCC_APB2PeriphClockCmd(RCC_APB2Periph_GPIOA，ENABLE);
    GPIO_InitStructure.GPIO_Pin = GPIO_Pin_9;              //USART1 TX
    GPIO_InitStructure.GPIO_Speed = GPIO_Speed_50MHz;
    GPIO_InitStructure.GPIO_Mode = GPIO_Mode_AF_PP;  //复用推挽输出
    GPIO_Init(GPIOA，  &GPIO_InitStructure);               //A 端口
    GPIO_InitStructure.GPIO_Pin = GPIO_Pin_10;             //USART1 RX
    GPIO_InitStructure.GPIO_Speed = GPIO_Speed_50MHz; //复用开漏输入
    GPIO_InitStructure.GPIO_Mode = GPIO_Mode_IN_FLOATING;
    GPIO_Init(GPIOA，  &GPIO_InitStructure);
    USART_InitStructure.USART_BaudRate = bound;   //波特率
    USART_InitStructure.USART_WordLength = USART_WordLength_8b; //数据位 8 位
    USART_InitStructure.USART_StopBits = USART_StopBits_1;//停止位 1 位
    USART_InitStructure.USART_Parity = USART_Parity_No;//无奇偶校验
    //无流控
    USART_InitStructure.USART_HardwareFlowControl=USART_HardwareFlowControl_None;
    USART_InitStructure.USART_Mode = USART_Mode_Rx | USART_Mode_Tx; //收发模式
    USART_Init(USART1，  &USART_InitStructure);              //初始化 USART1
    //USART1 NVIC  配置
    NVIC_InitStructure.NVIC_IRQChannel = USART1_IRQn;
    NVIC_InitStructure.NVIC_IRQChannelPreemptionPriority=3 ; //抢占优先级 3
    NVIC_InitStructure.NVIC_IRQChannelSubPriority = 3;       //子优先级 3
    NVIC_InitStructure.NVIC_IRQChannelCmd = ENABLE;          //IRQ 通道使能
    //根据指定的参数初始化 VIC 寄存器
    NVIC_Init(&NVIC_InitStructure);
```

```
    USART_ITConfig(USART1， USART_IT_RXNE， ENABLE);         //允许接收中断
        USART_ITConfig(USART1， USART_IT_IDLE， ENABLE);     //允许 IDLE 中断
        USART_Cmd(USART1， ENABLE);                          //使能 USART1

    }
```

使用 GPIO_InitTypeDef 和 USART_InitTypeDef 结构体定义一个 GPIO 初始化变量以及一个 USART 初始化变量，调用 RCC_APB2PeriphClockCmd 函数开启 GPIO 端口时钟，使用 GPIO 之前必须开启对应端口的时钟。使用 RCC_APB2PeriphClockCmd 函数开启 USART 时钟。使用 GPIO 之前都需要初始化配置它，并且还要添加特殊设置，因为我们使用它作为外设的引脚，一般都有特殊功能。我们在初始化时需要把它的模式设置为复用功能。这里把串口的 Tx 引脚配置为复用推挽输出，Rx 引脚为浮空输入，数据完全由外部输入决定。

接下来，配置 USART1 通信参数。波特率为“115200”，字长为“8”，1 个停止位，没有校验位，不使用硬件流控制，收发一体工作模式，然后调用 USART 初始化函数完成配置。

程序用到 USART 接收中断，需要配置 NVIC，这里调用 NVIC_Configuration 函数完成配置。配置完 NVIC 之后调用 USART_ITConfig 函数使能 USART 接收中断。

最后调用 USART_Cmd 函数使能 USART，这个函数最终配置的是 USART_CR1 的 UE 位，具体的作用是开启 USART 的工作时钟。

4. ADC 初始化函数

路径：\Peripheral\adc.c。

```
void   ADC 1_Init(void)
{
    ADC_InitTypeDefADC_InitStructure;
    GPIO_InitTypeDefGPIO_InitStructure;
    //使能 ADC 1 通道时钟
    RCC_APB2PeriphClockCmd(RCC_APB2Periph_GPIOC|RCC_APB2Periph_ADC 1, ENABLE );

    //设置 ADC 分频因子 6 72M/6=12,ADC 最大时间不能超过 14M
    RCC_ADCCLKConfig(RCC_PCLK2_Div6);
    //PC0/1  作为模拟通道输入引脚
    GPIO_InitStructure.GPIO_Pin = GPIO_Pin_0 | GPIO_Pin_1;
    //模拟输入引脚
    GPIO_InitStructure.GPIO_Mode = GPIO_Mode_AIN;
    GPIO_Init(GPIOC, &GPIO_InitStructure);
    //复位 ADC 1
    ADC_DeInit(ADC 1);
    //ADC 工作模式:独立模式
    ADC_InitStructure.ADC_Mode = ADC_Mode_Independent;
```

```
    //模数转换工作在单通道模式
    ADC_InitStructure.ADC_ScanConvMode = DISABLE;
    //模数转换工作在单次转换模式
    ADC_InitStructure.ADC_ContinuousConvMode = DISABLE;
    //转换由软件而不是外部触发启动
    ADC_InitStructure.ADC_ExternalTrigConv = ADC_ExternalTrigConv_None;
    //ADC 数据右对齐
    ADC_InitStructure.ADC_DataAlign = ADC_DataAlign_Right;
    //顺序进行规则转换的 ADC 通道的数目
    ADC_InitStructure.ADC_NbrOfChannel = 1;
    //根据 ADC_InitStruct 中指定的参数初始化外设 volatile_adc 的寄存器
    ADC_Init(ADC 1, &ADC_InitStructure);
    //使能指定的 ADC 1
    ADC_Cmd(ADC 1, ENABLE);
    //使能复位校准
    ADC_ResetCalibration(ADC 1);
    //等待复位校准结束
    while(ADC_GetResetCalibrationStatus(ADC 1));
    //开启 AD 校准
    ADC_StartCalibration(ADC 1);
    //等待校准结束
    while(ADC_GetCalibrationStatus(ADC 1));
}
```

首先，定义一个 ADC 初始化结构体 ADC_InitTypeDef，用来配置 ADC 具体的工作模式。然后调用 RCC_APB2PeriphClockCmd()开启 ADC 时钟。

ADC 工作参数具体配置为：独立模式、单通道采集不需要扫描、启动单次转换、使用内部软件触发无须外部触发事件、使用右对齐数据格式、转换通道为 1，并调用 ADC_Init 函数完成 ADC1 工作环境配置。

调用 ADC_Cmd 函数使能 ADC，并开启 ADC 校准。

最后，在 ADC 校准之后调用 ADC_SoftwareStartConvCmd 函数进行软件触发 ADC 开始转换。

5. IO 外部中断初始化函数

路径：\Peripheral\IO.c。

```
void io_sensor_Init(void)
{
    GPIO_InitTypeDefGPIO_InitStructure;
    EXTI_InitTypeDefEXTI_InitStructure;
```

```
    //开启 GPIO 口的时钟
    RCC_APB2PeriphClockCmd(RCC_APB2Periph_GPIOC|RCC_APB2Periph_AFIO,ENABLE);
    //配置 NVIC 中断
    NVIC_Configuration();
        /*-------------------------IO1 配置----------------------------*/
    //选择 IO1 用到的 GPIO
GPIO_InitStructure.GPIO_Pin = GPIO_Pin_2;
    //配置为上拉输入
GPIO_InitStructure.GPIO_Mode = GPIO_Mode_IPU;
    //IO 口速度为 50MHz
    GPIO_InitStructure.GPIO_Speed = GPIO_Speed_50MHz;
GPIO_Init(GPIOC, &GPIO_InitStructure);
    //选择 EXTI 的信号源
    GPIO_EXTILineConfig(GPIO_PortSourceGPIOC, GPIO_PinSource2);
EXTI_InitStructure.EXTI_Line = EXTI_Line2;
    //EXTI 为中断模式
EXTI_InitStructure.EXTI_Mode = EXTI_Mode_Interrupt;
    //上升沿中断
EXTI_InitStructure.EXTI_Trigger = EXTI_Trigger_Rising;
    //使能中断
EXTI_InitStructure.EXTI_LineCmd = ENABLE;
EXTI_Init(&EXTI_InitStructure);
    /*-------------------------IO2 配置----------------------------*/
    //选择 IO1 用到的 GPIO
GPIO_InitStructure.GPIO_Pin = GPIO_Pin_3;
    //配置为上拉输入
GPIO_InitStructure.GPIO_Mode = GPIO_Mode_IPU;
    //IO 口速度为 50MHz
    GPIO_InitStructure.GPIO_Speed = GPIO_Speed_50MHz;
GPIO_Init(GPIOC, &GPIO_InitStructure);
    //选择 EXTI 的信号源
GPIO_EXTILineConfig(GPIO_PortSourceGPIOC, GPIO_PinSource3);
EXTI_InitStructure.EXTI_Line = EXTI_Line3;
    //EXTI 为中断模式
EXTI_InitStructure.EXTI_Mode = EXTI_Mode_Interrupt;
    //下升沿中断
EXTI_InitStructure.EXTI_Trigger = EXTI_Trigger_Falling;
    //使能中断
```

```
EXTI_InitStructure.EXTI_LineCmd = ENABLE;
    EXTI_Init(&EXTI_InitStructure);
}
```

在 IO 外部中断初始化函数中涉及两个外部中断的配置。

以配置第一个 IO 外部中断为例，首先需要初始化该外部中断所用到的 GPIO，初始化 GPIO 需要用到的 GPIO_InitStructure 结构体参数分别为 GPIO_Pin、GPIO_Mode、GPIO_Speed。配置好参数后，配置外部中断，首先选择外部中断信号源，并配置中断模式、中断触发方式，最后使能中断。

6. 传感器处理函数

路径：\Hardware\sensor.c。

```
void sensor_handle(void)
{
    for(u8 i = 0;i < 50; i++)sensor_data[i]=0xff;
    scan_RS-485_sensor();           //扫描 RS-485 传感器数据
    scan_adc_sensor();              //采集 AD 传感器数据
    scan_io_sensor();               //扫描 IO 传感器状态
    GPIO_TogglePin(GPIOB, GPIO_Pin_3);
    UART1Send(sensor_data,50);      //发送传感器数据包到串口 1
    delay_ms(1000);
    delay_ms(1000);
}
```

在该函数中，首先将需要用到的用于存储传感器数据的数组 sensor_data[]初始化为 0xFF，然后扫描 RS-485 传感器的数据，再采集 ADC 传感器的数据，最后读取 IO 传感器的状态。在完成各类传感器数据的采集和读取之后，将存储传感器数据的数据包通过串口发送出来。

传感器数据包结构：我们定义了一个完整的数据包 sensor_data[]，能将所有传感器一起上传至云平台，云平台根据数据包格式定义进行数据解析。数据包格式说明如表 2.3.2 所示。

表 2.3.2　传感器数据包结构

索引	字节偏移	标签	传感器	备注/说明
1	0	Temperature	温度传感器	带小数数据，单位℃
2	2	Humidity	湿度传感器	带小数数据，单位%
3	4	Air_pressure	大气压力	带小数数据，单位 kPa
4	6	Wind_speed	风速	带小数数据，单位 m/s

续表

索引	字节偏移	标签	传感器	备注/说明
5	8	Wind_direction	风向	整数，单位 O
6	10	Carbon_dioxide	二氧化碳	整数，单位 ppm①
7	12	PM25	PM2.5	整数，单位 μg/m^3
8	14	Soil_moisture	土壤水分	带小数数据，单位%
9	16	Soil_PH	土壤 pH	带小数数据，单位无
10	18	Human_infrared	人体红外	整数（0 为安全，1 为报警）
11	20	Smoke_alarm	烟雾报警	整数（0 为安全，1 为报警）
12	22	Illuminance	光照度	整数（3 字节），单位 lux
13	25	Water_Temperature	水温	带小数数据，单位°C
14	27	Liquid_EC	液体电导率	带小数数据，单位μs/cm
15	29	Liquid_PH	液体 pH	带小数数据，单位 pH
16	31	NO_2	二氧化氮	带小数数据，单位 ppm
17	33	SO_2	二氧化硫	带小数数据，单位 ppm
18	35	Liquid_Level	液位传感器	带小数数据，单位 m
19	37	PM10	PM10	整数数据，单位 μg/m^3
20	39	Soil_Temp	土壤温度	带小数数据，单位°C
21	41	Soil_Humi	土壤湿度	带小数数据，单位%
22	43	EX_Sensor	任意	扩展

注：根据实际需要可以继续扩展。

7. RS-485 传感器处理函数

路径：\Hardware\sensor.c。

```
void scan_RS-485_sensor(void)
{
    u8 sensor_number,i;
    u16 sensor_value;
    u32 sensor_lvalue;
    u8 rxnum = 0;
    u8 rxtime = 10;
    sensor_number = sizeof(RS-485_sensor)/2;
    for(i = 0;i<sensor_number;i++)
    {
        read_RS-485_sensor(RS-485_sensor[i].sensor_type,RS-485_sensor[i].sensor_addr);
```

① 1 ppm = 0.000 1%。

```
delay_ms(50);
rxtime = 10;
while(1)
{
    if(RS-485_RX_STA == 1)
    {
        switch(RS-485_sensor[i].sensor_type)
        {
            //温湿度传感器数据处理
            case TemperaturHumidity:
            //温度：°C，1 位小数
                sensor_value = RS-485_RX_BUF[5]*256+RS-485_RX_BUF[6];
                sensor_data[0] = sensor_value/10;          //整数部分
                sensor_data[1] = sensor_value%10;          //小数部分
                //湿度：%，1 位小数
                sensor_value = RS-485_RX_BUF[3]*256+RS-485_RX_BUF[4];
                sensor_data[2] = sensor_value/10;          //整数部分
                sensor_data[3] = sensor_value%10;          //小数部分
                break;
            //光照度传感器数据处理
            case Illuminance:
                sensor_data[22] = RS-485_RX_BUF[4];  //光照度值
                sensor_data[23] = RS-485_RX_BUF[5];
                sensor_data[24] = RS-485_RX_BUF[6];
                break;
            //气压传感器
            case Pressure:
                sensor_lvalue = RS-485_RX_BUF[4]*65536+RS-485_RX_BUF[5]/
                            *256+RS-485_RX_BUF[6];
                sensor_data[4] = sensor_lvalue/1000;       //kPa 整数部分
                sensor_data[5] = sensor_lvalue%1000;       //kPa 小数部分
                break;
            //风速传感器
            case WindSpeed:
                rxtime = 100;
                sensor_value = RS-485_RX_BUF[3]*256+RS-485_RX_BUF[4];
                sensor_data[6] = sensor_value/10;    //风速整数部分
                sensor_data[7] = sensor_value%10;  //风速小数部分
```

```
            break;
        //风向传感器
        case WindDirection:
            sensor_data[8] = RS-485_RX_BUF[3];          //风向值
            sensor_data[9] = RS-485_RX_BUF[4];
            break;
        //PM2.5 传感器、空气质量传感器
        case PM25:
            sensor_data[12] = RS-485_RX_BUF[3];         // μg/m3
            sensor_data[13] = RS-485_RX_BUF[4];
            break;
        //CO2 传感器
        case CO2:
            sensor_data[10] = RS-485_RX_BUF[3];         //ppm
            sensor_data[11] = RS-485_RX_BUF[4];
            break;
        //pH 值传感器
        case SoilPH:
            sensor_value = RS-485_RX_BUF[3]*256+RS-485_RX_BUF[4];
            sensor_data[16] = sensor_value/10;          //pH 整数部分
            sensor_data[17] = sensor_value%10;          //pH 小数部分
            break;
        case SoilMoisture:
            sensor_value = RS-485_RX_BUF[3]*256+RS-485_RX_BUF[4];
            sensor_data[14] = sensor_value/10;  //土壤湿度整数部分
            sensor_data[15] = sensor_value%10; //土壤湿度小数部分
            break;
        //SO2 传感器，单位 ppm，2 位小数
        case SO2:
            sensor_value = RS-485_RX_BUF[3]*256+RS-485_RX_BUF[4];
            sensor_data[33] = sensor_value/100;         //SO2 整数部分
            sensor_data[34] = sensor_value%100;         //SO2 小数部分
            break;
        //NO2 传感器，单位 ppm，2 位小数
        case NO2:
            sensor_value = RS-485_RX_BUF[3]*256+RS-485_RX_BUF[4];
            sensor_data[31] = sensor_value/100;         //NO2 整数部分
            sensor_data[32] = sensor_value%100;         //NO2 小数部分
```

```
                    break;
                //电导率传感器，单位μs/cm，2 位小数
                case Conductivity:
                    sensor_value = RS-485_RX_BUF[3]*256+RS-485_RX_BUF[4];
                    sensor_data[27] = sensor_value/100;        //电导率整数部分
                    sensor_data[28] = sensor_value%100;        //电导率小数部分
                    break;
                //水质 pH 传感器，单位 pH，2 位小数
                case WaterPH:
                    sensor_value = RS-485_RX_BUF[3]*256+RS-485_RX_BUF[4];
                    sensor_data[29] = sensor_value/100;        //水质 pH 整数部分
                    sensor_data[30] = sensor_value%100;        //水质 pH 小数部分
                    break;
                default:
                    break;
            }
            RS-485_RX_STA = 0;
            rxnum = rxtime;
        }
        else
            rxnum++;
        if(rxnum == rxtime)
        {
            rxnum = 0;
            break;
        }
        delay_ms(50);
    }
    delay_ms(50);        //传感器之间间隔 50 ms
  }
}
```

在该函数中，首先对需要用到的变量进行声明和初始化，然后轮询各个传感器值，通过 RS-485 向传感器发送读取数据命令，获取到值后，对比传感器的类型，从而获取传感器的转换公式，转换为真实传感器值后，将值存储到 sensor_data[]对应的位置。

8. ADC 传感器处理函数

路径：\Hardware\sensor.c。

```
void scan_adc_sensor()
{
    u8 adc_sensor_number,i;
    float adc_temp;
    u16 temp;
    adc_sensor_number = sizeof(adc_sensor)/2;//计算 ADC 传感器数量
    for(i = 0;i<adc_sensor_number;i++)
    {
        adc_temp = read_adc_sensor(adc_sensor[i].adc_num);
        if(adc_temp)
        {
            switch(adc_sensor[i].sensor_type)
            {
                case AdcTemperature:
                    temp = adc_temp    * 100 - 850;        //计算温度值*10
                    sensor_data[0] = temp/10;              //温度整数部分
                    sensor_data[1] = temp%10;              //温度小数部分
                    adc_sensor_value[0] = adc_temp    * 100 - 850;
                    break;
                case AdcHumidity:
                    temp = 625 * adc_temp - 250;           //计算湿度值*100
                    sensor_data[2] = temp/100;             //湿度整数部分
                    sensor_data[3] = temp%100;             //湿度小数部分
                    adc_sensor_value[1] = 625 * adc_temp - 250;
                    break;
                case AdcIlluminance:
                    //light = (adc_temp - 4) * 4096;       //计算光照度值
                    adc_sensor_value[2] = (adc_temp - 4) * 4096;
                    break;
                //模拟型水位传感器，单位 m，2 位小数
                case AdcWaterLevel:
                    //L=(I(电流)-4 mA)*满量程/16 mA
                    temp = adc_temp    * 6.25 - 25;        //计算水位*100;
                    sensor_data[35] = temp/100;            //水位整数部分
                    sensor_data[36] = temp%100;            //水位小数部分
                    adc_sensor_value[3] = adc_temp    * 0.0625 - 0.25;
                    break;
                //模拟型水温传感器，单位°C，2 位小数
                case AdcWaterTemperatur:
                    //T=(I(电流)-4 mA)*110/16 mA
```

```
                    temp = adc_temp  * 687.5-5750;         //计算水温*100;
                    sensor_data[25] = temp/100;            //水位整数部分
                    sensor_data[26] = temp%100;            //水位小数部分
                    adc_sensor_value[4] = adc_temp  * 6.875-57.5;
                    break;
                default:
                    break;
            }
        }
        delay_ms(100);      //传感器之间间隔 100 ms
    }
}
```

在该函数中，首先对需要用到的变量进行声明和初始化，然后轮询 ADC 值，获取到 ADC 值后，对比传感器的类型，从而获取传感器的 ADC 转换公式，转换为真实传感器值后，将值存储到 sensor_data[]对应的位置。

9. IO 传感器处理函数

路径：\Hardware\sensor.c。

```
void scan_io_sensor(void)
{
    //printf("waiting...\n");
    if(IRQIO1_Flag == 1)                            //外部中断 1 标志位
    {
        sensor_data[18] = 0;
        sensor_data[19] = 1;
        //printf("Infrared alarm!\n");               //打印报警信息
        IRQIO1_Flag = 0;                            //标志位清零
    }
    else if(IRQIO1_Flag == 0)
    {
        sensor_data[18] = 0;
        sensor_data[19] = 0;
    }
    if(IRQIO2_Flag == 1)                            //外部中断 2 标志位
    {
        sensor_data[20] = 0;
        sensor_data[21] = 1;
        //printf("Smoke alarm!\n");                  //打印报警信息
        IRQIO2_Flag = 0;                            //标志位清零
```

```
        }
        else if(IRQIO2_Flag == 0)
        {
            sensor_data[20] = 0;
            sensor_data[21] = 0;
        }
        delay_ms(1000);
}
```

在配置好并初始化完成 IO 后，若外部中断 1 触发，则表明红外报警被触发，此时将 sensor_data[18]和 sensor_data[19]赋值，并将外部中断标志位置位。

同理，若外部中断 2 触发，表明烟雾报警被触发，将 sensor_data[18]和 sensor_data[19]赋值为相应的值，并将外部中断标志位置位。

三、功能验证操作

第一步：连接硬件。

按照图 2.3.3 连接计算机和智能采集终端。

（1）将电源适配器（DC 12 V）接入物联网网关器的电源口。

（2）用 USB 转串口线缆连接物联网网关的 UART1 串口和计算机的 USB 接口。

（3）使用 USB 线缆（公对公）连接 SWD 接口到计算机。

注意：计算机第一次使用 USB 转串口线时需安装驱动，确保设备管理器正确识别线缆，并能正确分配到 COM 口。

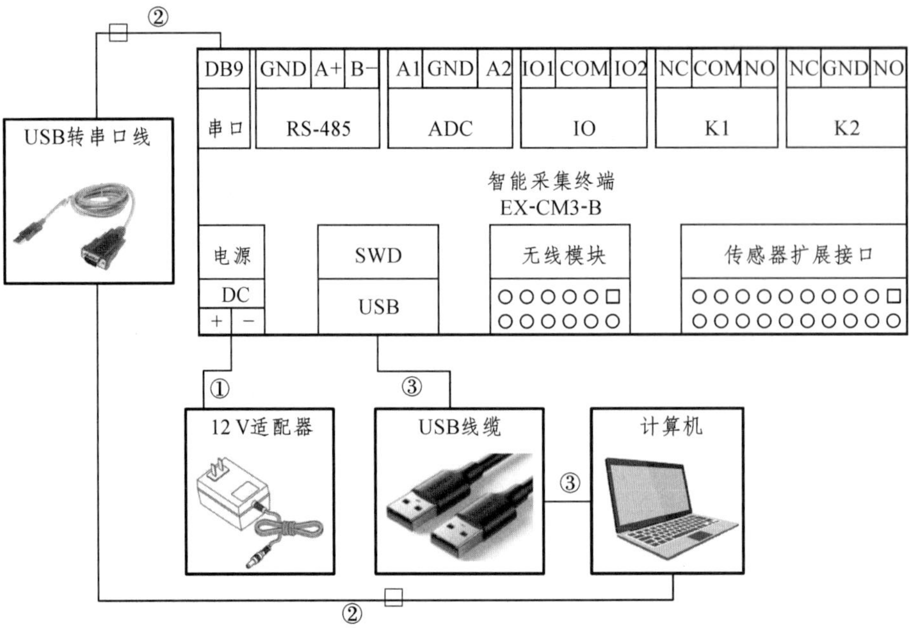

图 2.3.3　智能采集终端功能验证硬件连接示意图

第二步：打开工程模板、编译、下载。

第三步：串口数据采集分析。

打开计算机设备管理器，如图 2.3.4 所示，查看并记住当前 COM 号，若显示为感叹号，应检查驱动。然后在卓物串口助手中，选择 COM 号，波特率为“115200”，勾选“RTS”和“DTR”，如图 2.3.5 所示。

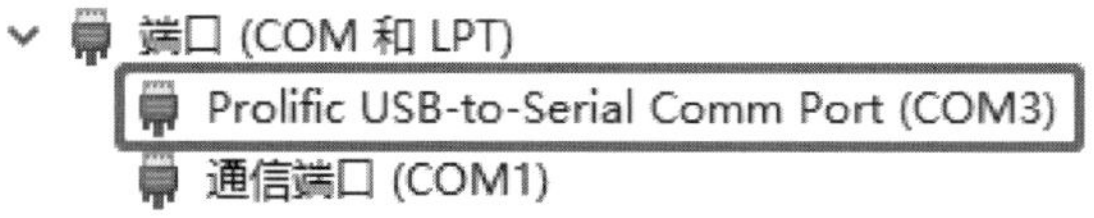

图 2.3.4　COM 口配置

图 2.3.5　串口助手配置

如图 2.3.6 所示，可以看到卓物智能采集板一直在将从传感器获取的数据通过串口发送出来。

```
[Rx <-][COM2][11:52:22:586]
16进制:
20 05 29 07 01 02 4E 02 00 82 01 C2 06
00 FF FF FF FF 00 00 00 00 00 05 AC 10
04 01 59 07 52 01 05 00 00 01 4E 02 00
FF FF FF FF FF FF FF FF FF FF FF
```

图 2.3.6　传感器数据输出

点击物联网测试数据解析按钮。

如图 2.3.7 所示，下载程序后，我们能接收到智能采集终端采集后打包发送给计算机的传感器数据。

学生在使用工程模板时，可根据实际情况增删模板代码，以实现实际功能。

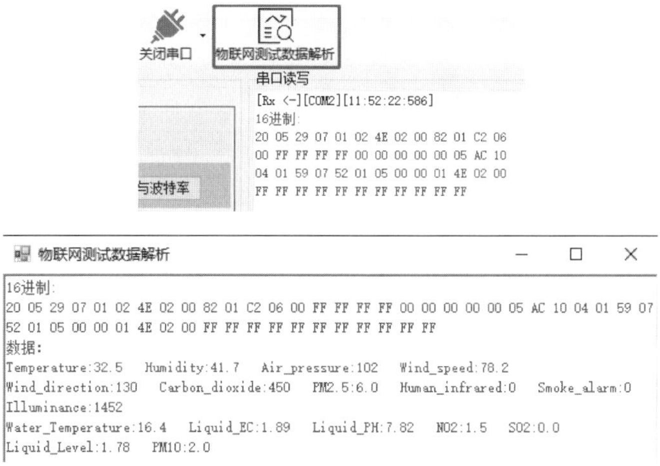

图 2.3.7　传感器数据解析

模块 4　OneNET 云平台部署及应用

实训任务

【任务描述】

本任务主要对 OneNET 云平台进行部署及使用。通过在 OneNET 云平台进行注册、登录、产品添加、设备添加等操作对 OneNET 云平台接入做前期准备；然后通过脚本撰写、设备数据上传及解析完成云平台数据接入及分析。

【任务目标】

（1）了解物联网 OneNET 云平台的基本结构及应用。

（2）掌握 OneNET 云平台基本使用方法。

（3）掌握 OneNET 云平台数据上传及数据展示方法。

（4）掌握 OneNET 云平台脚本撰写方法。

【任务调研】

搜集材料，了解市面上主流的物联网云平台相关信息，并完成表 2.4.1。

表 2.4.1　任务调研

云平台名称	功能及特点
中国移动物联网开放平台（OneNET）	
阿里云物联网平台（阿里云 IOT）	
华为云物联网平台	
腾讯云物联网开发平台（IoT Explorer）	
百度智能云天工物联网平台	
其他物联网云平台	

实训设备/工具

设备/工具清单如表 2.4.2 所示。

表 2.4.2　设备/工具清单

序号	设备名称	数量	规格说明	备注
1	计算机	1 台	兼容所有计算机及智能终端	确保上网

实训内容

一、物联网云平台认知

1. 物联网经典结构

如图 2.4.1 所示，物联网在实现结构上可分为三层：感知层、网络层和应用层。

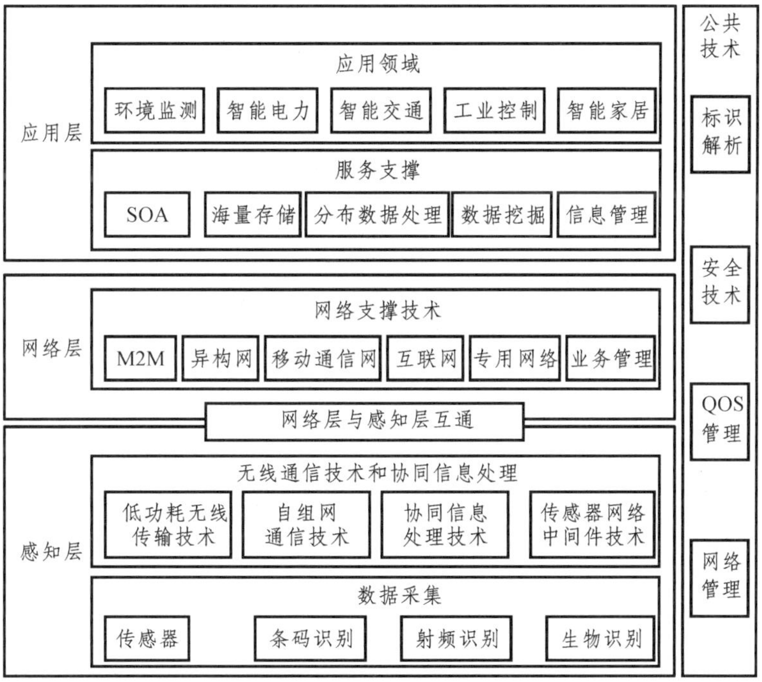

图 2.4.1　物联网经典结构

感知层包括传感器、终端、传感器网络等，主要是识别物体，采集信息，与人体结构中皮肤和五官的作用相似。

网络层包括通信与互联网的融合网络、网络管理中心、信息中心和智能处理中心等。网络层将感知层获取的信息进行传递和处理，类似于人体结构中的神经中枢和大脑。

应用层是物联网与行业专业技术的深度融合，与行业需求结合，实现行业智能化，这类似于人的社会分工，最终构成人类社会。

2. OneNET 云平台

如图 2.4.2 所示，OneNET 是中国移动打造的高效、稳定、安全的物联网开放平台。OneNET 支持适配各种网络环境和协议类型，可实现各种传感器和智能硬件的快速接入，提供丰富的 API 和应用模板，以支撑各类行业应用和智能硬件的开发，有效降低物联网应用开发和部署成本，满足物联网领域设备连接、协议适配、数据存储、数据安全以及大数据分析等平台级服务需求。

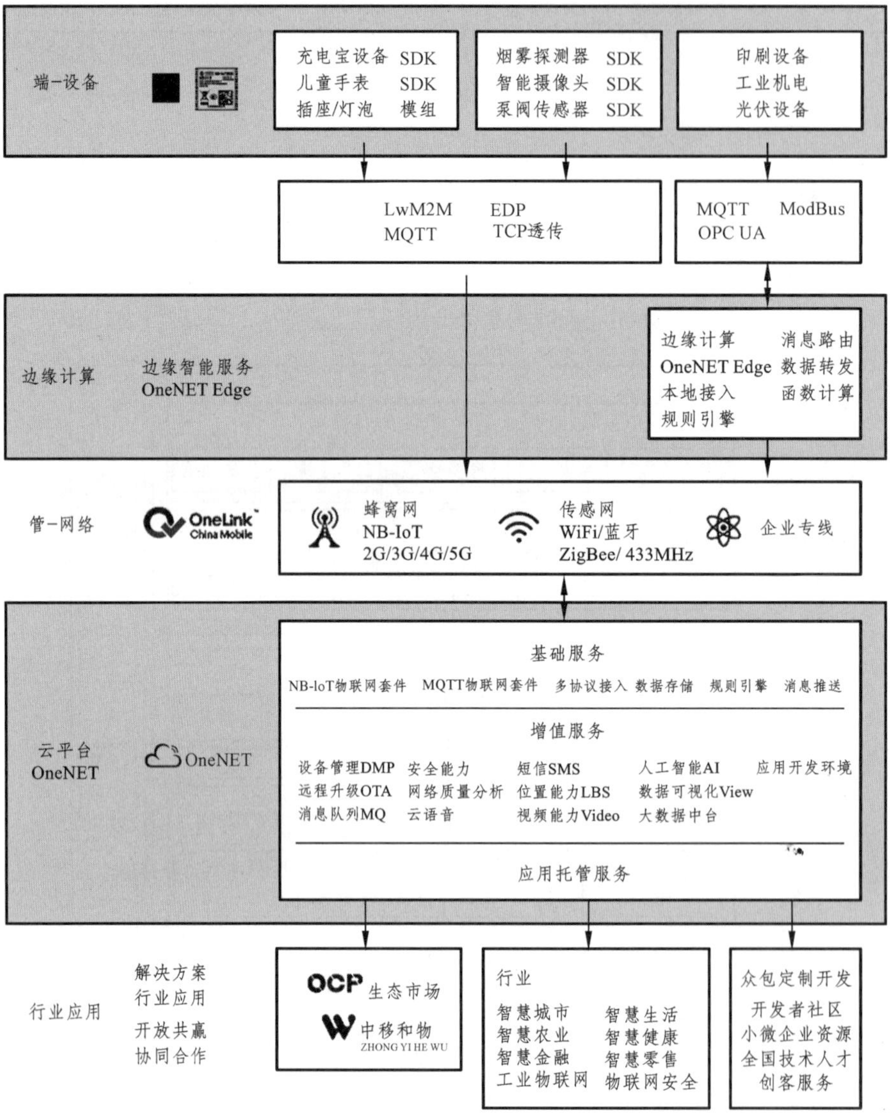

图 2.4.2 OneNET 云平台

OneNET 主要功能如下：

1）设备接入

（1）支持多种行业及主流标准协议的设备接入，提供如 NB-IoT（LWM2M）、MQTT、EDP、ModBus、HTTP 等物联网套件，满足多种应用场景的使用需求。

（2）提供多种语言开发 SDK，帮助开发者快速实现设备接入。

（3）支持用户协议自定义，通过 TCP 透传方式上传解析脚本来完成协议的解析。

2）数据可视化 View

（1）免编程，可视化拖拽配置，10 min 完成物联网可视化大屏开发。

（2）提供丰富的物联网行业定制模板和行业组件。

（3）支持对接 OneNET 内置数据、第三方数据库、Excel 静态文件多种数据源。

（4）自动适配多种分辨率的屏幕，满足多种场景使用。

3）消息队列 MQ

（1）基于分布式技术架构，具有高可用性、高吞吐量、高扩展性等特点。

（2）支持 TLS 加密传输，提高传输安全性。

（3）支持多个客户端对同一队列进行消费。

（4）支持业务缓存功能，具有削峰去谷特性。

4）远程升级 OTA

（1）提供对终端模组的远程 FOTA 升级，支持 2G、3G、4G、NB-IoT、Wi-Fi 等类型模组。

（2）提供对终端智能采集终端的远程 SOTA 升级，满足用户对应用软件的迭代升级需求。

（3）支持升级群组及策略设置，支持完整包和差分包升级。

5）人工智能 AI

（1）提供人脸对比、人脸检测、图像增强、图像抄表、车牌识别、运动检测等多种人工智能能力。

（2）通过 API 的方式为用户提供，方便能力集成和使用。

6）位置定位 LBS

（1）提供基于基站的定位能力，支持三网的 2G、3G、4G 基站定位。

（2）支持 NB-IoT 基站定位，满足 NB 设备的位置定位场景。

（3）提供 7 天连续时间段位置查询，可查询在定位时间段内任意 7 天段的历史轨迹。

7）设备管理 DMP

（1）提供设备生命周期管理功能，支持用户进行设备注册、设备更新、设备查询和设备删除。

（2）提供设备在线状态管理功能，提供设备上下线的消息通知，方便用户管理设备的在线状态。

（3）提供设备数据存储能力，便于用户对设备海量数据进行存储与查询。

（4）提供设备调试工具及设备日志，便于用户快速调试设备及定位设备问题。

8）视频能力 Video

（1）提供视频平台、直播及端到端解决方案等多种视频能力。

（2）提供设备侧和应用侧的 SDK，帮助快速实现视频监控、直播等设备及应用能力。

（3）支持 Onvif 视频的设备通过视频网关盒子可实现接入平台。

3. Lua 脚本语言介绍

Lua 是一种轻量小巧的脚本语言，用标准 C 语言编写并以源代码形式开放。

1）设计目的

其设计目的是嵌入应用程序中，从而为应用程序提供灵活的扩展和定制功能。

2）Lua 特性

（1）轻量级：它用标准 C 语言编写并以源代码形式开放，编译后大小仅仅约 100 KB，可以很方便地嵌入其他程序里。

（2）可扩展：Lua 提供了非常易于使用的扩展接口和机制：由宿主语言（通常是 C 或 C++）提供这些功能，Lua 可以使用它们，就像是本来就内置的功能一样。

3）Lua 应用场景

（1）游戏开发。

（2）独立应用脚本。

（3）Web 应用脚本。

（4）扩展和数据库插件，如 MySQL Proxy 和 MySQL WorkBench。

（5）安全系统，如入侵检测系统。

二、OneNET 云平台部署

1. 账号注册及登录

账号注册是使用 OneNET 平台的功能和服务的前提，在 OneNET 注册的账号，适用于 OneNET 体系的所有服务。

第一步：打开官网。

点击首页右上角的“注册”按钮，注册账号。

第二步：注册。

如图 2.4.3 所示，填写用户名、用户密码、有效手机号码，点击获取验证码，查看短信验证码，并完成注册。

图 2.4.3　注册与登录

第三步：登录。

注册完成后，自动回到主页，通过右上角“登录”入口登录账号。

第四步：进入控制台。

登录后，点击图 2.4.4 中右上角“开发者中心”，进入 OneNET 服务控制台。

图 2.4.4　控制台

2. 产品与设备添加

第一步：在控制台中选择多协议输入。

如图 2.4.5 所示，选择“多协议输入”。

图 2.4.5　多协议输入

第二步：选择 TCP 透传并添加设备。

如图 2.4.6 所示，选择“TCP 透传”。

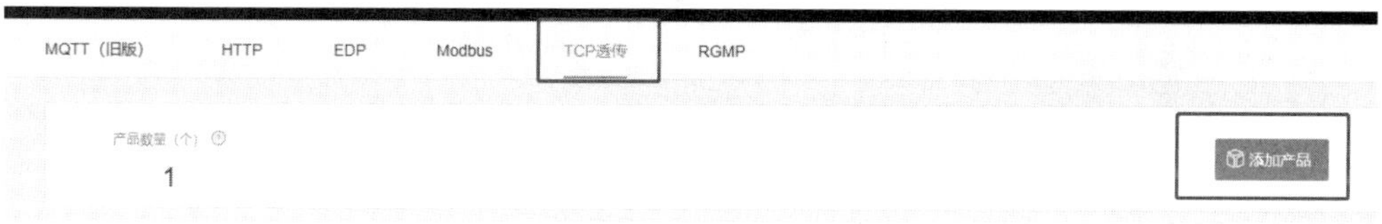

图 2.4.6　TCP 透传

第三步：填写设备相关信息。

如图 2.4.7 所示，添加产品并填写产品相关信息。

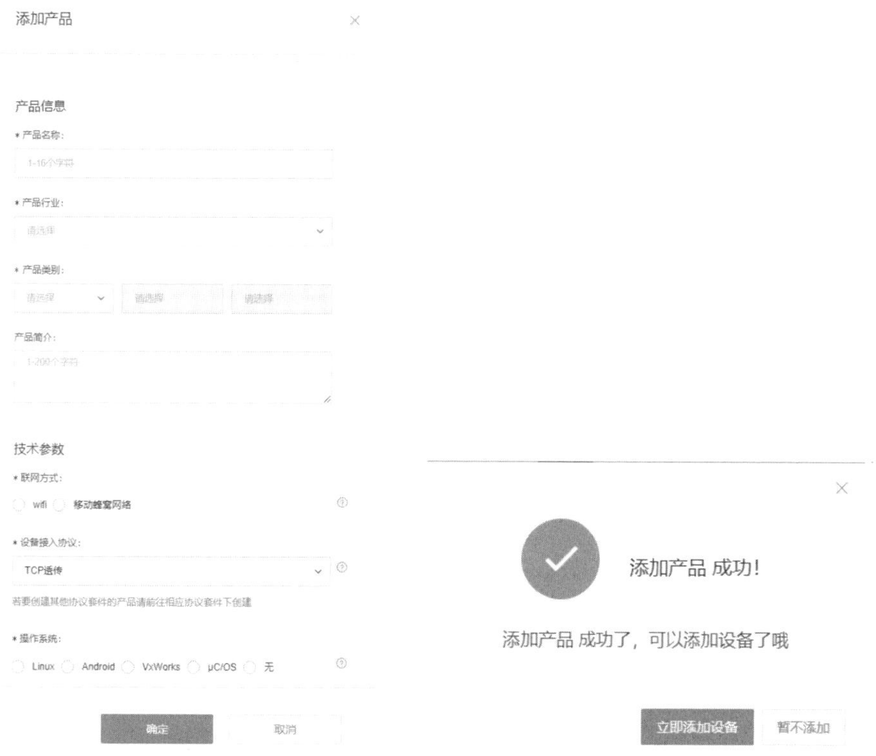

图 2.4.7　添加产品

注意：带*号的标签为必填选项（产品名称、产品行业、产品类别、联网方式、操作系统等），学生可按照实际项目进行填写。

第四步：添加设备。

如图 2.4.8 所示，添加设备，填写设备信息。

图 2.4.8　添加设备

注意：带*号的标签为必填选项，自定义设备名称和鉴权信息。为方便甄别同一产品下不同设备与实际设备联系性，建议按照实际设备命名，鉴权信息为设备上云的关键参数之一，学生在填写时须牢记。

第五步：上传脚本

如图 2.4.9 所示，选择文件并上传脚本。

图 2.4.9　上传脚本

注意：带*号的标签为必填选项，脚本名称为设备上云的关键参数之一，学生在填写时须注意与设备配置时的脚本名称一致。

三、OneNET 云平台脚本撰写

1. 脚本解析工具

在 OneNET 云平台“服务支持”下载专区中下载脚本解析器，如图 2.4.10 所示。

图 2.4.10　脚本解析工具

下载后打开脚本解析器界面，如图 2.4.11 所示。

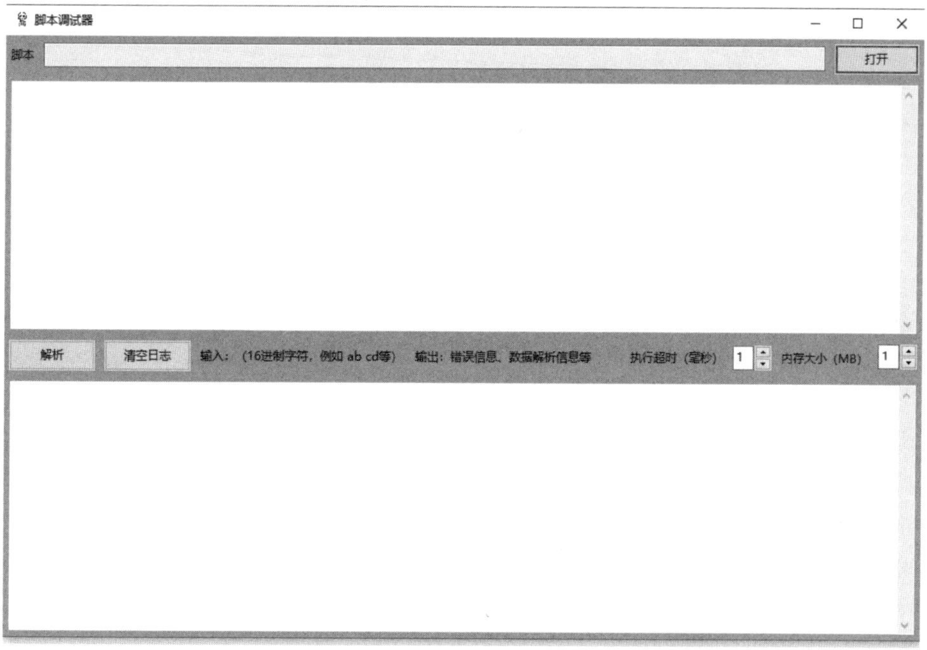

图 2.4.11　脚本解析器

2. OneNET 云平台官方示例脚本

该资料包含官方示例脚本，用记事本打开图 2.4.12 中官方示例脚本。

图 2.4.12　官方示例脚本

下面以官方脚本为例解析数据，解析结果如图 2.4.13 所示。

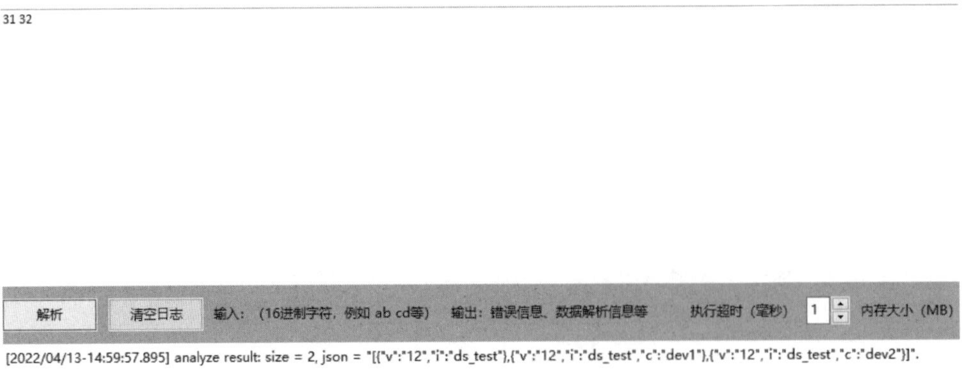

图 2.4.13　数据解析

3. Lua 脚本撰写和功能测试方法

在 OneNET 云平台使用的 Lua 脚本中，我们只需要关心两个关键函数，定时下发函数和数据解析函数，即 function device_timer_init（dev）函数和 function device_data_analyze（dev）函数。

第一步：撰写 Lua 脚本。

脚本实现了如下功能：

（1）设备连接后每 3 s 下发一次 "02 02 00 96 00 25 CE 59"。

（2）将用户上传的数据作为数据点存储至 zwtest 数据流。

在脚本中找到 function device_timer_init（dev）函数，改写为图 2.4.14 中代码。

```
function device_timer_init(dev)
        -- 添加用户自定义代码 --
        -- 例如： --
        dev:timeout(0)
        dev:add(3,"test","\2\2\0\150\0\37\206\89")

end
```

图 2.4.14　定时下发函数

该函数为定时下发函数，在使用时可以将需要定时下发的命令、数据等编写在这里面。

其中，dev:timeout（3）表示设置下发数据的设备响应超时时间为 3 s。dev:add()函数的原型是 dev:add（interval，name，data），interval 为数据下发的时间间隔（s）；name 为名称（须保证唯一性）；data 为数据（二进制数据），使用 lua 转义字符串。

在脚本中找到 function device_data_analyze（dev）函数，改写为图 2.4.15 中代码。

```
function device_data_analyze(dev)
        local t={}
        local a=0
        -- 添加用户自定义代码 --
        -- 例如： --
        local s = dev:size() --获取设备数据大小（字节数）
        if s >=1 then
        --if to_shi(dev:bytes(1,2))~="255255" then  --获取从第一个字节开始的2个字节设备数据
          add_val(t,"zwtest",a,dev:bytes(1,s))  --将获取到的设备数据添加到table中
        --end
        end
        dev:response() --设备响应成功
        -- return $1,$2 --
        -- 例如： --
        return s,to_json(t)
end
```

图 2.4.15　数据解析函数

该函数为设备上传云数据的解析函数,需在该函数编写程序对设备上传的数据进行解析。

其中，local s = dev:size()表示获取设备的数据大小；add_val（t，"zwtest"，a，dev:bytes（1，s））将获取到的设备数据添加到 table 中。

另外，官方还提供了数据类型转换等多个函数，具体用法和参数配置在脚本文档中均有详细介绍，此处不再赘述。

第二步：验证 Lua 脚本。

完成第一步后，打开脚本调试器，并添加脚本，可以在下方解析区可看到解析信息：接收到设备响应,并且添加定时器成功,定时时间为 3 s,名称为 test,数据为 020200960025ce59。在数据输入区输入数据，点击解析，能够在下方解析区看到解析信息，如图 2.4.16 所示，设备数据大小为 5，json 数据为"[{"v":"12345"，"i":"zwtest"}]"。

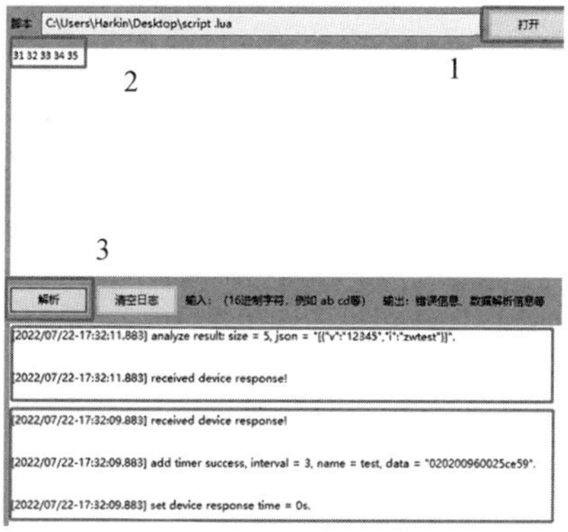

图 2.4.16　脚本验证

四、OneNET 设备数据解析

第一步：检查设备是否添加，脚本是否验证成功，且脚本是否上传。

在添加好设备、编写脚本并验证成功后，上传脚本。

第二步：打开网络调试助手。

如图 2.4.17 所示，与 OneNET 建立 TCP 连接。

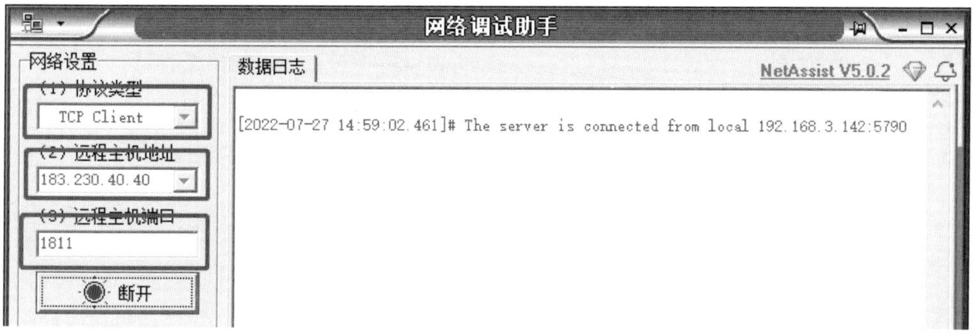

图 2.4.17　建立连接

协议类型选择“TCPClient”，远程主机地址，即 OneNET 云平台接入服务地址填写“183.230.40.40”，远程主机端口填写“1811”，点击“连接”。

第三步：连接服务器。

连接到服务器后，发送登录报文。注意发送格式选择 ASCII。

格式如下：

```
*$PID#$AUTH_INFO#$PARSER_NAME*
```

例如：

```
*12346#sn823mdn#testlua*
```

其中，参数含义如下：

PID：产品 ID，创建产品时 OneNET 生成的产品唯一性数字标识。

AUTH_INFO：设备鉴权信息，在设备注册时，用户创建设备时指定的唯一字符串标识。

PARSER_NAME：用户自定义解析脚本的名称，用户上传脚本时指定的唯一字符串标识。

第四步：数据传输测试。

若建立连接成功，可以看到设备在线标记，如图 2.4.18 所示。

图 2.4.18　设备在线

能在网络调试助手中看到云平台定时下发的数据，如图 2.4.19 所示。

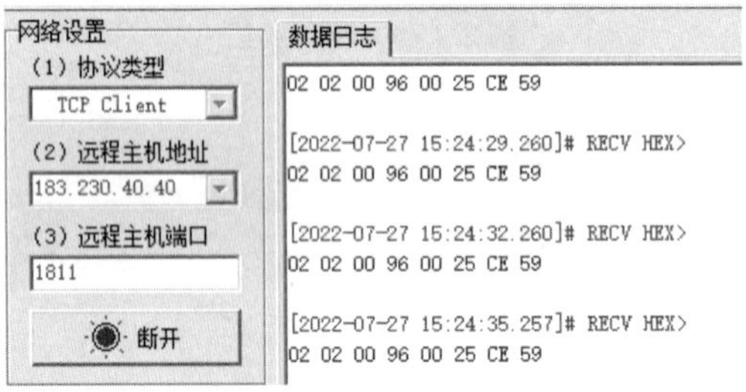

图 2.4.19　定时下发的数据

上传数据测试，在云平台数据流中可以看到上传的数据，如图 2.4.20 所示。

图 2.4.20　数据解析结果

数据分析结果与前面脚本解析工具解析结果一致。

模块 5　传感器配置与测试

实训任务

【任务描述】

本任务主要完成对各类传感器的安装与调试，包括安装 RS-485 传感器、AD 传感器，配置 RS-485 传感器参数（地址、波特率等），以及各类传感器的数据测试。

【任务目标】

（1）了解市面上各类传感器的基本功能及应用场景等。

（2）掌握各类传感器的基本参数配置、数据读取等。

（3）了解各类串口配置工具及其基本使用方法。

【任务调研】

搜集材料，了解传感器相关信息，并完成表 2.5.1。

表 2.5.1　任务调研

RS-485 型传感器的主要形态	
AD 型传感器的主要形态	
各类传感器的价格信息	
各类传感器的应用场景	
各类传感器的基本应用结构	
其他补充信息	

实训设备/工具

设备/工具清单见表 2.5.2。

表 2.5.2　设备/工具清单

序号	设备名称	数量	规格参数	备注
1	RS-485 型传感器	1 台	传感器支持 RS-485 数据输出	
2	AD 型传感器	1 台	4～20 mA 传感器	
3	USB 转串口线	1 根	市面上 USB 转 DB9 线缆均可	注意驱动芯片需要与计算机驱动匹配
4	串口线	1 根	母转母交叉线	若 USB 转串口线 DB9 端为母口，可不要此线缆
5	电源适配器	1 个	DC 12 V	
6	计算机	1 台	Windows 系统	
7	USB 线缆	1 根	USB 公对公数据线	计算机接智能采集终端板载仿真器
8	万用表	1 台	具备毫安挡	主要测 AD 型传感器输出

注：表 2.5.2 所列清单仅供参考，具体以实际为准。

各个设备及工具详见模块 6 常用设备和工具介绍。

实训内容

一、RS-485 型传感器配置与测试

以粉尘(PM2.5/PM10)传感器为例，其他传感器安装与配置方法一样，只是在配置 RS-485 地址的时候进行区分即可。

1. 传感器安装

第一步：设备固定安装。

如图 2.5.1 所示，传感器背部通过限位孔壁挂安装，两个限位孔之间的间距为 66.6 mm，可使用 3 mm 的自攻螺丝将壁挂支架安装到墙上，然后将设备挂上即可。

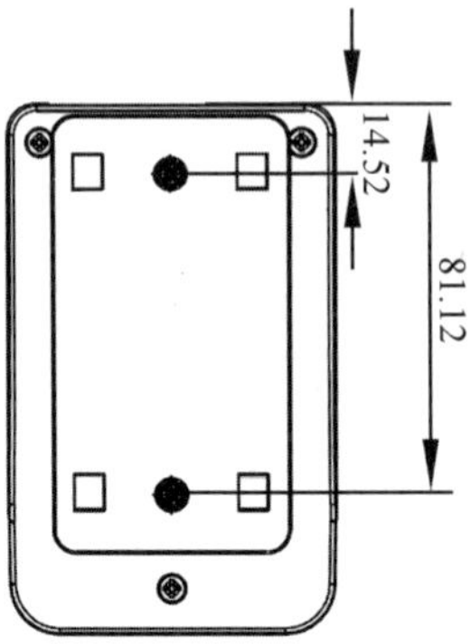

图 2.5.1　粉尘传感器

第二步：布线连接。

使用 USB 转 RS-232 串口公头线连接 RS-232 转 RS-485 转换器和计算机。使用 DC 12 V 电源给传感器供电。

图 2.5.2 为粉尘传感器配置连接示意图。

（1）通过 12 V 电源为粉尘传感器供电（可以使用电源适配器或实训架上电源）。

（2）通过线缆将 RS-232/RS-485 转换器的 R＋与粉尘传感器的绿色（A＋）连接，将 RS-485 转换器的 R-与粉尘传感器的蓝色（B-）连接。

（3）USB 转串口线缆的 DB9 直接接入 RS-485 转换器的 DB9（如果接口不匹配，可通过 RS-232 线缆进行转换）。

（4）USB 转串口线缆的 USB 接口直接接入到计算机。

注意：不要带电接线，确认接线无误后才可上电，以防电源接反导致设备损坏。

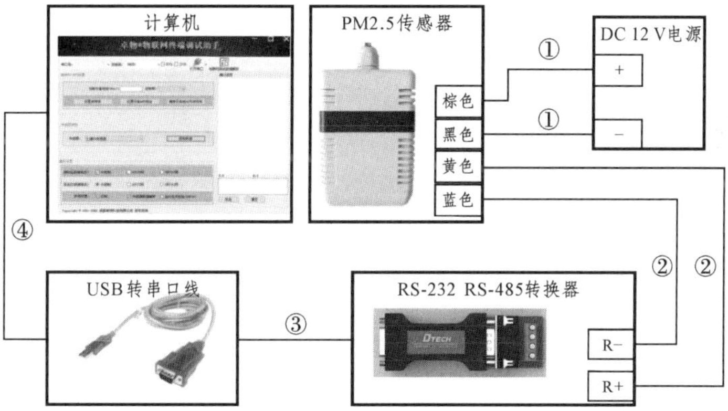

图 2.5.2　粉尘传感器配置连接

2. 传感器配置与测试

配置传感器目标参数（仅供参考，应以实训实际为准）：

PM2.5 传感器 RS-485 接口通信波特率：9 600 b/s。

PM2.5 传感器 RS-485 接口通信地址：0x05。

第一步：打开物联网终端调试助手。

第二步：配置串口参数。

选择串口号（测试计算机串口号为 3），选择波特率“9600”，勾选“RTS”和“DTU”，点击“打开串口”，如图 2.5.3 所示。

图 2.5.3　串口助手配置

第三步：自动获取传感器波特率和地址。

点击图 2.5.4 中“搜索设备地址与波特率”，会获得当前传感器地址和波特率。

图 2.5.4　自动获取传感器参数

弹出一个窗口，如图 2.5.5 所示，当前传感器地址为“01”，波特率为“9600”(出厂默认参数)。

图 2.5.5　搜索到的传感器参数

注意：不同设备参数可能不同。

第四步：设置传感器 RS-485 地址和波特率。

(1) 设置传感器地址 0x05：在当前设备地址输入“05”，点击“设置设备 RS-485 地址”。

(2) 波特率选择“9600”，点击“设置波特率”，如图 2.5.6 所示。

图 2.5.6　设置传感器参数

第五步：验证配置。

传感器波特率修改后，将设备断电重启 (必须重启，波特率配置才能生效)，点击“搜索设备地址和波特率”。

如图 2.5.7 所示，弹出来的窗口显示：地址为“05”，波特率为“9600”，表示配置正确。

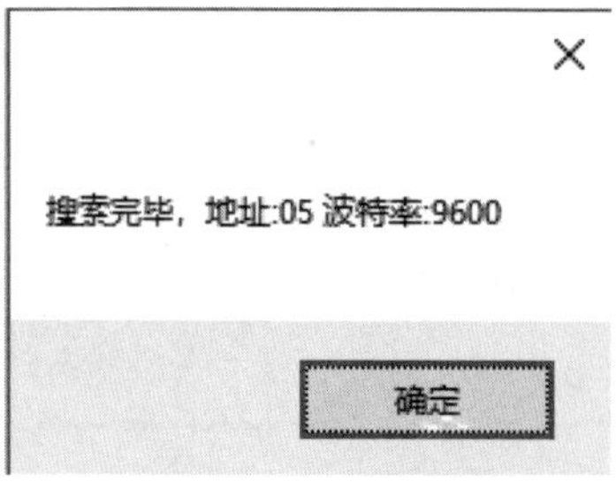

图 2.5.7　验证配置

第六步：PM2.5 传感器测试。

如图 2.5.8 所示，在传感器读取一栏，选择空气质量传感器，点击“读取数据”。

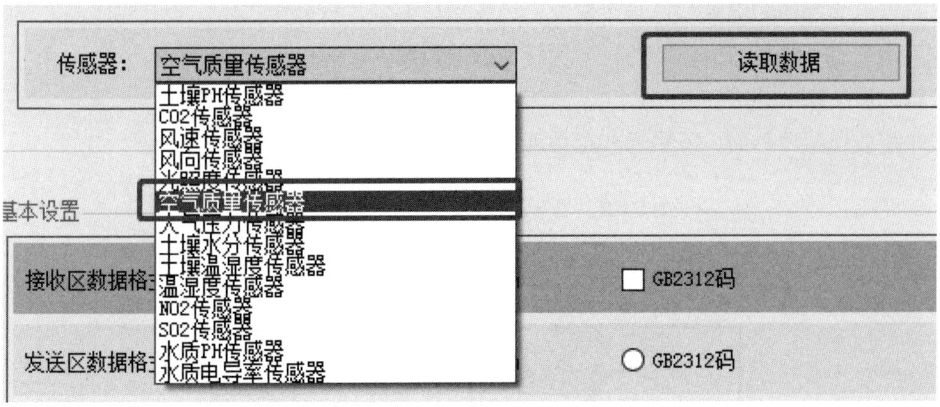

图 2.5.8　传感器数据读取

读取成功后右边窗口读写区显示传感器数值，如图 2.5.9 所示。

```
[Rx <-][COM2][15:08:45:219]
16进制:
05 03 0C 00 1C 00 00 00 00 00 00 00
00 00 06 7C E1
空气质量传感器数据:
PM2.5:28ug/m³ PM10:6ug/m³
```

图 2.5.9　传感器数据

当前 PM2.5：28 $\mu g/m^3$，PM10：6 $\mu g/m^3$。

二、AD 型传感器配置与测试

以水位传感器为例，其他传感器安装与配置方法一样。

1. 传感器连接

第一步：设备固定安装。

如图 2.5.10 所示，水位传感器可垂直、倾斜或水平安装在罐体、槽内，需要将变送器安装到被测介质的底部，同时确保避免泥沙等杂质埋没或堵塞变送器探头部分。要轻拿轻放，不能随意抛扔，安装该变送器时不能使用蛮力。

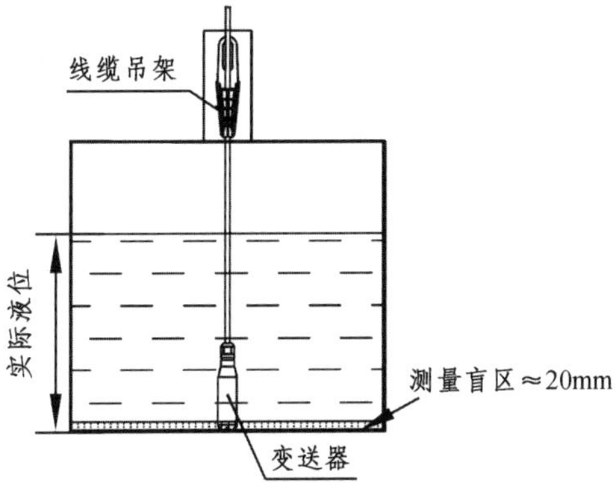

图 2.5.10　设备固定与安装

导气电缆除作为电源和信号传输外，还起到关键的大气补偿作用，安装时应避免对线缆锁定太紧或过于锐角弯折，以防止导气管不通或折断。

第二步：布线连接。

采用线缆将传感器、万用表和电源连接起来，如图 2.5.11 所示。

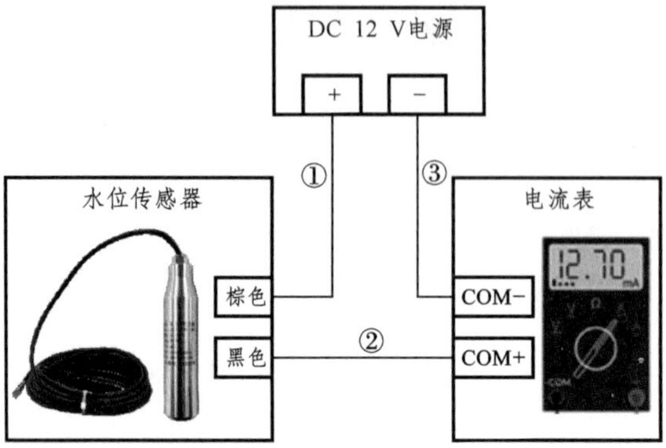

图 2.5.11　布线连接

（1）用线缆将电源正极与水位传感器的正极（棕色或红色线）连接。

（2）用线缆将传感器的电流输出端（黑色）与电流表的正极输入连接。

（3）用线缆将电流表的负表极与电源的负极连接。

传感器是电流输出，需要串联在电流中；如果采用万用表，需要注意万用表打到 mA 挡。

注意：不要带电接线，确认接线无误后才可上电，以防电源接反导致设备损坏。

2. 传感器配置与测试

传感器设备安装完成后，连接万用表，万用表打到 mA 挡。

参照表 2.5.3 计算水位。

表 2.5.3　水位传感器量程

电流值	液位值
4 mA	0
20 mA	满量程

计算公式为

$$L=(I_{电流}-4\ \text{mA})\times 满量程/16\ \text{mA}$$

本项目中配置的传感器是 1 米量程，如若测量得到的电流为 11.35 mA，则此时的压力：

$$P=(11.35\ \text{mA}-4\ \text{mA})\times 1/16\ \text{mA}=0.459\ \text{m}$$

模块 6 常用设备和工具介绍

实训内容

一、RS-232/RS-485 转换器

图 2.6.1、表 2.6.1 分别为 RS-232/RS-485 转换器外观和其参数表，其接口功能详细说明见表 2.6.2。

图 2.6.1 1RS-232/RS-485 转换器

表 2.6.1 RS-232/RS-485 转换器参数表

接口兼容	RS-232C/RS-485 标准
工作方式	异步半双工差分传输
传输速率	300 ~ 115.2 kb/s
使用环境	−20 ~ +70 °C，相对湿度为 5% ~ 95%
环保等级	RS-485 接口每线 600 W 的雷击浪涌保护
传输介质	双绞线（线径≥0.5 mm）或屏蔽线
传输距离	小于 1 200 m（RS-485 端），15 m 之内（RS-232）

表 2.6.2 RA232/RS-485 转换器接口说明

RS-232 串口（DB9 母口）			RS-485 接口		
序号	标志	功能	序号	标志	功能
1	DCD	数据载波检测	1	T/R +	发送数据
2	TXD	发送数据	2	T/R-	接收数据
3	RXD	接收数据	3	GND	信号地线
4	DTR	数据终端准备	4	VCC	9 V 电源线
5	GND	信号地线			

续表

RS-232 串口（DB9 母口）			RS-485 接口		
序号	标志	功能	序号	标志	功能
6	DSR	数据装置准备			
7	RTS	请求发送			
8	CTS	清除发送			
9	RI	响铃提示			

注：此处的 T/R＋对用常说的 RS-485A＋；T/R-对用常说的 RS-485B-。

二、USB 转 RS-232 串口线

图 2.6.2 为 USB 转 RS-232 串口线外观，一侧为 USB 接口，一侧为 DB9 接口。DB9 接口引脚说明见表 2.6.3。

图 2.6.2　USB 转 RS-232 串口线

表 2.6.3　RS-232 串口引脚说明

RS-232 串口（DB9 母口）			RS-232 串口（DB9 公口）		
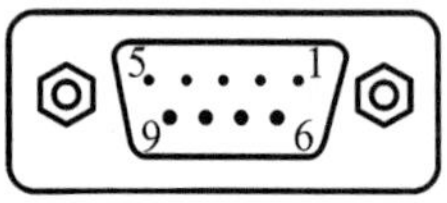			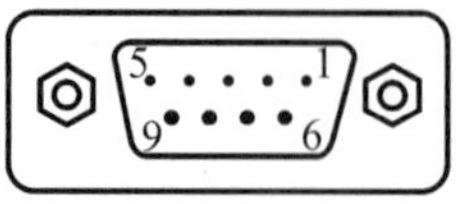		
序号	标志	功能	序号	标志	功能
1	DCD	数据载波检测	1	DCD	数据载波检测
2	TXD	发送数据	2	RXD	接收数据
3	RXD	接收数据	3	TXD	发送数据
4	DTR	数据终端准备	4	DSR	数据装置准备
5	GND	信号地线	5	GND	信号地线
6	DSR	数据装置准备	6	DTR	数据终端准备
7	RTS	请求发送	7	CTS	清除发送
8	CTS	清除发送	8	RTS	请求发送
9	RI	响铃提示	9	RI	响铃提示

注：以上驱动应以实际选择线缆驱动芯片为准。

将 USB 转 RS-232 转串口接入计算机中，第一次使用应先安装驱动，确保接入线缆后设备管理器有对应 COM 口，如图 2.6.3 所示。

图 2.6.3　COM 配置

三、ModBus 集线器

ModBus 总线集线器（型号 EX-TKS-MBS）外观如图 2.6.4 所示，包含 9 组 RS-485 接口，其中 ModBus 主机向总线上传送数据时，从机会根据地址确定数据是否下发给自己。ModBus 集线器接口图和接口说明如图 2.6.5 所示。

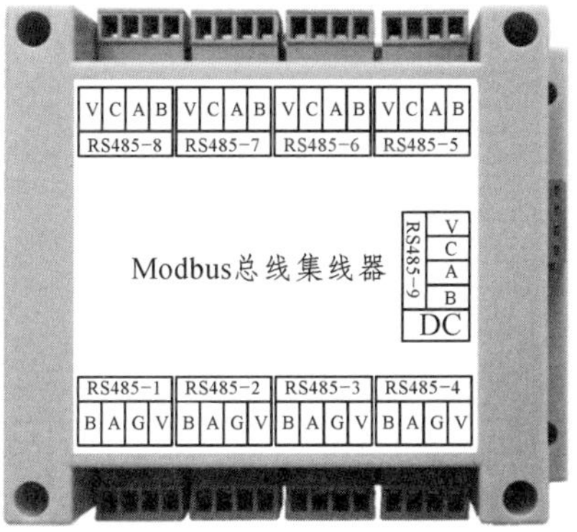

图 2.6.4　ModBus 集线器

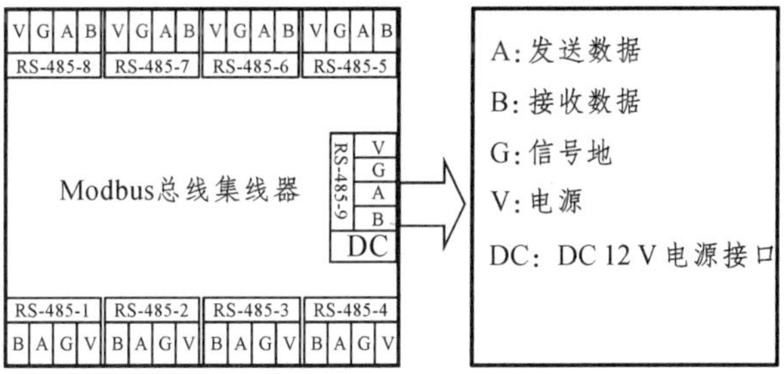

图 2.6.5　ModBus 集线器接口

四、智能采集终端

智能采集终端外观如图 2.6.6 所示。图 2.6.7 为智能采集终端接口图，其接口功能详细说明见表 2.6.4。

图 2.6.6　智能采集终端

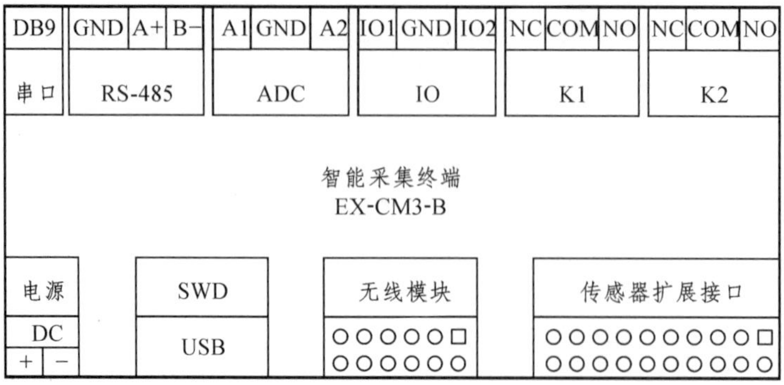

图 2.6.7 智能采集终端接口

表 2.6.4 智能采集终端接口说明

接口	引脚	功能
RS-232 串口（母）	DB9	RS-232 串口
RS-485 接口	A+	RS-485-A 数据线
	GND	地
	B_	RS-485-B 数据线
模拟输入 ADC	A1	模拟采集通道 1
	GND	模拟采集参考地
	A2	模拟采集通道 2
数字输入 IO	IO1	数字采集通道 1
	GND	数字采集参考地
	IO_2	数字采集通道 2
继电器 K1	NC	继电器 1 常闭输出
	COM	继电器 1 公共端
	NO	继电器 1 常开输出
继电器 K2	NC	继电器 2 常闭输出
	COM	继电器 2 公共端
	NO	继电器 2 常开输出
电源 DC 接口	DC	DC 12 V 电源接口
仿真调试 SWD	USB	板载程序下载仿真器接口
无线模块接口	Pin 2*6	卓物标准无线模组接口
传感器扩展接口	PIN 2*10	卓物标准传感器板接口

主要参数：

主控制器：32 位 CortexM3 内核处理器。

外壳：工控塑料外壳，上盖透明。

通信接口：1 路 RS-232 串口，1 路 RS-485 接口。

调试接口：外扩 ARM 程序烧写 SWD 接口（JTAG 或板载 USB）。

指示：3 位 LED 指示灯。

工业采集控制接口：2 路 AD 输入采集接口（4 ~ 20 mA）、2 路 IO 输入采集接口、2 路继电器输出控制接口（常开和常闭）。

扩展接口：含 12 芯统一的无线通信模组扩展接口（支持 ZigBee、BLE、Wi-Fi、LoRa、NB-IOT、LTE 等各种无线模组），20 芯开发传感器模块扩展接口（I2C、SPI、AD、IO、UART 等）。

电源：DC 12 V。

参考文献

[1] 谢希仁. 计算机网络. 7 版. 北京：电子工业出版社，2017.

[2] 无线龙. ZigBee 无线网络原理. 北京：冶金工业出版社，2011.

[3] 许磊. 物联网工程导论. 北京：高等教育出版社，2018.

[4] BRUCE JOHNSON. Visual Studio 2015 高级编程. 张卫华，裴洪文，译. 北京：清华大学出版社，2016.